# 供电企业生产现场安全事故案例分析

## （线路部分）

主编　陈长金　刘　哲　吴　强

**图书在版编目(CIP)数据**

供电企业生产现场安全事故案例分析(线路部分)/
陈长金，刘哲，吴强主编. — 西安 ：西安交通大学出版
社，2021.5
ISBN 978-7-5693-1644-5

Ⅰ.①供… Ⅱ.①陈… ②刘… ③吴… Ⅲ.①供电-
工业企业-安全事故-事故分析-中国 Ⅳ.①TM08

中国版本图书馆 CIP 数据核字(2021)第 075741 号

**书　　名**　供电企业生产现场安全事故案例分析(线路部分)
**主　　编**　陈长金　刘　哲　吴　强
**责任编辑**　郭鹏飞
**责任校对**　陈　昕

**出版发行**　西安交通大学出版社
(西安市兴庆南路 1 号 邮政编码 710048)
**网　　址**　http://www.xjtupress.com
**电　　话**　(029)82668357 82667874(发行中心)
(029)82668315(总编办)
**传　　真**　(029)82668280
**印　　刷**　西安日报社印务中心

**开　　本**　787 mm×1092 mm　1/16　**印张** 20.375　**字数** 481 千字
**版次印次**　2021 年 5 月第 1 版　2021 年 5 月第 1 次印刷
**书　　号**　ISBN 978-7-5693-1644-5
**定　　价**　78.00 元

如发现印装质量问题，请与本社发行中心联系调换。

订购热线：(029)82665248　(029)82665249

投稿热线：(029)82669097　QQ：8377981

读者信箱：lg_book@163.com

# 本书编委会

**主　　任：** 陈铁雷

**委　　员：** 赵晓波　杨军强　田　青　石玉荣　郭小燕
祝晓辉　毕会静

# 编 审 组

**主　　编：** 陈长金　刘　哲　吴　强

**副 主 编：** 孔凡伟　闫佳文　王英军

**参　　编：** 赵建辉　程　旭　吕　潇　高章林　李　鹍
郭小燕　张　岩　蒋春悦　邹　园　赵锦涛
金富泉　国会杰

**主　　审：** 孔凡伟

# 前　言

为加强安全生产工作的管理，防止和减少电力生产安全事故的发生，国网河北省电力有限公司培训中心组织编写了《供电企业生产现场安全事故案例分析（线路部分）》一书，通过该书可进一步加强一线生产人员的安全意识，提高公司系统安全管理水平。

本书以事故案例、案例分析、安规讲解、课程总结的模式对常见违章行为进行了介绍，内容包括术语与定义，总则，保证安全的组织措施和技术措施，线路运行和维护，邻近带电导线的工作，线路施工，高处作业，起重与运输，配电设备上的工作，带电作业，施工机具和安全工器具的使用、保管、检查和试验，电力电缆工作，一般安全措施等。

本书由国网河北省电力有限公司培训中心的陈长金、刘哲、吴强主编，该三人负责全书的编写、统稿和各章节的初审工作。孔凡伟任主审，负责全书的审定。第 1 至第 5 章由陈长金、刘哲、吴强编写；第 6 至第 8 章由王英军、陈长金、刘哲、吴强编写；第 9 至第 12 章由赵建辉、陈长金、刘哲、吴强编写；第 13 章由程旭、陈长金、刘哲、吴强编写；第 14 章由吕潇、陈长金、刘哲、吴强编写；第 15 至第 16 章由高章林、陈长金、刘哲、吴强编写。

本书可用于输电线路专业人员安全知识的学习使用，可大大提高其安全知识水平。

本书在编写过程中参考了大量文献，在此对原作者表示深深的谢意。

本书如能对读者或相关培训工作有所帮助，我们将深感欣慰。由于作者水平有限，书中难免存在不足之处，希望各位专家和读者提出宝贵意见，使之不断完善。

编　者

2021年3月

# 目　录

# 1 范　　围

本规程规定了工作人员在作业现场应遵守的安全要求。

本规程适用于运用中的发电、输电、变电(包括特高压、高压直流)、配电和用户电气设备上及相关场所工作的所有人员,其他单位和相关人员参照执行。

开闭所、高压配电站(所)内工作参照 Q/GDW 1799.1—2013《国家电网公司电力安全工作规程　变电部分》的有关规定执行。

# 2　规范性引用文件

下列文件对于本文件的应用是必不可少的。凡是标注日期的引用文件，仅标注日期的版本适用于本文件。凡是不标注日期的引用文件，其最新版本(包括所有的修改单)适用于本文件。

GB 3787—2006《手持式电动工具的管理、使用、检查和维修安全技术规程》

GB 5905《起重机试验、规范和程序》

GB 6067《起重机械安全规程》

GB/T 9465《高空作业车》

GB/T 18857－2008《配电线路带电作业技术导则》

GB 26859－2011《电力安全工作规程(电力线路部分)》

GB 26860－2011《电力安全工作规程(发电厂和变电站电气部分)》

DL/T 392－2010《1000kV 交流输电线路带电作业技术导则》

DL 408－1991《电业安全工作规程（发电厂和变电所电气部分)》

DL 409－1991《电业安全工作规程（电力线路部分)》

DL/T 599－2005《城市中低压配电网改造技术导则》

DL/T 875－2004《输电线路施工机具设计、试验基本要求》

DL/T 881－2004《±500kV 直流输电线路带电作业技术导则》

DL/T 966－2005《送电线路带电作业技术导则》

DL/T 976－2005《带电作业工具、装置和设备预防性试验规程》

DL/T 1060－2007《750kV 交流输电线路带电作业技术导则》

DL 5027《电力设备典型消防规程》

ZBJ 80001《汽车起重机和轮胎起重机维护与保养》

Q/GDW 302－2009《±800kV 直流输电线路带电作业技术导则》

中华人民共和国国务院令 第 466 号《民用爆炸物品安全管理条例》

# 3　术语和定义

## 案例：生产现场不守规，发生事故丧两命

### 一、事故案例

2018 年 5 月 20 日 20 时左右，国网××供电公司所属集体企业××电力实业总公司，在进行 220kV 罗安Ⅱ线线路参数测试工作过程中，发生一起感应电触电人身事故，造成 2 人死亡。

5 月 20 日，由××电力实业总公司承建的 220kV 罗安Ⅱ线、云龙线跨越高速非独立耐张段改造项目，已完成线路铁塔组立及导地线架设工作。5 月 20 日 19 时 11 分，××电力实业总公司变电分公司负责对 220kV 罗安Ⅱ线、云龙线进行线路参数测试。工作负责人胡××(33 岁，劳务派遣人员)、工作班成员于××(44 岁，全民职工)在 220kV 潭东变进行线路参数测试作业。试验设备安放在潭东变侧，赣州变、坪岭变侧按方案进行不同测试项目的接线配合。

经现场初步调查分析，20 时左右，试验人员于××在完成罗安Ⅱ线零序电容测试后，在罗安Ⅱ线未接地的情况下，直接拆除测试装置端的试验引线，同时未按规定使用绝缘鞋、绝缘手套、绝缘垫，线路感应电通过试验引线经身体与大地形成通路，导致触电。胡××在没有采取任何防护措施的情况下，盲目对触电中的于××进行身体接触施救，导致触电。22 时左右，2 人经抢救无效死亡。

### 二、案例分析

案例中，在罗安Ⅱ线未接地的情况下，于××直接拆除测试装置端的试验引线，胡××在没有采取任何防护措施的情况下，盲目施救，导致 2 人触电死亡。反映出的问题如下：一是安全生产责任没有真正落实。相关单位领导和管理人员安全生产意识淡薄、安全责任不实，在公司三令五申的情况下，仍未有效加强现场作业安全管控。二是执行《国家电网公司电力安全工作规程　线路部分》不到位。在进行测试工作中，作业人员未使用绝缘手套、绝缘靴、绝缘垫，在未将线路接地的情况下，直接拆除测试线，严重违反《国家电网公司电力安全工作规程　线路部分》《交流输电线路工频电气参数测量导则》有关规定，违章作业。三是现场安全组织、技术措施不完善。进行同塔架设线路测试工作，工作票中无防止停电线路上感应电伤人的有关措施，工作票填写、签发、许可等环节人员均未起到把关作用。四是工作监护制度落实不到位。现场工作监护形同虚设，未及时制止工作班成员不按程序接地、变更

接线的违章行为,并在工作班成员感应电触电后盲目施救,导致事故扩大。五是作业组织管控不严格。工作票使用不规范,工作方案编写不完善,危险点分析不到位,执行管控流于形式,监督管理存在严重漏洞。

**三、安规讲解**

通过上述案例分析,应切实加强现场反违章工作,认真开展“两票”执行、地线管理等专项督查,重点强化《国家电网公司电力安全工作规程 线路部分》和“两票三制”规范执行,严格落实生产现场作业“十不干”要求,切实防范人身事故。

下面开始《国家电网公司电力安全工作规程 线路部分》的学习工作。首先学习适用于本文件的相关术语和定义。

3.1 低[电]压 low voltage, LV

用于配电的交流系统中1000V及其以下的电压等级。

3.2 高[电]压 high voltage, HV

a)通常指超过低压的电压等级。

b)特定情况下,指电力系统中输电的电压等级。

3.3 运用中的电气设备 operating electrical equipment

指全部带有电压、一部分带有电压或一经操作即带有电压的电气设备。

3.4 事故紧急抢修工作 emergency repair work

指电气设备发生故障被迫紧急停止运行,需短时间内恢复的抢修和排除故障的工作。

3.5 设备双重名称 dual tags of equipment

即设备名称和编号。

3.6 双重称号 dual title

即线路名称和位置称号,位置称号指上线、中线或下线和面向线路杆塔号增加方向的左线或右线。

3.7 电力线路 electric line

在系统两点间用于输配电的导线、绝缘材料和附件组成的设施。

**四、课程总结**

本部分主要通过一个真实案例的引入,说明安全生产教育的重要性,对《国家电网公司电力安全工作规程 线路部分》的相关术语和定义进行了介绍。

# 4 总　则

## 案例1:未检查急救药品,被蛇叮咬致截肢

### 一、事故案例

2016年8月27日,国网××供电公司输电运检六班张××、王××等12人根据工作安排,对暴雨后的220kV经高线倒塌的18号杆开展抢修,该地区属于雨林地区,常有毒蛇出没。按照规定,在该地区开展检修作业时,应携带预防毒蛇叮咬的南通蛇药、上海蛇药等药品。工作班成员在领取急救箱时,并未详细检查,以为药品配置齐全。在作业过程中,地面工作人员王××左小腿被雨林中的腹蛇叮咬。张××迅速打开药箱,计划用上海蛇药救治王××,却发现上海蛇药已经用完,随后在蝮蛇出没附近找到萝藦科(治疗蝮蛇毒的一种药草),捣烂后外敷至王××伤口处。张××组织人员用作业车辆将王××送到医院紧急救护。因蛇毒发展迅速,导致王××左小腿截肢。

### 二、案例分析

案例中,工作人员在常有毒蛇出没区域作业时,未检查急救箱中药品是否齐全,主观认为药品配置齐全。土××左小腿被毒蛇叮咬后,未及时用药,导致左小腿截肢,违反《国家电网公司电力安全工作规程　线路部分》中4.2.2的规定。

电力生产工作场所存在各类危险因素,会发生人员伤害的突发情况。需要在经常作业的场所配备相应的药品,并根据实际工种需求、现场环境、季节特点定期进行检查、补充和更换。

### 三、安规讲解

4.1　为加强电力生产现场管理,规范各类工作人员的行为,保证人身、电网和设备安全,依据国家有关法律、法规,结合电力生产的实际,制定本部分。

**【解读】**编制《国家电网公司电力安全工作规程　线路部分》是为了贯彻“安全第一、预防为主、综合治理”的基本方针,《国家电网公司电力安全工作规程　线路部分》的核心是规范生产现场各类工作人员的行为和保证人身、电网、设备安全,重点是保证人身安全。《国家电网公司电力安全工作规程　线路部分》依据《中华人民共和国安全生产法》《中华人民共和国劳动法》等国家有关法律、法规,结合电力生产的实际而制定,因此各类工作人员都应严格遵守。

4.2　作业现场的基本条件。

4.2.1 作业现场的生产条件和安全设施等应符合有关标准、规范的要求,工作人员的劳动防护用品应合格、齐备。

**【解读】**安全生产事故主要发生在作业现场。生产条件应指安全生产条件,它贯穿于电力生产的全过程,对于保证电力生产的安全起着关键的作用。

目前我国安全生产的国家标准和行业标准主要包括安全生产管理方面的标准,生产设备、工具的安全标准,生产工艺的安全标准,安全防护用品标准等。

满足安全生产条件的要求是:生产经营单位的主要负责人应保证本单位安全生产所必需的资金投入;生产经营单位新建、改建、扩建工程项目的安全设施,应当与主体工程同时设计、同时施工、同时投入生产和使用;生产经营单位安全设备的设计、制造、安装、使用、检测、改造和报废,应当符合国家标准或者行业标准;生产经营单位应对安全设备进行经常性维护、保养,并定期检测,保证设备正常运转等。

安全设施是指生产经营活动中将危险因素、有害因素控制在安全范围内,以及预防、减少、消除危害所设置的安全标志、设备标识、安全警示线和安全防护设施等的统称。如标示牌式样(《国家电网公司电力安全工作规程　线路部分》附录J)、设备双重名称牌、设备铭牌、安全围栏、安全电压照明、电缆孔洞阻燃材料封堵等。此外,安全设施还包括安全装置(如起重机卷扬限制器、过负荷限制器等),监控装置(如 $SF_6$ 气体泄漏报警仪、电气设备温度监测装置等),环境保护装置(如通风装置、除湿装置等),消防设施(如变压器灭火装置等)等。

劳动防护用品是指由生产经营单位为从业人员配备的,使其在劳动过程中免遭或者减轻事故伤害及职业危害的个人防护装备,如安全帽、防尘口罩、防毒面具、护目镜、阻燃防护服、绝缘手套、安全带等,劳动防护用品对于减少职业危害起着相当重要的作用。工作人员的劳动防护用品是保障安全作业的基本物质条件,同样应符合国家劳动卫生部门的相关规定,包括采购、存放、使用、定期检查、试验、报废等环节的管理要求,各单位应制定符合本单位实际情况的管理制度。合格是指劳动防护用品的质量符合标准、适用;齐备是指劳动防护用品的数量、种类、型号符合当时作业的实际需要，并充分考虑适量的备品。

4.2.2　经常有人工作的场所及施工车辆上宜配备急救箱，存放急救用品，并应指定专人经常检查、补充或更换。

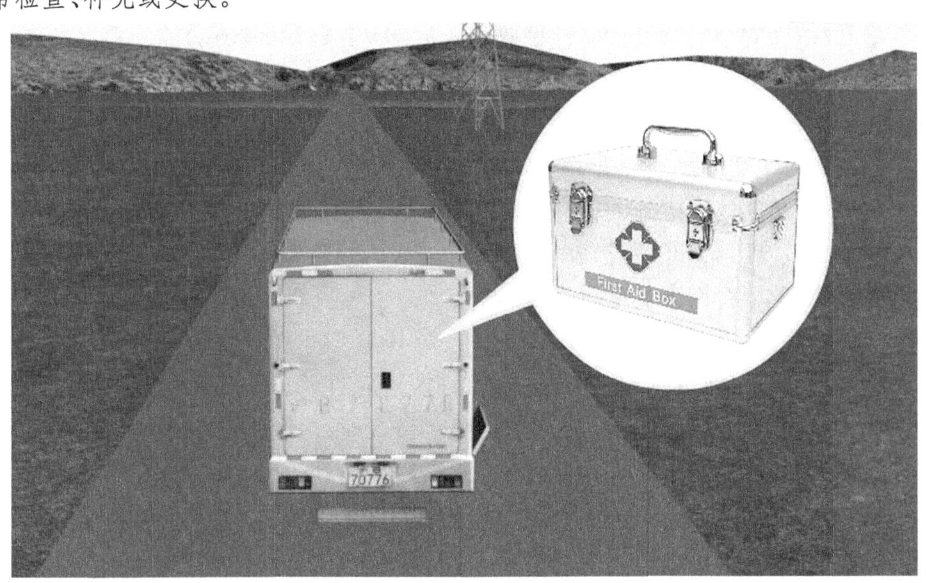


**【解读】**电力生产工作场所存在各类危险因素，如触电、高处坠落、机械伤害、中暑、中毒、自然灾害等。由于各种原因未能得到有效控制时，会有人员伤害的突发情况。因此需要在经常作业的场所配备必要的、存放急救用品的急救箱，施工车辆也宜配备急救箱。

各单位应根据实际情况自行规定哪些场所或施工车辆上应配备急救箱，并制定相应的管理制度，包括检查、补充和更换的具体要求以及根据实际工种需求、现场环境、季节特点，配备相应的、常用的急救用品。

4.2.3　现场使用的安全工器具应合格并符合有关要求。

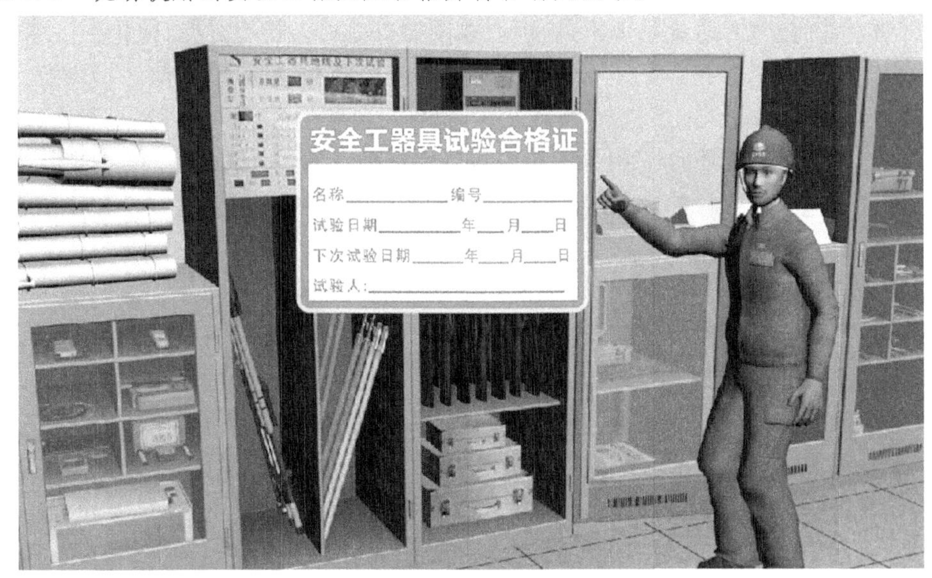


**【解读】**安全工器具属于生产条件范畴，安全工器具的合格是现场作业安全的必备条件

之一,因此它应符合国家、行业和国家电网公司的相关要求,其使用、保管、检查和试验要求参见《国家电网公司电力安全工器具管理规定》[国网(安监/4)289—2014],具体试验要求参见《国家电网公司电力安全工作规程　线路部分》的附录L、M,相关试验方法参照国家、行业有关标准和《电力安全工器具预防性试验规程》(DL/T 1476—2015)。

4.2.4　各类作业人员应被告知其作业现场和工作岗位存在的危险因素、防范措施及事故紧急处理措施。

**【解读】**国家相关法律规定作业人员应享有被告知作业现场和工作岗位中危险因素、防范措施,以及事故紧急处理措施的权利,体现了对作业人员人身安全的保护。作业人员只有了解了工作中的危险因素和防范措施,才能主动避免人身伤害;只有掌握了事故紧急处理措施,才能在突发状况下将伤害程度减小到最低。

**四、课程总结**

本课程主要讲述作业现场的基本条件。作业现场的生产条件和安全设施等应符合有关标准、规范的要求,工作人员的劳动防护用品应合格、齐备。经常有人工作的场所及施工车辆上宜配备急救箱,存放急救用品,并应指定专人经常检查、补充或更换。现场使用的安全工器具应合格并符合有关要求。各类作业人员应被告知其作业现场和工作岗位存在的危险因素、防范措施及事故紧急处理措施。否则一旦发生事故,后果不堪设想。

## 案例2:作业人员身体不适,高空作业发病猝死

**一、事故案例**

2015年7月28日,××检修公司输电运检三班根据检修计划集中更换500kV代凡线所有直线塔合成绝缘子。工作负责人张××,工作班成员为赵××、钱××、孙××、李××等4人,其中赵××、钱××为塔上电工,孙××、李××为地面电工。在7月15日进行的年度职工体检中,赵××感觉胸部不适,但心电图检查项目未检出异常,体检医生建议赵××复查,但赵××并未放在心上。在更换代凡线79#塔中相绝缘子时,赵××突发心脏病,钱××发现赵××情况不对,赶紧呼唤赵××,而赵××毫无反应。钱××赶紧向张××报告情况,张××第一时间拨打120,同时组织现场人员把赵××转移至地面,发现其无脉搏、无心跳,在对其进行紧急救护30分钟后仍毫无反应,救护车将其拉到医院抢救4个小时后,宣布其因突发心脏病死亡。

**二、案例分析**

案例中,赵××在体检时感觉身体不适并未按照医生要求进行复查。在更换绝缘子时,突发心脏病死亡,违反《国家电网公司电力安全工作规程　线路部分》中4.3.1的规定。

作业人员在感觉身体不适时,应第一时间就诊,避免出现人身伤亡事故。

**三、安规讲解**

4.3　作业人员的基本条件。

4.3.1　经医师鉴定,无妨碍工作的病症(体格检查每两年至少一次)。

**【解读】**从事各工种的作业人员均需要具备相应的身体条件。如果作业人员身体条件不

合适(有妨碍工作的病症)就很难胜任。因此,作业人员应定期进行职业健康检查,而且应当由符合国家卫生部门规定资质的医疗机构的职业医师进行鉴定。

所有参加工作的人员每两年应至少进行一次体格检查(部分有特殊要求的工种,可适当增加体检次数,如每年进行一次)。各单位可自行制定相应规定。

4.3.2 具备必要的电气知识和业务技能,且按工作性质,熟悉本部分的相关部分,并经考试合格。

【解读】电气工作具有较强的专业性,从事电气作业的人员应掌握本专业的基本电气知识,具备岗位工作所需的业务技能、才能正确地进行工作。

熟悉《国家电网公司电力安全工作规程 线路部分》是电气作业人员进行安全作业的必备条件,因为该规程是规范作业行为和保证人身、电网、设备安全的基本制度。因此,凡从事电气作业的所有人员均应结合自身专业要求,熟悉《国家电网公司电力安全工作规程 线路部分》的相关内容,并经单位组织的专项考试合格,后方可进行工作。

4.3.3 具备必要的安全生产知识,学会紧急救护法,特别要学会触电急救。

【解读】确保电气安全作业,不仅需要掌握必要的电气知识和业务技能,而且要求作业人员具有与专业有关的安全生产知识。电气工作中,有时会发生一些伤害情况。现场采取紧急施救,是降低死亡概率、减小伤害程度至关重要的手段。因此,《国家电网公司电力安全工作规程 线路部分》要求电气作业人员应当学会与专业有关的紧急救护法,便于现场紧急施救或自救。同时,特别强调要学会触电急救。因为在电气作业过程中,发生触电伤害的概率较高,其致残程度或死亡与否,往往取决于现场紧急施救或自救的效果。

4.3.4 进入作业现场应正确佩戴安全帽,现场作业人员应穿全棉长袖工作服、绝缘鞋。

【解读】本条是对作业现场人员穿戴的基本安全要求,但办公室、控制室、值班室和检修班组室等除外。安全帽可防范头部被物体打击、撞击;全棉长袖工作服有一定的阻燃和绝缘作用、并可防止电弧灼伤,隔离电热蒸汽;绝缘鞋可保持对地绝缘。

正确佩戴安全帽的主要注意事项:

(1)佩戴安全帽前,要检查安全帽是否在试验合格期内,检查各部件齐全、完好后方可使用。

(2)佩戴安全帽,要将颚下系带系牢,帽箍应调整适中,以防帽子滑落或被碰掉。

(3)不能随意对安全帽进行拆卸或添加附件,以免影响其原有的防护性能。

(4)安全帽只要受过一次强力的撞击,就无法再次有效吸收外力,有时尽管外表看不到任何损伤,但是内部已经遭到损伤,不能继续使用。

**四、课程总结**

本课程主要讲述作业人员的基本条件。作业人员,应经医师鉴定,无妨碍工作的病症(体格检查每两年至少一次);作业人员具备必要的电气知识和业务技能,且按工作性质,熟悉本部分的相关部分,并经考试合格;作业人员应具备必要的安全生产知识,学会紧急救护法,特别要学会触电急救。作业人员进入作业现场应正确佩戴安全帽,穿全棉长袖工作服、绝缘鞋。

作业人员应对个人安全负责,除参加单位组织的正常体检外,如感觉身体不适,应及时就诊,身体不符合现场作业条件的,应及时向单位汇报,避免造成人身伤亡事故。

## 案例3:新人未经考核登杆致死

**一、事故案例**

2014年10月25日,××供电公司开展新入职员工轮岗实习。罗××按计划轮到输电运检专业实习,与输电运检四班一起开展线路检修。因部分员工轮岗结束后,并不从事线路专业,因此本次登杆塔作业将成为职业生涯为数不多的经历,很多人在轮岗过程中进行拍照留念。轮到罗××登杆塔时,其在同事的帮助下,系好安全带、佩戴好安全帽、挂好防坠器,用脚扣开始登杆,在攀登到一定高度时,挂好二道保护绳,进行自拍。由于其技术不熟练,动作不规范,导致其双脚脚扣全部脱落,身体在突然下坠的瞬间,后背保护绳的拉力导致作业人员胸口的安全带部分挂住其下颌部分,颈部骨折身亡。

**二、案例分析**

案例中,轮岗实习人员罗××未经考试合格,在登杆过程中,进行自拍留念,导致其双脚脚扣全部脱落,身体在突然下坠的瞬间,后备保护绳的拉力导致作业人员胸口的安全带部分挂住其下颌部分,颈部骨折身亡,违反《国家电网公司电力安全工作规程　线路部分》中4.4.1的规定。

各类作业人员应通过岗位技能等各种项目培训,考试成绩合格后,才能从事相应岗位的工作。案例中罗××未经考试合格,导致颈部骨折身亡。

**三、安规讲解**

4.4　教育和培训。

4.4.1　各类作业人员应接受相应的安全生产教育和岗位技能培训,经考试合格上岗。

**【解读】**各类作业人员应通过安全思想教育、安全知识教育、安全技术教育和岗位技能培训，考试成绩合格后，才能从事相应岗位的工作。各单位应自行制定相应管理制度。

4.4.2　作业人员对本部分应每年考试一次。因故间断电气工作连续三个月以上者，应重新学习本部分，并经考试合格后，方能恢复工作。

**【解读】**各类作业人员应每年参加一次《国家电网公司电力安全工作规程　线路部分》考试，不断巩固电力安全知识。

如果长期间断工作且未经重新学习，直接参与工作，很有可能发生伤害事件。因此，《国家电网公司电力安全工作规程　线路部分》要求不论何种原因，连续间断电气工作三个月以上者，应当重新学习《国家电网公司电力安全工作规程　线路部分》，并经考试合格后，方能恢复工作。

4.4.3　新参加电气工作的人员、实习人员和临时参加劳动的人员（管理人员、非全日制用工等），应经过安全知识教育后，方可到现场参加指定的工作，并且不准单独工作。

**【解读】**新参加电气工作的人员、实习人员和临时参加劳动的人员（管理人员、非全日制用工等），通常还不具备必要的岗位技能和专业安全知识，因此下现场前，应事先经过基本安全知识教育后，在有经验的电气作业人员全程监护下，参加指定（技术较简单、危险性较小）的工作。

4.4.4　参与公司系统所承担电气工作的外单位或外来工作人员应熟悉本规程，经考试合格，并经设备运维管理单位认可，方可参加工作。工作前，设备运维管理单位应告知现场电气设备接线情况、危险点和安全注意事项。

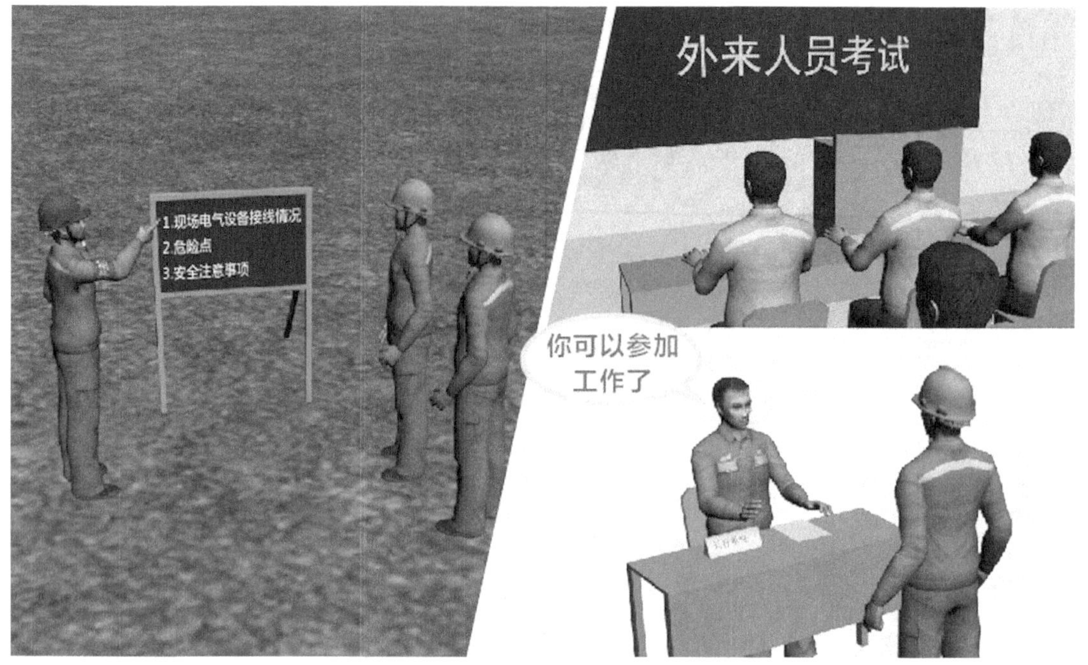


**【解读】**明确参与公司系统所承担电气工作(包括系统内、系统外的电气工作)的外单位或外来工作人员应熟悉《国家电网公司电力安全工作规程　线路部分》,外单位或外来工作人员通常不熟悉所工作的环境和设备情况,因此设备运维管理单位应对其进行告知,包括现场电气设备接线情况、危险点和安全注意事项。

**四、课程总结**

本课程主要讲述作业人员的教育和培训。各类作业人员应接受相应的安全生产教育和岗位技能培训,经考试合格上岗。作业人员对本部分应每年考试一次。因故间断电气工作连续三个月以上者,应重新学习本部分,并经考试合格后,方能恢复工作。新参加电气工作的人员、实习人员和临时参加劳动的人员(管理人员、非全日制用工等),应经过安全知识教育后,方可下现场参加指定的工作,并且不准单独工作。外单位承担或外来人员参与公司系统电气工作的工作人员应熟悉本部分,并经考试合格,经设备运维管理单位(部门)认可,方可参加工作。工作前,设备运维管理单位(部门)应告知现场电气设备接线情况、危险点和安全注意事项。

在日常作业中,各类人员都应经过相应的安全教育和技能培训,并经考试合格后,方可参加指定的工作,工作负责人务必要检查好作业人员的各类劳动保护用品佩戴是否符合要求。

## 案例 4:违章指挥致人死亡

**一、事故案例**

2018 年 6 月 25 日,××供电公司输电运检室带电班在 110kV 木瓦线 56 号塔进行安装防绕击避雷针作业。8 时 00 分,王××签发了带电作业票。工作负责人杨××宣读工作票、布置工作任务和落实好安全措施后，工作班成员开始作业。11时15分，56号塔上作业人员在安装防绕击避雷针过程中，由于安装机出现异常，工作不能正常进行，工作负责人杨××安排签发人王××（工区领导指派其对现场作业进行检查指导）登塔查看安装机异常原因，当王××攀登至56号塔下横担处进行换位时，失去保护，王××由56号塔高处坠落地面，经抢救无效死亡。

**二、案例分析**

案例中，工作票签发人王××未拒绝工作负责人杨××关于让其登塔查看安装机异常原因的违章指挥，导致发生高处坠落死亡的事故，违反《国家电网公司电力安全工作规程　线路部分》中4.5的规定。

从业人员有权对本单位安全生产工作中存在的问题提出批评、检举、控告；有权拒绝违章指挥和强令冒险作业。

**三、安规讲解**

4.5　任何人发现有违反本规程的情况，应立即制止，经纠正后才能恢复作业。各类作业人员有权拒绝违章指挥和强令冒险作业；在发现直接危及人身、电网和设备安全的紧急情况时，有权停止作业或者在采取可能的紧急措施后撤离作业场所，并立即报告。

**【解读】**本条为根据《中华人民共和国安全生产法》第三章“从业人员的安全生产权利义务”第五十一条“从业人员有权对本单位安全生产工作中存在的问题提出批评、检举、控告；有权拒绝违章指挥和强令冒险作业。生产经营单位不得因从业人员对本单位安全生产工作提出批评、检举、控告或者拒绝违章指挥、强令冒险作业而降低其工资、福利等待遇或者解除与其订立的劳动合同”和第五十二条“从业人员发现直接危及人身安全的紧急情况时，有权停止作业或者在采取可能的应急措施后撤离作业场所。生产经营单位不得因从业人员在前款紧急情况下停止作业或者采取紧急撤离措施而降低其工资、福利等待遇或者解除与其订立的劳动合同"的规定并结合电网实际的细化条款。国家法律赋予了各类作业人员在生产过程中具有保障生产安全的基本权利。

4.6 在试验和推广新技术、新工艺、新设备、新材料的同时,应制定相应的安全措施,经本单位批准后执行。

【解读】本条为根据《中华人民共和国安全生产法》第二章"生产经营单位的安全生产保障"第二十六条"生产经营单位采用新工艺、新技术、新材料或者使用新设备,必须了解、掌握其安全技术特性,采取有效的安全防护措施,并对从业人员进行专门的安全生产教育和培训"的规定并结合电网实际的细化条款。人们对新的事物往往认知不足、熟悉不够,在试验和推广过程中,不能很好地预判可能发生的意外后果。因此,在试验和推广的同时,应制定相应的安全措施加以有效防范,并履行批准手续。

**四、课程总结**

本课程主要讲述拒绝违章和四新推广的相关规定。任何人发现有违反本部分的情况,应立即制止,经纠正后才能恢复作业。各类作业人员有权拒绝违章指挥和强令冒险作业;在发现直接危及人身、电网和设备安全的紧急情况时,有权停止作业或者在采取可能的紧急措施后撤离作业场所,并立即报告。在试验和推广新技术、新工艺、新设备、新材料的同时,应制定相应的安全措施,经本单位批准后执行。

# 5 保证安全的组织措施

## 案例1：未进行现场勘察致跳闸

**一、事故案例**

2018年11月，××供电公司220kV大安线进行大修改造，更换整条线路1～66号档架空地线。外来施工单位未组织专门工作人员进行现场勘察，未编制施工方案，在工作开始前未进行安全交底。设备运维管理单位对现场危险点、电气设备接线情况以及安全注意事项未进行告知。根据计划在11月18日—11月21日，更换220kV大安线13号～18号耐张段地线，220kV大安线15号～16号档从500kV房大线20号～21号档下方穿越。在牵引过程中，15号～16号档内地线出现被卡的情况，工作人员并未发现，继续牵引，被卡的松脱地线出现弹跳，造成上跨的500kV房大线20号～21号档C相导线对其放电，造成500kV房大线运行线路跳闸，工作负责人发现后赶紧停止作业。

**二、案例分析**

案例中，未进行现场勘察，未明确停电的范围、保留的带电部位和作业现场的条件、环境，及其他危险点，导致地线牵引过程发现弹跳，引起500kV房大线运行线路跳闸事故，违反《国家电网公司电力安全工作规程　线路部分》中5.2.1和5.2.2的规定。

在开展施工（检修）作业时，认为有必要现场勘察的检修作业，施工、检修单位均应根据工作任务组织现场勘察，明确需要停电的范围、保留的带电部位和作业现场的条件、环境及其他危险点等。

**三、安规讲解**

5.1　在电力线路上工作，保证安全的组织措施。

a）现场勘察制度。

b）工作票制度。

c）工作许可制度。

d）工作监护制度。

e）工作间断制度。

f）工作终结和恢复送电制度。

**【解读】**在电力线路上进行工作，保证安全的组织措施包括：现场勘察制度、工作票制度、工作许可制度、工作监护制度、工作间断制度、工作终结和恢复送电制度。在工作过程中，要严格遵守相关规章制度,保证工作安全顺利开展。

5.2 现场勘察制度

5.2.1 进行电力线路施工作业、工作票签发人或工作负责人认为有必要现场勘察的检修作业,施工、检修单位均应根据工作任务组织现场勘察,并填写现场勘察记录。现场勘察由工作票签发人或工作负责人组织。

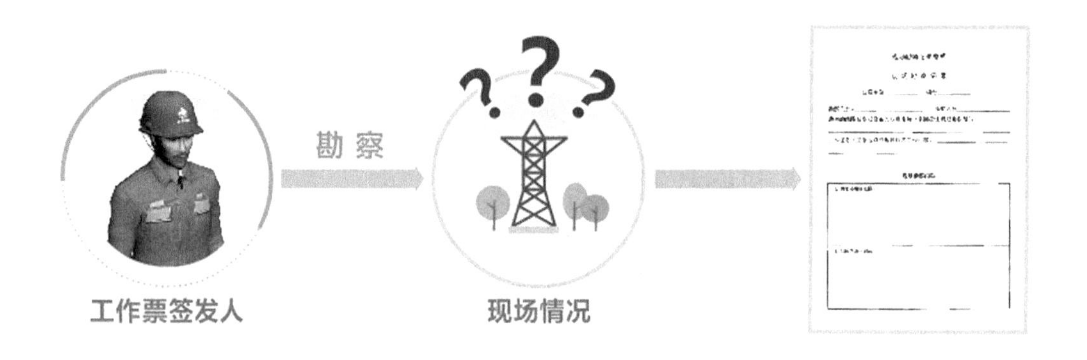


【解读】电力线路施工作业是指运行线路和配电设备的改、扩建工程,如立、撤杆塔,放、紧、撤导地线,配电变压器台架安装,调换设备(如柱上开关、刀闸)等。上述施工作业受工作量、环境和条件等因素的影响,需根据现场情况制定组织措施、技术措施、安全措施和施工方案,辨识作业安全风险,故应进行现场勘察。

有必要现场勘察的检修作业是指工作票签发人或工作负责人对该作业的现场情况掌握、了解不够,需在作业前进行勘察的检修作业。但常规的检查、测量、清扫等工作,一般不需进行现场勘察。

现场勘察的结果是填写、签发工作票,编制组织措施、技术措施、安全措施和施工方案的重要依据。因此,现场勘察应由工作票签发人或工作负责人组织,并按《国家电网公司电力安全工作规程 线路部分》附录A格式做好记录。

现场勘察后,应填写现场勘察记录,记录主要包括明确需要停电的范围、保留的带电部位、作业现场的条件、地理环境及其他作业风险,必要时应附图说明。作业现场环境主要是指现场的天气环境(如雨雪、大风、高温、低温等)、地理环境(如土质、起吊距离、交叉跨越等)、邻近有电设备等。

检修(施工)开工前,工作票签发人或工作负责人要重新核对现场勘察情况,发现原勘察情况有变化时,应及时修正、完善相应的组织措施、技术措施、安全措施或专项施工方案。

5.2.2 现场勘察应查看现场施工(检修)作业需要停电的范围、保留的带电部位和作业现场的条件、环境及其他危险点等。

根据现场勘察结果,对危险性、复杂性和困难程度较大的作业项目,应编制组织措施、技术措施、安全措施,经本单位批准后执行。

【解读】在电力线路上工作,现场勘察的要点:现场施工(检修)作业需要停电的范围、保留的带电部位、接地线的挂设位置;现场施工(检修)作业的条件(包括工器具、施工机械设备、通信联络的使用条件)和环境;工作地段邻近或交叉跨越其他电力线路及弱电线路、铁

路、公路、航道、建筑物等情况;同杆架设多回线路的停电范围和安全措施,以及设置安全措施时可能存在的危险点;用户双路电源(开关站双路电源)、并网小水(火)电、自备电源和低压电源倒送电的可能性;作业杆塔的型号等是否与图纸相符;设备的缺陷部位及严重程度。危险性、复杂性和困难程度较大的作业项目:主干线路重大的改造工程及设备拆除项目;在线路内存在交叉跨越或邻近其他电力线路、弱电线路、铁路、公路、航道、建筑物等的放线、紧线和拆线工作;重要的"立、撤杆塔"、更换杆塔主要塔材或主杆的工作;多班组交叉作业的工作;新技术、新工艺、新方法等项目的实施等。上述项目均应根据现场勘察结果,编制组织、技术、安全措施,经本单位批准后执行。

**四、课程总结**

本课程主要讲述保证安全的组织措施以及线路勘察制度。组织措施包括:现场勘察制度、工作票制度、工作许可制度、工作监护制度、工作间断制度、工作终结和恢复送电制度。现场勘察由工作票签发人或工作负责人组织,查看现场施工(检修)作业需要停电的范围、保留的带电部位和作业现场的条件、环境及其他危险点等。根据现场勘察结果,对危险性、复杂性和困难程度较大的作业项目,应编制组织措施、技术措施、安全措施,经本单位分管生产的领导(总工程师)批准后执行。

## 案例 2:违反工作票检修期提前开工

**一、事故案例**

2018 年 8 月 18 日,××供电公司输电运检工区检修三班要停电检修 110kV 正新线,调度批准的计划停电时间是上午 7 时 30 分、批准的计划工作时间是 8 时 00 分。调度于 7 时 40 分下达了允许开始工作的命令,工作班组在 7 时 50 分正式开始工作。

**二、案例分析**

案例中,调度批准的计划工作时间是 8 时 00 分,即为本次检修工作批准的检修期,调度于 7 时 40 分下达了允许开始工作的命令,工作班组应待检修期开始时间即 8 时 00 分方可正式开始工作,而实际上工作班组在 7 时 50 分正式开始工作,违反了《国家电网公司电力安全工作规程　线路部分》中 5.3.9.1 的规定。

**三、安规讲解**

5.3　工作票制度。

5.3.1　在电力线路上工作,应按下列方式进行:

a)填用电力线路第一种工作票。

b)填用电力电缆第一种工作票。

c)填用电力线路第二种工作票。

d)填用电力电缆第二种工作票。

e)填用电力线路带电作业工作票。

f)填用电力线路事故紧急抢修单。

g)口头或电话命令。

**【解读】**工作票或事故紧急抢修单是被批准在电气线路、设备上工作的一种书面依据,包括明确安全责任,现场交底,工作许可、终结手续,实施技术措施、安全措施等内容。

因电力线路上的部分工作内容(本条 5.3.6 款)较为单一,在作业过程中人员不涉及带电部位。为了简化书面作业流程,提高工作效率,规定可以采取预先发布口头或电话命令方式、作业前经临时请示批准方式开展作业,但应根据工作性质采取相应安全措施。

5.3.2 填用第一种工作票的工作为:

a)在停电的线路或同杆(塔)架设多回线路中的部分停电线路上的工作。

b)在停电的配电设备上的工作。

c)高压电力电缆需要停电的工作。

d)在直流线路停电时的工作。

e)在直流接地极线路或接地极上的工作。

**【解读】**线路或配电设备停电填用第一种工作票的工作,其特点是应履行停电许可和终结手续,需执行停电、验电、装设接地线等措施后方可进行作业。主要是因为作业人员、设备、工器具、材料等与带电的线路或配电设备之间安全距离不能满足安全要求,工作量较大而带电作业一时无法完成或不能满足带电作业要求,线路或配电设备带电时无法进行检测等。

5.3.3 填用第二种工作票的工作为:

a)带电线路杆塔上且与带电导线最小安全距离不小于表 3 规定的工作。

b)在运行中的配电设备上的工作。

c)电力电缆不需要停电的工作。

d)直流线路上不需要停电的工作。

e)直流接地极线路上不需要停电的工作。

【解读】该条款列举了第二种工作票所涵盖的不需要停电即可开展的五种工作，包括带电线路杆塔上且与带电导线最小安全距离不小于表 3 规定的工作、在运行中的配电设备上的工作、电力电缆不需要停电的工作、直流线路上不需要停电的工作、直流接地极线路上不需要停电的工作。上述工作不需停电，人体、工器具、材料等不触及带电线路或带电部分，且与高压带电线路和设备带电部分的安全距离满足表 3 要求。

**表 3　在带电线路杆塔上工作与带电导线最小安全距离**

| 电压等级/kV | 安全距离/m | 电压等级/kV | 安全距离/m |
|---|---|---|---|
| 交流线路 | | | |
| 10 及以下 | 0.7 | 330 | 4.0 |
| 20、35 | 1.0 | 500 | 5.0 |
| 66、110 | 1.5 | 750 | 8.0 |
| 220 | 3.0 | 1000 | 9.5 |
| 直流线路 | | | |
| ±50 | 1.5 | ±660 | 9.0 |
| ±400 | 7.2 | ±800 | 10.1 |
| ±500 | 6.8 | | |

5.3.4　填用带电作业工作票的工作为：

带电作业或与邻近带电设备距离小于表 3、大于表 5 规定的工作。

【解读】带电作业是指《国家电网公司电力安全工作规程　线路部分》第 13 章所涵盖的等电位、中间电位、地电位作业。与邻近带电设备距离小于《国家电网公司电力安全工作规

程 线路部分》表3规定且大于表5规定(包括人体、工器具、材料及塔上异物等)的工作,应填用带电作业工作票,但不属于带电作业范畴。

5.3.5 填用事故紧急抢修单的工作为:

事故紧急抢修应填用工作票或事故紧急抢修单。

非连续进行的事故修复工作,应使用工作票。

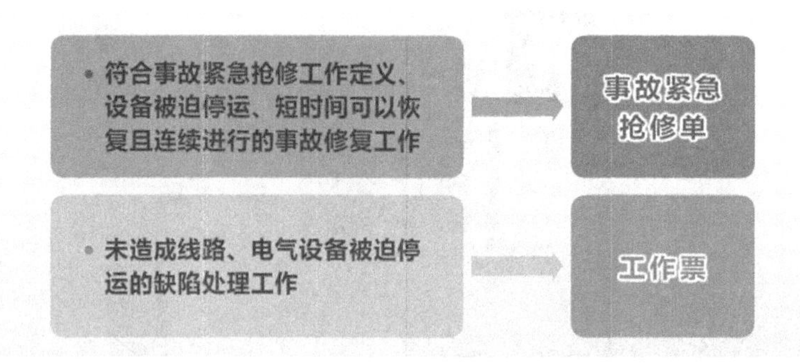


**【解读】**事故紧急抢修的目的是防止事故扩大或尽快恢复供电,应使用工作票或事故紧急抢修单。

填用(使用)事故紧急抢修单时,工作负责人应根据抢修任务布置人的要求及掌握到的现场情况填写安全措施,到抢修现场后再勘察,补充完善安全措施。工作开始前应得到工作许可人的许可。

抢修任务布置人应当由熟悉事故现场情况,具备事故紧急抢修指挥能力的单位(部门)负责人或单位批准的工作票签发人担任。

符合事故紧急抢修工作定义、设备被迫停运、短时间可以恢复且连续进行的事故修复工作,可用事故紧急抢修单。

未造成线路、电气设备被迫停运的缺陷处理工作不得使用事故紧急抢修单,而应使用工作票。

5.3.6 按口头或电话命令执行的工作为:

a)测量接地电阻。

b)修剪树枝。

c)杆塔底部和基础等地面检查、消缺工作。

d)涂写杆塔号、安装标志牌等,工作地点在杆塔最下层导线以下,并能够保持表4安全距离的工作。

**【解读】**部分工作可以不用办理工作票或者事故抢修单,采用口头或者电话命令执行即可,包括测量接地电阻,修剪树枝,杆塔底部和基础等地面检查、消缺工作,涂写杆塔号、安装标志牌等,其中树枝(竹)在线路下方且与带电导线的最小净空距离大于表4规定的修剪工作可使用口头或电话命令方式。

5.3.7 工作票的填写与签发。

5.3.7.1 工作票应用黑色或蓝色的钢(水)笔或圆珠笔填写与签发,一式两份,内容应正确,填写应清楚,不得任意涂改。如有个别错、漏字需要修改时,应使用规范的符号,字迹应清楚。

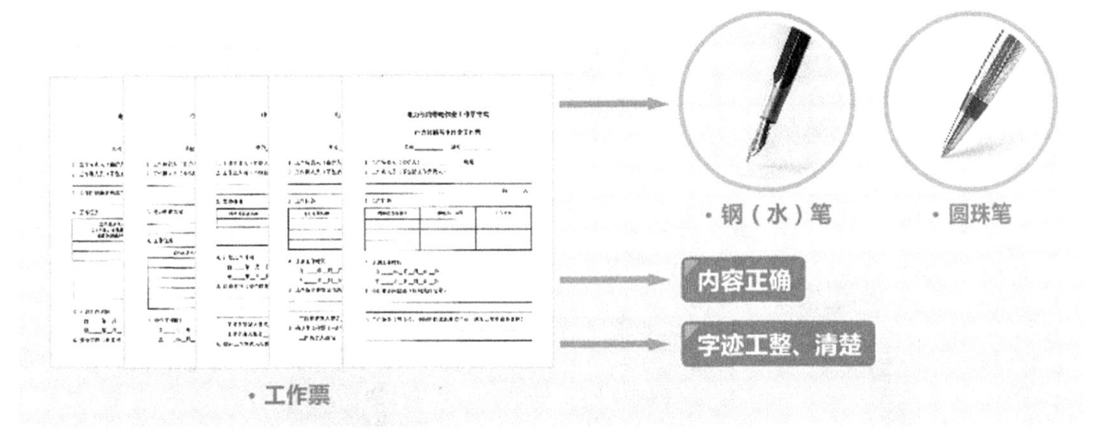


【解读】为了防止工作票上填写与签发内容(如线路名称、编号、动词、时间、设备状态以及接地线、警示牌等)被随意修改和使用过程中字迹褪色,同时为了工作票归档保存,应使用水笔、钢笔或圆珠笔。

填写时,内容应正确,字迹应工整、清楚。如果工作票填写不清楚或任意涂改,在执行过程中可能由于识别或理解错误,导致安全措施不完善、工作任务不明确,危及人身、设备安全。

若一张工作票下设多个小组工作,并使用工作任务单时,工作班人员栏可只填写小组负责人姓名。

5.3.7.2 用计算机生成或打印的工作票应使用统一的票面格式。由工作票签发人审核无误,手工或电子签名后方可执行。

工作票一份交工作负责人,一份留存工作票签发人或工作许可人处。工作票应提前交给工作负责人。

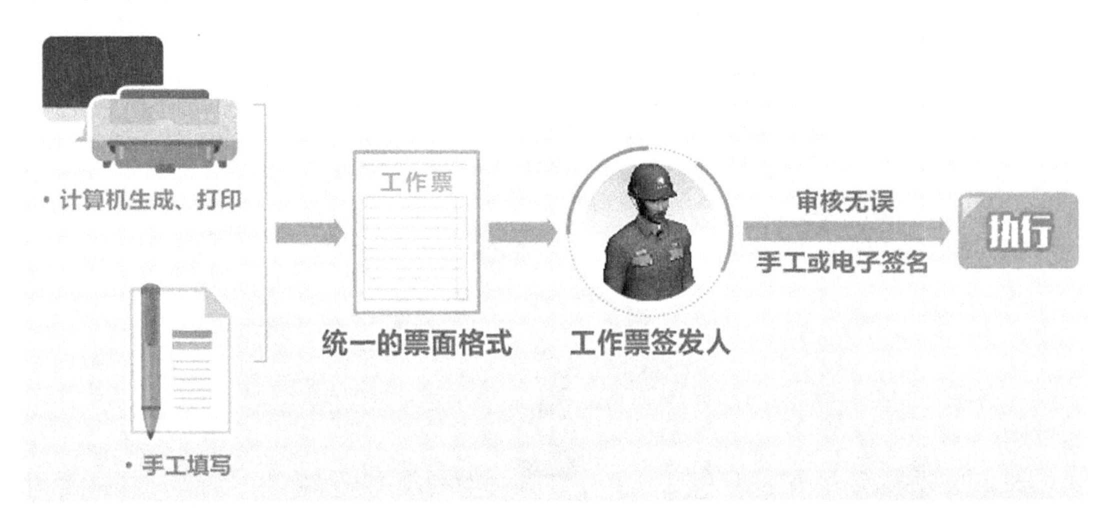

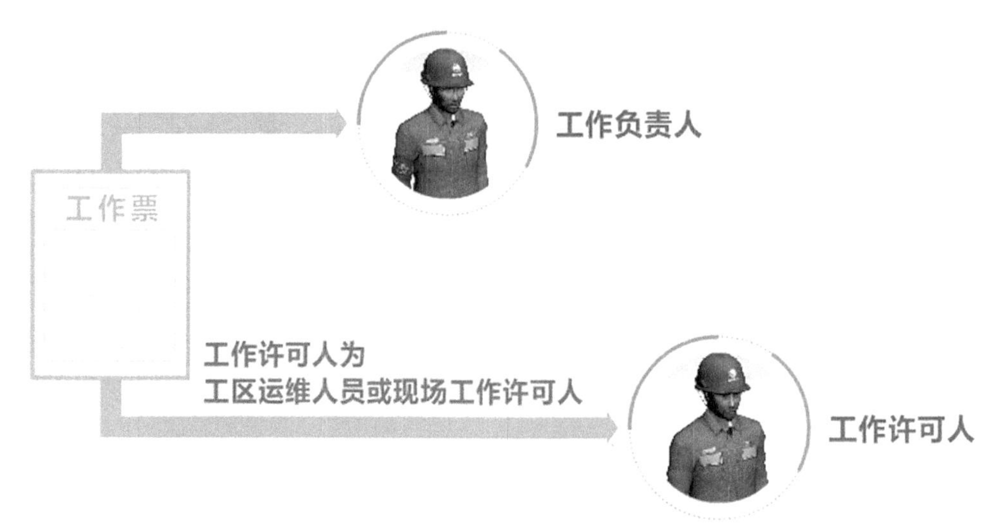


**【解读】**为了对工作票进行规范管理,计算机生成或打印的工作票与手工填写的工作票应按规定采用统一的票面格式。工作票应由签发人审核无误,手工或电子签名后,方可执行。

工作票应一式两份,工作许可后,其中一份由工作负责人收执,作为其向工作班人员交代工作任务、安全注意事项、现场安全措施等的书面凭证;若工作许可人为工区运维人员或现场工作许可人时,另一份留存工作许可人处,作为掌握工作情况、安全措施设置的依据。

第二种工作票无工作许可人时,工作票留存在工作票签发人处。

工作票应提前交给工作负责人,便于其有充分时间对工作内容、停电范围和安全措施进行审核,审核中发现疑问还需联系工作票签发人。

5.3.7.3　一张工作票中,工作票签发人和工作许可人不得兼任工作负责人。

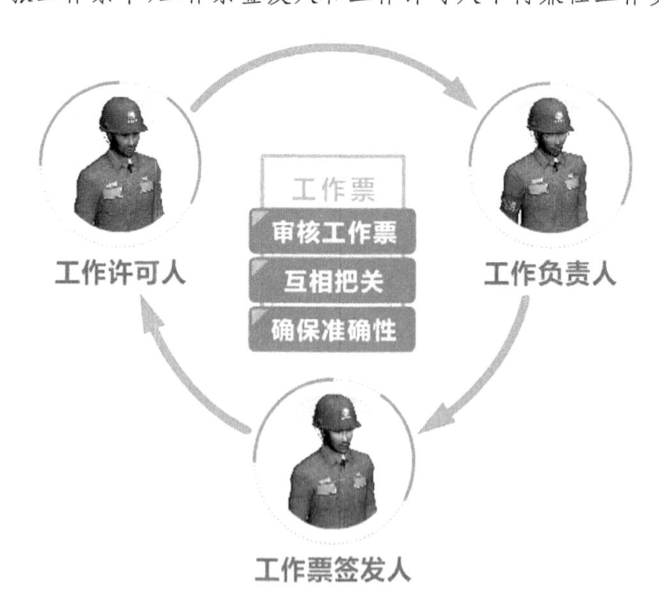


**【解读】**工作票签发人、工作许可人和工作负责人,三者的作用不同。工作票签发人、工

作许可人和工作负责人三人相互审核，相互把关，确保工作票准确无误。其中工作票签发人负责审查工作票所填写的安全措施是否正确；工作许可人负责审查由其许可的工作票所列的安全措施是否正确，负责其发出的许可工作的命令以及现场由其布置的安全措施是否正确；工作负责人除了始终在工作现场，负责组织、指挥工作班人员完成本项工作任务，及时纠正现场出现的不安全行为，还应对照工作票和现场实际核对许可人发出的许可工作命令是否正确。因此工作票签发人和工作许可人不得兼任工作负责人。

工作票签发人可以兼任工作许可人。在一张工作票中，工作票签发人相对熟悉、掌握工作票的工作任务、停电方式、安全措施及安全规程等方面情况，具备兼任工作许可人条件，除满足上述条件外，工作票签发人还应通过相关的专业项目培训考核，经所在单位批准、公布后方可兼任。工作票签发人在兼任工作许可人时，应履行相应的安全责任。

5.3.7.4　工作票由工作负责人填写，也可由工作票签发人填写。

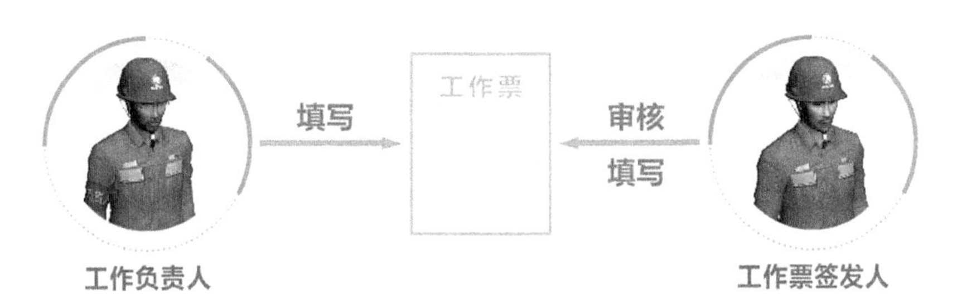


**【解读】**在填写工作票的同时，应熟悉作业流程、安全措施。工作负责人负责现场工作的组织和实施，并且负责现场安全措施的实施。因此，一般由工作负责人负责填写工作票。工作负责人填写完毕后，由工作票签发人认真审核后进行签发。工作票签发人全面负责工作票所列安全措施的正确性、完整性，因此也可以由工作票签发人填写工作票。

5.3.7.5　工作票由设备运维管理单位签发，也可由经设备运维管理单位审核合格且经批准的检修及基建单位签发。检修及基建单位的工作票签发人、工作负责人名单应事先送有关设备运维管理单位、调度控制中心备案。

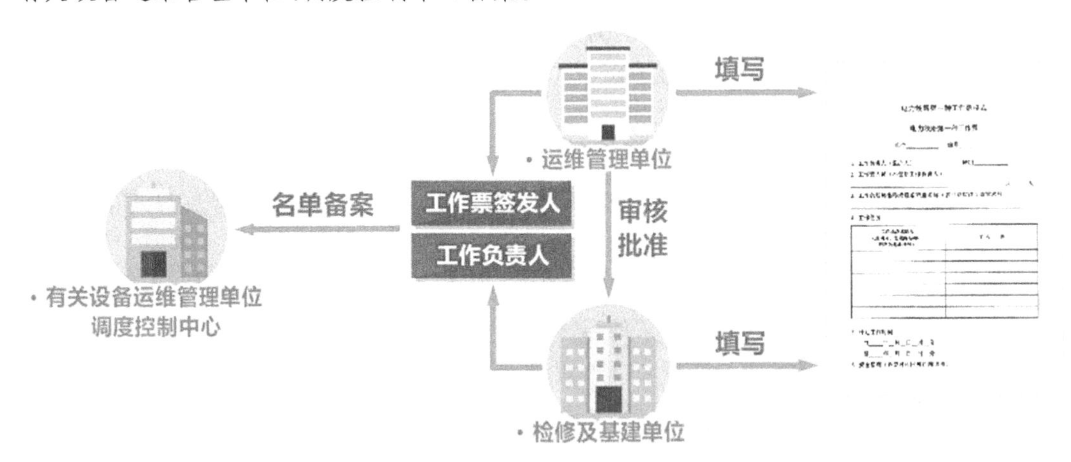


**【解读】**允许签发工作票的检修及基建单位应具备以下条件：①长期固定在本系统内从

事各项对应的工作,熟悉系统接线方式和设备情况;②安全、质量等各项管理业绩良好。检修及基建单位应加强工作票签发人、工作负责人的管理,其资质、工作年限、专业等条件应满足设备运维管理单位的有关规定。

5.3.7.6 承发包工程中,工作票可实行“双签发”形式。签发工作票时,双方工作票签发人在工作票上分别签名,各自承担本规程工作票签发人相应的安全责任。

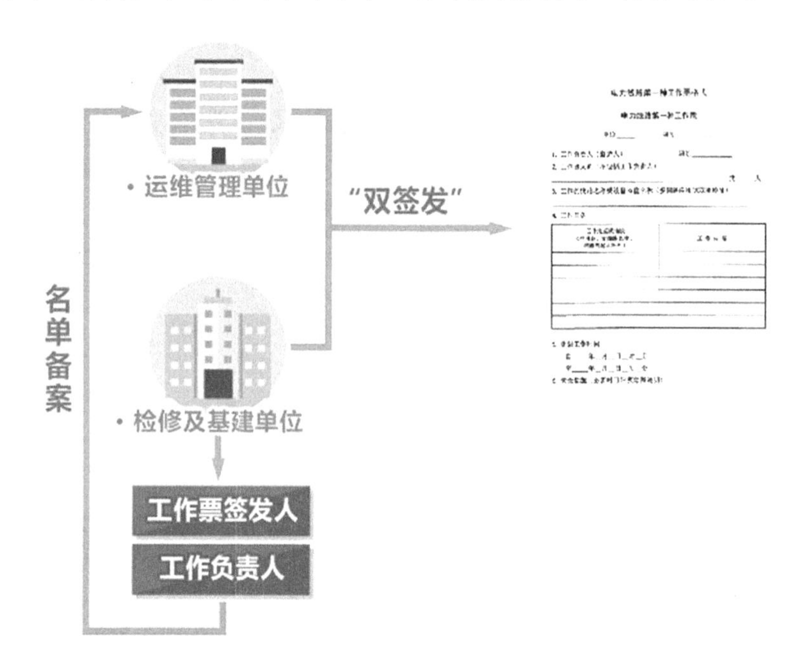


【解读】承发包工程的工作票可由设备运维管理单位(或设备检修维护单位)和承包单位共同签发,共同承担安全责任,即“双签发”。承包单位的工作票签发人及工作负责人名单应事先送设备运维管理单位备案。

发包方工作票签发人负责审核工作的必要性和安全性、工作票上所填写的停电安全措施是否正确完备、所派工作负责人是否在备案名单内。承包方工作票签发人对工作安全性、工作票上所填写的作业安全措施是否正确完备、所派工作负责人和工作班人员是否适当和充足负责。采用“双签发”可弥补双方的不足,使承、发包双方的安全责任明确,各负其责,共同确保安全。

5.3.8 工作票的使用。

5.3.8.1 第一种工作票,每张只能用于一条线路或同一个电气连接部位的几条供电线路或同(联)杆塔架设且同时停送电的几条线路。第二种工作票,对同一电压等级、同类型工作,可在数条线路上共用一张工作票。带电作业工作票,对同一电压等级、同类型、相同安全措施且依次进行的带电作业,可在数条线路上共用一张工作票。

在工作期间,工作票应始终保留在工作负责人手中。

【解读】可使用同一张第一种工作票,是在同时停送的前提下满足以下条件之一者:

(1)一条线路停电的工作。

(2)同一个电气连接部位的几条供电线路同时停送电的工作。“同一个电气连接部位的

几条供电线路"是指同一电压等级在电气上互相连接的多条线路，如环网供电线路。若中间通过断路器（开关）或隔离开关（刀闸）连接，虽在电气上可分开，但其工作范围内，没有倒送电和突然来电的可能，仍可视作同一电气连接部位。

（3）几条线路同（联）杆塔架设且同时停送电的工作。联杆是指将两基及以上独立杆塔的中间或头部联结起来的多杆塔组合体。如果部分同（联）杆塔架设，不可使用一张工作票。

数条线路作业使用同一张第二种工作票时，应同时满足以下条件：

（1）电压等级相同。

（2）同类型工作。同类型工作是指工作目的、内容、要求和作业方法相同的工作。

数条线路作业使用同一张带电作业工作票时，应同时满足以下条件：

（1）电压等级相同。

（2）同类型工作。

（3）安全措施相同，主要是指满足安全距离和组合间隙要求、使用同规格的绝缘工具、进出电场的方法相同等。

（4）逐条线路依次进行的作业（因带电作业还需要停用重合闸，正常每次只能在一条线路上开展工作）。

为便于掌控进度，检查、监督安全措施的落实，在工作期间，工作票应始终保留在工作负责人手中。

5.3.8.2 一个工作负责人不能同时执行多张工作票。若一张工作票下设多个小组工作，每个小组应指定小组负责人（监护人），并使用工作任务单。工作任务单一式两份，由工作票签发人或工作负责人签发，一份工作负责人留存，一份交小组负责人执行。工作任务单由工作负责人许可。工作结束后，由小组负责人交回工作任务单，向工作负责人办理工作结束手续。

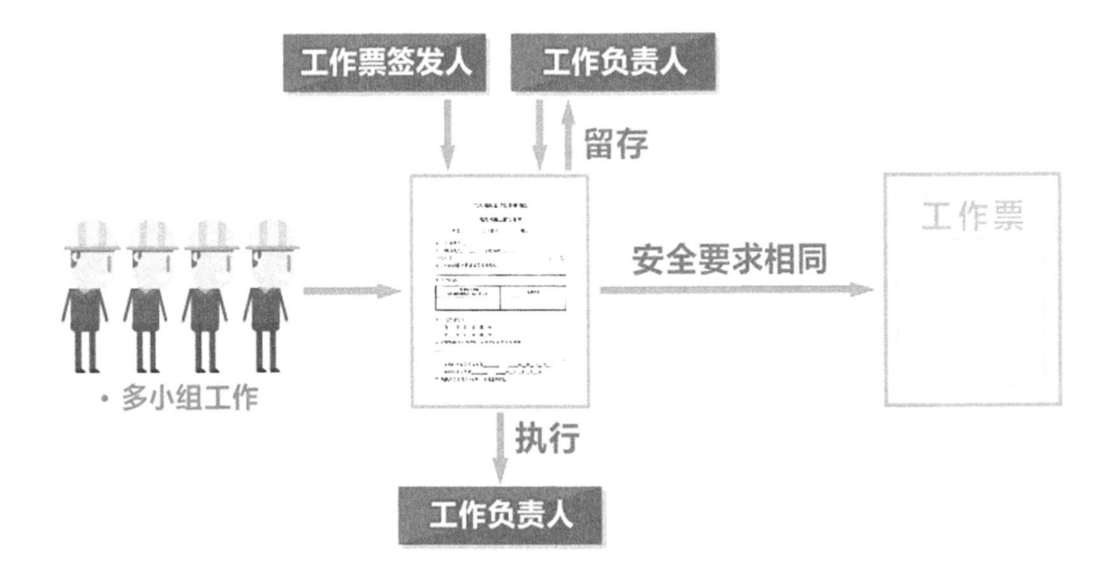

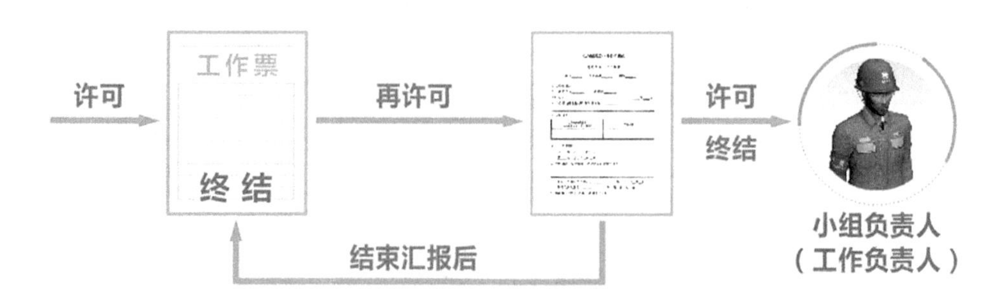


**【解读】**工作负责人在同一时间内,执行多张工作票,导致精力不够,容易混淆不同工作票的工作任务、时间、地点、安全措施等,出现监控不到位的情况。

长线路或同一个电气连接部位上多个小组的共同作业,且工作票所列安全措施一次完成的工作,应使用工作任务单,可以采用多小组工作形式,由工作负责人统一向值班调控人员办理许可和终结手续。

工作任务单应交代清楚工作任务、停电范围、工作地点的起止杆号及安全措施(注意事项)等内容。在安全方面,工作任务单与工作票要求一致,由工作票签发人或工作负责人签发。工作任务单一份留存于工作负责人处,用于对小组工作情况的监督和掌握。一份交由小组负责人执行,明确掌握小组的工作任务及安全措施。

工作任务单上的工作任务和安全措施是工作票中全部任务和措施中的一部分,由小组具体负责。在工作许可人完成工作票要求的作业条件并许可工作票后,工作任务单方可执行、开展工作任务单上所列的工作。

工作任务单的许可和终结由小组负责人与工作负责人办理。工作负责人应担任工作任务单的许可人,原因是工作负责人掌握整条线路停、送电的情况以及接地线等安全措施布置的完成情况。在完成工作票许可后,方可进行工作任务单许可;当所有小组工作任务单汇报结束后,工作负责人方可汇报终结工作。

5.3.8.3 一回线路检修(施工),其邻近或交叉的其他电力线路需进行配合停电和接地时,应在工作票中列入相应的安全措施。若配合停电线路属于其他单位,应由检修(施工)单位事先书面申请,经配合线路的设备运维管理单位同意并实施停电、接地。

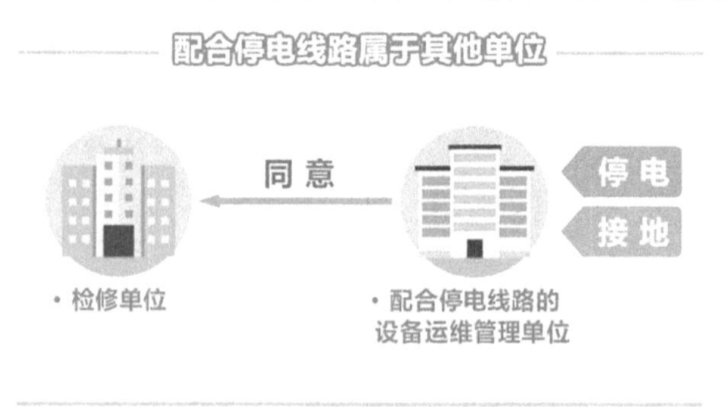


**【解读】**在开展线路停电检修(施工)工作时,临近或交叉的其他所有线路需要配合停电、接地,该类线路被称为配合停电线路。

为确保工作负责人有效控制作业现场的危险点和现场安全措施，需要邻近或交叉的其他电力线路进行配合停电和接地时，应在检修(施工)线路的工作票中列入相应的安全措施。

如果配合停电线路由检修(施工)单位负责管理，由负责检修(施工)线路的工作负责人实施配合停电线路的安全措施，则只需填用一张工作票即可。如果配合停电线路属于其他单位，则应由检修(施工)单位事先向配合停电线路的设备运维管理单位提出书面申请，经该设备运维管理单位同意并由其实施停电、接地工作。

5.3.8.4 一条线路分区段工作，若填用一张工作票，经工作票签发人同意，在线路检修状态下，由工作班自行装设的接地线等安全措施可分段执行。工作票中应填写清楚使用的接地线编号、装拆时间、位置等随工作区段转移情况。

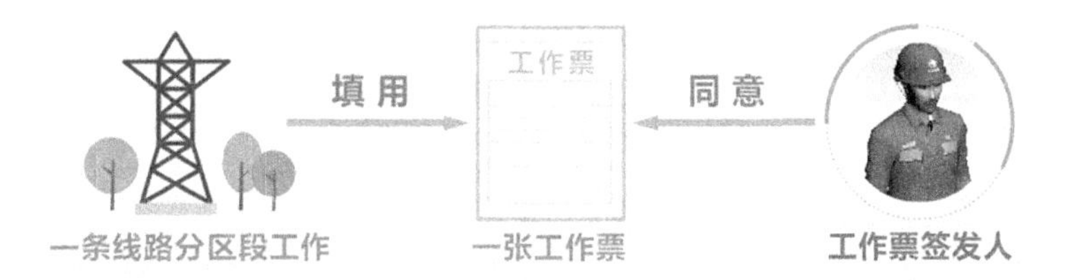


**【解读】**一条线路填用一张工作票进行分段工作时，考虑到部分线路长度长、分支线多、地形复杂、停电时间短等因素，一次性完成整条线路装设接地线等安全措施难度大、耗时长(拆除时也是如此，同时也可避免接地线被盗窃)，为提高现场工作效率，在保证现场作业安全的前提下，可按照工作区段分段装设接地线等安全措施，即接地线等安全措施随工作地点的转移而转移的方式进行，但前提条件是线路处于检修状态。在签发工作票时，应填写清楚分区段工作的装设接地线的位置；在执行工作票时，应填写清楚接地线的编号和挂设、拆除的时间。

5.3.8.5 持线路或电缆工作票进入变电站或发电厂升压站进行架空线路、电缆等工作，应增填工作票份数，由变电站或发电厂工作许可人许可，并留存。

上述单位的工作票签发人和工作负责人名单应事先送有关运维管理单位备案。

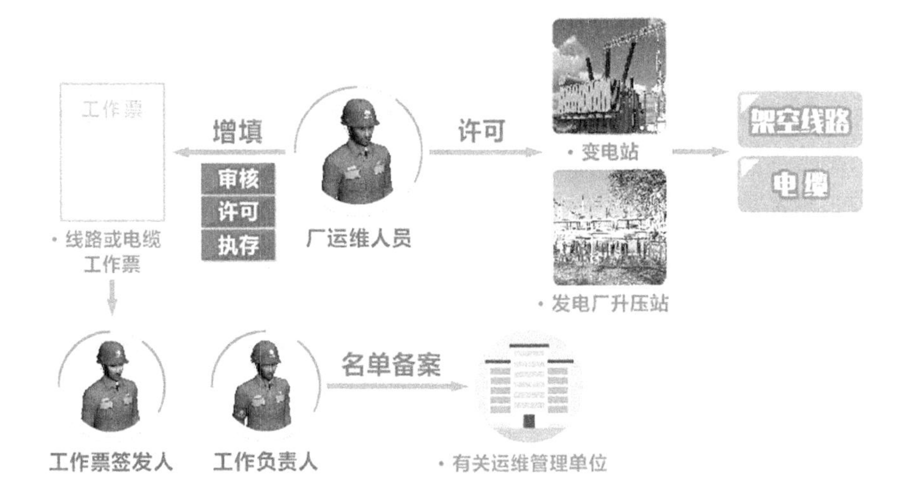

**【解读】**作业人员持线路或电缆工作票进入变电站或发电厂升压站内工作应得到变电站或发电厂升压站工作许可人的许可。因为运维人员对厂(站)内设备带电情况、工作地点的危险点及预控措施等掌握较为全面,根据工作内容可预先补充必要的安全措施和交代安全注意事项(如设置围栏指示工作地点和范围,悬挂“从此上下”标示牌指示作业人员上下构架通道,悬挂“在此工作”的标示牌等措施),以起到安全把关的作用。所以,进厂(站)工作应增填工作票份数,由厂(站)运维人员对工作票进行审核、许可并执存。

为了便于运维单位掌握相关人员是否具备资格,线路或电缆工作票签发人和工作负责人名单应事先送有关运维管理单位备案。

5.3.9　工作票的有效期与延期。

5.3.9.1　第一、二种工作票和带电作业工作票的有效时间,以批准的检修期为限。

· 电力线路第一种工作票　· 电力线路第二种工作票　· 电力线路带电作业工作票

正式批准的检修时间

**【解读】**第一、二种工作票和带电作业工作票等工作票的有效时间,以批准的检修期为限。正式批准的检修时间以调度批准的开工到完工时间为准。

5.3.9.2　第一种工作票需办理延期手续,应在有效时间尚未结束以前由工作负责人向工作许可人提出申请,经同意后给予办理。

第二种工作票需办理延期手续,应在有效时间尚未结束以前由工作负责人向工作票签发人提出申请,经同意后给予办理。第一、二种工作票的延期只能办理一次。带电作业工作票不准延期。

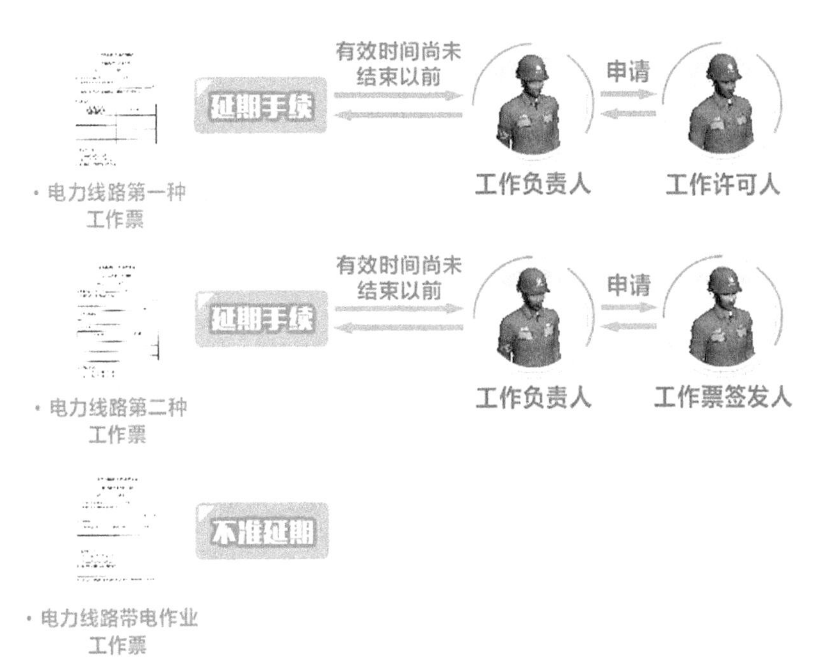


**【解读】**提前申请办理第一种工作票的延期手续，是为了给调度控制中心或运维部门预留时间，便于调整运行方式以及变更、办理送电的时间，并提前通知用户延迟送电情况。提前申请办理第二种工作票延期手续，有利于工作票签发人动态掌握工作现场情况，做好工作计划和人员安排的调整变更工作。

第一种工作票由工作负责人向工作许可人提出申请，涉及线路的停送电时间和变电站的操作；第二种工作票由工作负责人向工作票签发人提出申请，不需要履行工作许可手续。

工作票延期手续太多，不利于现场作业安全，因此第一、二种工作票延期手续只能办理一次。如果在工作票延期后的有效时间不能完成工作，应办理工作票终结手续，按照工作票办理流程，重新填写工作票并履行相应的工作许可手续。

带电作业工作票不准延期。首先因带电作业具有危险性较高、对天气和安全措施要求较高的特点，其次带电作业一般需要停用重合闸，并在一定程度上影响线路的可靠性。

**四、课程总结**

本节课程内容主要是对工作票的相关内容进行了讲解，包括工作票的分类、填用第一种工作票的工作、填用第二种工作票的工作、填用带电作业工作票的工作、按口头或电话命令执行的工作、工作票的填写与签发、工作票的使用、工作票的有效期与延期等内容。

工作中要严格按照工作票的相关规定进行，避免发生人身及设备事故。

## 案例3：未进行验电、接地工作致触电

### 一、事故案例

2018年12月14日，××供电公司输电运检室对运行110kV井大线进行全线更换绝缘子工作。输电运检室办理工作票后，分成三个小组进行工作（未填用工作任务单），输电四班

作为一个工作小组,其工作任务是更换87号杆耐张绝缘子并进行喷涂,小组工作负责人为陈××,小组成员有李××等五名工作人员。

当日9时许,到达87号杆位处,小组工作负责人陈××听李××叙述线路已经停电,陈××未向工作总负责人确认,在未开展验电、挂设接地线的情况下,小组负责人陈××指挥李××、赵××登杆作业。李××攀登至横担位置,将安全带系好后,进行放小绳工作过程中,小绳距离带电导线过近发生放电,李××被电弧击伤。经120紧急抢救未造成死亡事故,但右脚、左手局部烧伤。

**二、案例分析**

案例中,小组负责人陈××并没有得到总工作负责人的开工通知,违章指挥李××登杆作业,违反《国家电网公司电力安全工作规程　线路部分》中5.3.11.2的规定;作业前未在工作地段验电、挂接地线,违反《国家电网公司电力安全工作规程　线路部分》6.3.1和6.4.1中的规定;多班小组工作,未使用工作任务单,违反《国家电网公司电力安全工作规程　线路部分》中5.3.8.2的规定。

**三、安规讲解**

5.3.10　工作票所列人员的基本条件。

5.3.10.1　工作票签发人应由熟悉人员技术水平、熟悉设备情况、熟悉本规程,并由具有相关工作经验的生产领导人、技术人员或经本单位批准的人员担任。工作票签发人员名单应公布。

**【解读】**工作票签发人负责审查工作票所填写的安全措施是否正确,应熟悉人员技术水平、设备状况、《国家电网公司电力安全工作规程　线路部分》,具有电气现场工作相关经验,一般由生产领导人、技术人员或经本单位批准的人员担任,通过相应的培训以及技术、《国家电网公司电力安全工作规程　线路部分》考核合格后方能担任相应专业的工作票签发人,经本单位批准后公布。

5.3.10.2　工作负责人(监护人)、工作许可人应由有一定工作经验、熟悉本规程、熟悉工作范围内的设备情况,并经车间(工区,下同)批准的人员担任。工作负责人还应熟悉工作班成员的工作能力。

用户变、配电站的工作许可人应是持有效证书的高压电气工作人员。

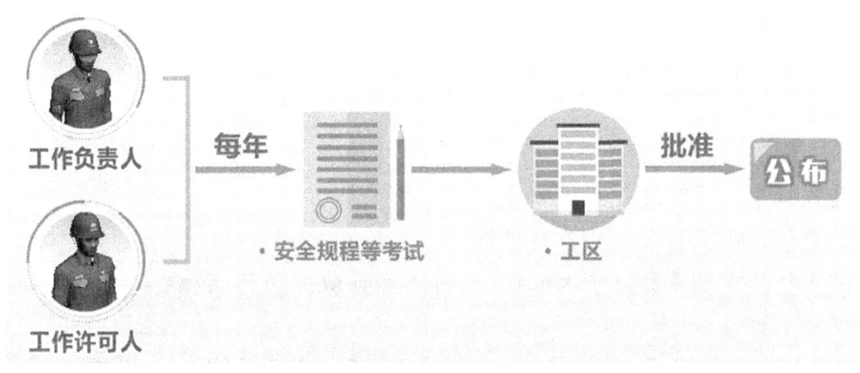


**【解读】**工作负责人不仅要求具备相应的专业岗位技能要求，而且要求具备实际工作经验，并熟悉工作班成员的工作能力及身体状况。工作负责人负责组织、指挥工作班人员完成本项工作任务，并负责工作完成的质量和安全。

工作许可人应由具备一定实际工作经验、熟悉《国家电网公司电力安全工作规程　线路部分》以及相关设备具体情况的人员担任，负责许可工作的命令和接地等安全措施的正确性。

工作负责人、工作许可人应每年通过《国家电网公司电力安全工作规程　线路部分》考试，经所在工区（车间）批准以后进行公布。

用户变、配电站的工作许可人应是持有效证书的高压电气工作人员。

5.3.10.3　专责监护人应是具有相关工作经验，熟悉设备情况和本规程的人员。

**【解读】**专责监护人是指不参与具体工作，专门负责监督作业人员现场作业行为是否符合安全规定的责任人员。

进行危险性大、较复杂的工作，如邻近带电线路、设备，带电作业及夜间抢修等作业，仅靠工作负责人无法监护到位，因此除工作负责人外还应增设监护人。

在带电区域（杆塔）及配电设备附近进行非电气工作时，如刷油漆、绿化、修路等，也应增设监护人。

专责监护人主要监督被监护人员遵守《国家电网公司电力安全工作规程　线路部分》和现场安全措施，及时纠正不安全行为。因此，专责监护人应掌握安全规程，熟悉设备和具有相当的工作经验。

5.3.11　工作票所列人员的安全责任。

5.3.11.1　工作票签发人：

a）确认工作必要性和安全性。

b）确认工作票上所填安全措施是否正确完备。

c）确认所派工作负责人和工作班人员是否适当和充足。

**【解读】**工作票签发人应根据现场的运行方式和实际情况对工作任务的必要性、安全性，以及采取的停电方式、安全措施等进行确认；审查工作票上所填安全措施是否与实际工作相符且正确完备，以及所派工作负责人及工作班成员配备是否合适等各项内容，各项内容经审核、确认后签发工作票。

5.3.11.2　工作负责人（监护人）：

a)正确组织工作。

b)检查工作票所列安全措施是否正确完备,是否符合现场实际条件,必要时予以补充。

c)工作前,对工作班成员进行工作任务、安全措施、技术措施交底和危险点告知,并确认每个工作班成员都已知晓。

d)组织执行工作票所列安全措施。

e)监督工作班成员遵守本规程、正确使用劳动防护用品和安全工器具以及执行现场安全措施。

f)关注工作班成员身体状况和精神状态是否出现异常迹象,人员变动是否合适。

**【解读】**工作负责人是执行工作票工作任务的组织指挥者和安全负责人,负责正确安全地组织现场作业。同时,工作负责人还应负责对工作票所列现场安全措施是否正确完备、是否符合现场实际条件等方面情况进行检查,必要时还应加以补充完善。

工作许可手续完成后,工作负责人应向工作班成员交代工作内容、人员分工、带电部位和现场安全、技术措施,告知危险点,在每一个工作班成员都已履行签名确认手续后,方可下令开始工作。工作负责人应始终在工作现场,监督工作班成员遵守《国家电网公司电力安全工作规程　线路部分》、正确使用劳动防护用品和安全工器具以及执行现场安全措施,及时纠正工作班成员的不安全行为。

工作负责人在工作前,应关注工作班成员变动是否合适,精神面貌、身体状况是否良好等方面情况。因为变动不合适,工作班成员精神状态、身体状况不佳等因素极有可能引发事故。

5.3.11.3　工作许可人:

a)审票时,确认工作票所列安全措施是否正确完备,对工作票所列内容发生疑问时,应向工作票签发人询问清楚,必要时予以补充。

b)保证由其负责的停、送电和许可工作的命令正确。

c)确认由其负责的安全措施正确实施。

**【解读】**线路工作有多种许可方式,如值班调控人员许可、工区运维人员许可和工作现场许可等,可能存在工作许可人与工作票签发人兼任的情况,故需工作许可人在受理第一种工作票时,应根据电网实际情况及有关规定审查由其负责的工作票中各项安全措施是否正确完备。工作许可人的主要职责是对许可的线路停电、送电和接地等安全措施是否正确完备负责。故工作许可人应核对由其负责的检修线路的电源全部断开,保证线路停电、送电和操作、许可工作的命令正确无误;审查工作票接地线的数量是否满足要求、挂设的位置是否正确;确认停电线路接地等安全措施已全部实施完成,并与工作票核对无误后,方可向工作负责人发出许可命令。工作许可人对工作票所列内容产生疑问,应向工作票签发人询问清楚,必要时要求作出详细补充。此外考虑到线路工作的特点,在审查工作票和发出许可工作的命令时需要检查和确认线路各侧的安全措施,由于线路各侧可能属于不同工作许可人,因此每个工作许可人应对自己许可范围内的安全措施负责。

5.3.11.4　专责监护人:

a)确认被监护人员和监护范围。

b)工作前,对被监护人员交代监护范围内的安全措施、告知危险点和安全注意事项。

c)监督被监护人员遵守本规程和执行现场安全措施,及时纠正被监护人员的不安全行为。

**【解读】**专责监护人应明确被自己监护的人员及监护范围,保证自己所监护的人员始终在监护之下。

专责监护人在工作开始之前,应确认每一个参加工作的工作班成员全部知晓安全措施、危险点及安全注意事项。专责监护人应从开始到结束,始终监督被监护人员,确保作业人员遵守相关作业规程及安全措施,及时纠正违章行为,保证作业安全顺利进行。

5.3.11.5 工作班成员:

a)熟悉工作内容、工作流程,掌握安全措施,明确工作中的危险点,并在工作票上履行交底签名确认手续。

b)服从工作负责人(监护人)、专责监护人的指挥,严格遵守本规程和劳动纪律,在确定的作业范围内工作,对自己在工作中的行为负责,互相关心工作安全。

c)正确使用施工机具、安全工器具和劳动防护用品。

**【解读】**班前会、班后会,工作班成员应全员参加,认真听取工作负责人(监护人)安排的工作任务,熟悉工作内容、工作流程,掌握安全措施,明确工作中的危险点,并履行签名确认手续,确保作业安全和人身安全。

在工作现场,工作班成员应服从工作负责人、专责监护人的指挥,严格遵守《国家电网公司电力安全工作规程 线路部分》及相关劳动纪律;在自己的工作范围内开展工作并对自己的工作行为负责,关心工作班其他成员的工作安全,不违章作业,履行作业人员的相应职责和义务。

认真履行保证安全作业的重要措施,认真检查并正确使用相应的安全工器具、施工机具以及劳动安全保护用品。

**四、课程总结**

本节课程内容主要是对工作票的相关内容进行了讲解,包括工作票所列人员的基本条件以及工作票所列的工作票签发人、工作负责人(监护人)、工作许可人、专责监护人、工作班成员等人员的安全责任。

工作票制度是保证安全作业的重要依据,在日常作业过程,要杜绝无票作业,保证合理、合规使用工作票,确认落实各类人员的安全责任,保证作业人员和电网设备的安全。

## 案例4:未核实约时停电致人触电身亡

**一、事故案例**

2013年12月31日,××供电公司输电运检室检修一班对同塔架设非运行的架空线路进行消缺工作。工作负责人吴××与工作许可人孙××约定8:00停电,在作业前并未核

实。实际上,该线路因为其他原因,未按计划停电。作业人员杨××被工作负责人吴××指派登10号塔上相横担装设接地线。当杨××装设第一根接地线时,直接接触带电线路,造成杨××触电身亡。

**二、案例分析**

案例中,在架空线路消缺工作中,工作负责人吴××与工作许可人孙××之间未按照《国家电网公司电力安全工作规程　线路部分》规定的流程办理许可(终结)手续,采用约时停(送)电,在作业前未进行核实。实际上,该线路因为其他原因,未按计划停电,违反《国家电网公司电力安全工作规程　线路部分》中5.4.5的规定。

约时停电,容易发生作业人员进入作业位置时,线路(设备)带电;约时送电,容易发生作业人员正在进行作业时,线路(设备)突然送电。上述均会引起人身触电伤亡事故和设备安全事故,因此,禁止约时停、送电,避免出现人身事故及设备事故。

**三、安规讲解**

5.4　工作许可制度。

5.4.1　填用第一种工作票进行工作,工作负责人应在得到全部工作许可人的许可后,方可开始工作。

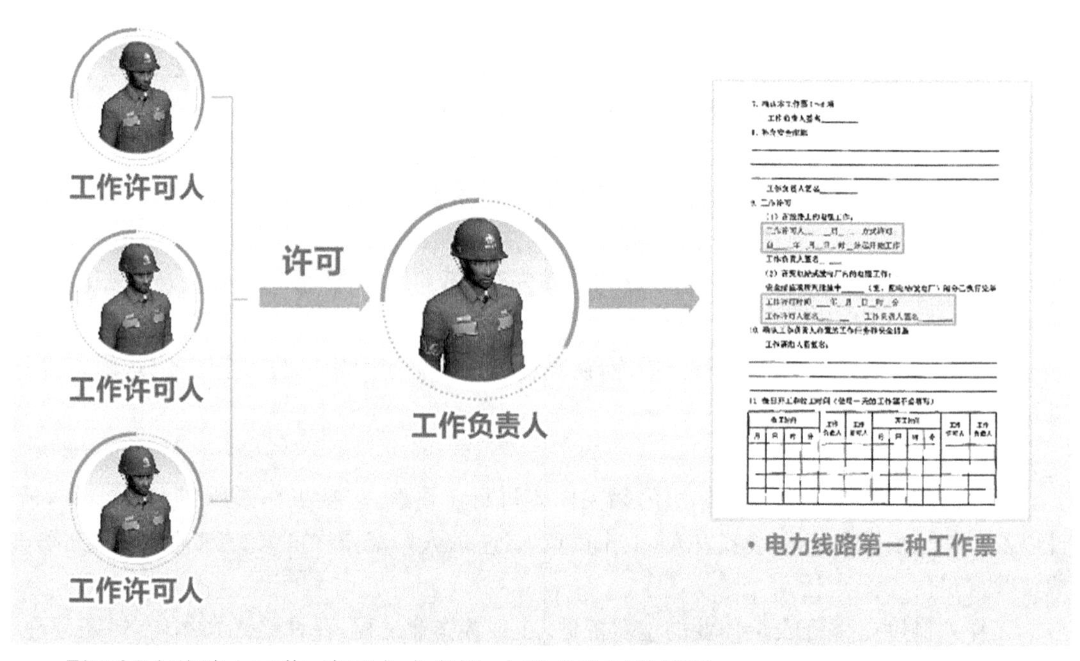


**【解读】**在线路上工作,许可方式多样,大致分为五种情况:

(1)由值班调控人员许可工作负责人。

(2)由值班调控人员许可工区运维人员(工区工作许可人),再由工区运维人员许可现场工作负责人。

(3)涉及外单位需配合停电线路时,还应得到配合停电线路方的工作许可。

(4)配网线路停电检修(施工)作业时,线路运维班完成安全措施后,向检修(施工)工作负责人许可。

(5)持线路或电缆工作票进入变电站或发电厂升压站进行架空线路、电缆、构架上等工作时，除了得到值班调控人员的线路工作许可外，同时还应得到运维人员的许可。

填用第一种工作票进行工作，考虑到各种不同的工作将涉及多层面的许可，故特别强调了工作负责人应在得到全部工作许可人的许可后，方可开始工作。

填用第一种工作票开展工作，工作负责人需要接受多个许可人许可时，接到每个工作许可人工作许可命令时均应在工作票上记录许可人姓名和许可开展工作时间。若值班调控人员许可工作命令通过工区运维人员转达，工区运维人员接受工作许可命令时，也应在工作票上记录许可人姓名和许可时间。

5.4.2 线路停电检修，工作许可人应在线路可能受电的各方面(含变电站、发电厂、环网线路、分支线路、用户线路和配合停电的线路)都已停电，并挂好操作接地线后，方能发出许可工作的命令。

值班调控人员或运维人员在向工作负责人发出许可工作的命令前，应将工作班组名称、数目、工作负责人姓名、工作地点和工作任务做好记录。

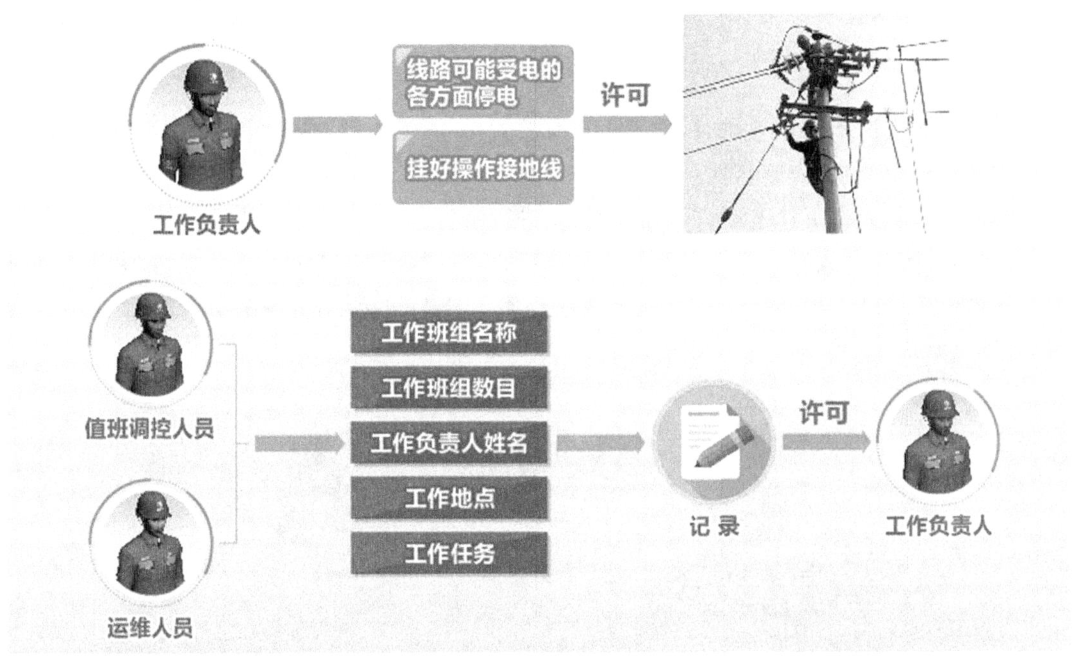


**【解读】**操作接地是指改变电气设备状态的接地(针对 6.2.1 a)～d)条应做的接地)，由操作人员负责实施。工作接地是指在操作接地实施后，在停电范围内的工作地点，对可能来电(含感应电)的设备各侧实施的保护性接地。线路处于检修状态(已完成操作接地)后，方能发出许可工作的命令。

此外，明确工作许可人在工作许可前需做的安全措施应包括用户线路和配合停电的线路。同时依据“关于印发《国家电网公司防止电气误操作安全管理规定》的通知”(国家电网安监〔2006〕904 号)中规定引入了操作接地的要求，即强调在线路停电作业许可时线路必须在检修状态下，严禁在设备冷备用状态许可工作。

为防止误送电而危及作业人员的人身安全，值班调控人员或运维人员在向工作负责人发出许可工作的命令前,应将工作班组名称、工作班组数目、工作负责人姓名、工作地点和工作任务记入记录簿内。

运维人员包括工区工作许可人、线路运维班运维人员、变电站及发电厂运维人员等。

5.4.3 许可开始工作的命令,应通知工作负责人。其方法可采用:

a)当面通知。

b)电话下达。

c)派人送达。

电话下达时,工作许可人及工作负责人应记录清楚明确,并复诵核对无误。对直接在现场许可的停电工作,工作许可人和工作负责人应在工作票上记录许可时间,并签名。

**【解读】**派人送达许可工作时,许可人与所派人员、所派人员与现场工作负责人之间均应做好书面交接手续,并应签名保存。

当值班调控人员下达电话许可命令时,应进行录音。

5.4.4 若停电线路作业还涉及其他单位配合停电的线路,工作负责人应在得到指定的配合停电设备运维管理单位联系人通知这些线路已停电和接地,并履行工作许可书面手续后,才可开始工作。

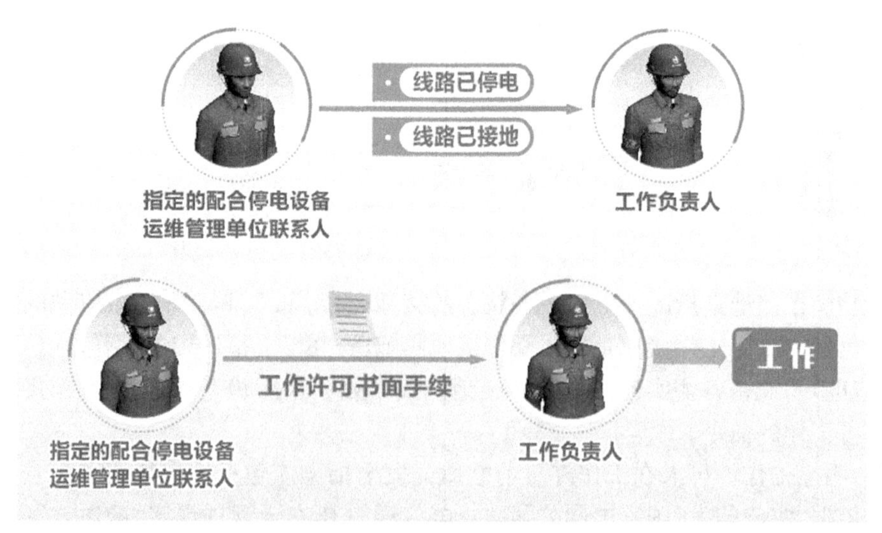


**【解读】**配合停电联系人应事先指定,其他人员不得随意担任。双方履行书面许可手续是为了确保配合停电工作责任明确,有据可查。

5.4.5 禁止约时停、送电。

**【解读】**在线路(设备)停电检修工作中,工作许可人与工作负责人之间未按照《国家电网公司电力安全工作规程　线路部分》规定的流程办理许可(终结)手续,采用约时停(送)电。

约时停电,容易发生作业人员进入作业位置时,线路(设备)带电;约时送电,容易发生作业人员正在进行作业时,线路(设备)突然送电。上述行为均会引起人身触电伤亡事故和设备安全事故,因此,禁止约时停、送电。

5.4.6　填用电力线路第二种工作票时,不需要履行工作许可手续。

**【解读】**由于不需要改变设备的运行状态,不影响系统的稳定运行,因此填用电力线路第二种工作票时,不需要履行工作许可手续。

**四、课程总结**

本节课程内容主要是对工作许可制度的相关内容进行了讲解。

工作许可制度是保证安全作业的前提,线路检修多数会改编设备的运行状态,工作许可制度可以保证系统的稳定运行,避免出现人身伤亡及设备事故。

## 案例5:工作负责人未在现场监护,消缺工作时人员触电坠落

**一、事故案例**

2016年4月21日,××供电公司10kV高桥线911断路器过流保护动作跳闸,重合不成功。经该公司线路运检班事故巡线时发现10kV高桥1号线杆支线引流线三相全断,2号杆(同杆架设的10kV高化线921号线路)中相瓷横担绑线脱落。根据工作安排,4月22日组织线路运检班组人员进行消缺工作。在作业过程中,工作负责人武××接了一个电话,说家里有事需要离开处理,令工作班成员汪××、周××负责处理相关工作。周××在穿越10kV高化线时,由于带电线路对其放电,从12米左右处坠落地面,造成重伤。

**二、案例分析**

案例中,工作负责人武××因私事离开,令汪××、周××负责处理相关工作。周××在穿越10kV高化线时,失去监护,导致带电线路对其放电,从12米左右处坠落地面,造成重伤,违反了《国家电网公司电力安全工作规程　线路部分》中5.5.1的规定。

由于在高处移动作业、同杆架设的部分线路停电检修作业、邻近或交叉带电线路的停电检修作业、带电作业、起重作业等工作中,均存在各类较大的安全风险。若存在作业人员操作流程及方法不正确、检查不到位、安全措施执行不到位等情况,可能发生人身高处坠落、触电、机械伤害、物体打击、误入带电线路等人身和设备事故。因此,工作负责人、专责监护人应始终在工作现场认真监护,及时纠正不安全行为。

**三、安规讲解**

5.5　工作监护制度。

5.5.1　工作许可手续完成后,工作负责人、专责监护人应向工作班成员交代工作内容、人员分工、带电部位和现场安全措施、进行危险点告知,并履行确认手续,装完工作接地线后,工作班方可开始工作。工作负责人、专责监护人应始终在工作现场。

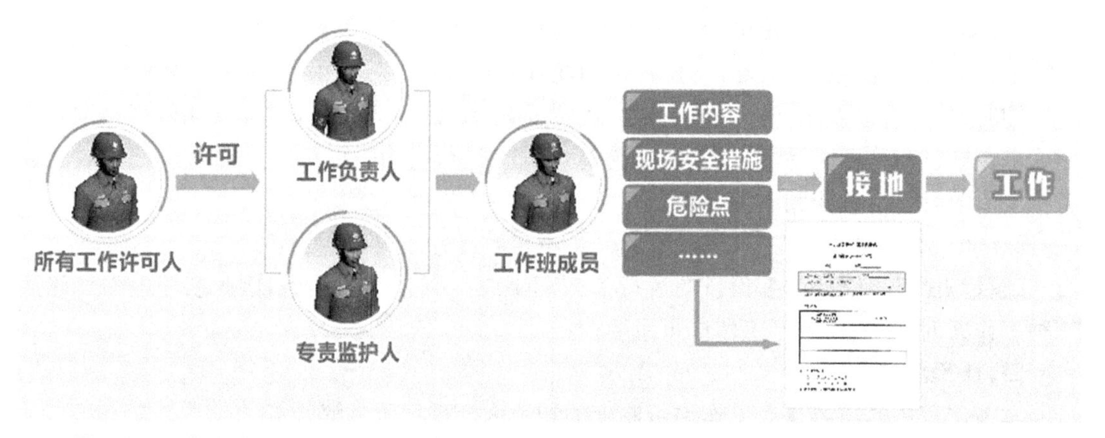


**【解读】**工作负责人得到所有工作许可人的许可后，工作负责人、专责监护人应在工作前向工作班成员交代工作内容、现场安全措施和危险点等。为防止倒送电及感应电，装完工作接地线后，工作班方可开始工作。

履行交底签名确认手续是工作负责人和工作班成员对安全完成本次工作任务的相互确认的过程，是组织措施的最基本要求之一。

由于在高处移动作业、同杆架设的部分线路停电检修作业、邻近或交叉带电线路的停电检修作业、带电作业、起重作业等工作中，均存在各类较大的安全风险。若存在作业人员操作流程及方法不正确、检查不到位、安全措施执行不到位等情况，可能发生高空坠落、触电、机械伤害、物体打击、误入带电线路等人身和设备事故。因此，工作负责人、专责监护人应始终在工作现场认真监护，及时纠正不安全的行为。

专责监护人由工作负责人指定，对工作负责人指定的监护范围和监护对象的安全负责。分组工作时，小组负责人就是本小组的监护人。

**四、课程总结**

本课程主要讲述了工作监护制度的相关内容，工作负责人、专责监护人应始终在工作现场认真监护，及时纠正不安全的行为。专责监护人由工作负责人指定，对工作负责人指定的监护范围和监护对象的安全负责。分组工作时，小组负责人就是本小组的监护人。

## 案例6:监护不到位致坠落死亡

### 一、事故案例

2013年3月29日，××供电公司输电运检室停电检修35kV良杜Ⅰ线，1号塔西侧良杜Ⅰ线与东侧的良红线共塔;2号塔东侧良杜Ⅰ线(色标为红黑相间)与西侧的良杜Ⅱ线(色标为黄白相间)共塔。9时23分，得到调度许可工作后，检修班班长牟××带领马××执行1号、2号塔上消缺任务，马××塔上作业，牟××地面监护。完成1号塔(与良红线同杆架设)任务后，10时左右，二人转移到2号(与良杜Ⅱ线同杆架设，良杜Ⅱ带电)，马××沿良杜Ⅰ线侧的脚钉登塔，上到下横担处时，将一把扳手掉了下来。监护人牟××在塔下寻拣扳手，马××继续上塔，从横担处转移换位时，失去保护，从塔上坠落，经抢救无效死亡。

**二、案例分析**

监护人牟××在塔下寻捡扳手，违反《国家电网公司电力安全工作规程　线路部分》中5.5.2的规定。

案例中监护人牟××在塔下寻捡扳手时，应通知工作人员马××停止工作。

**三、安规讲解**

5.5.2　工作票签发人或工作负责人对有触电危险、施工复杂容易发生事故的工作，应增设专责监护人和确定被监护的人员。

专责监护人不准兼做其他工作。专责监护人临时离开时，应通知被监护人员停止工作或离开工作现场，待专责监护人回来后方可恢复工作。若专责监护人必须长时间离开工作现场时，应由工作负责人变更专责监护人，履行变更手续，并告知全体被监护人员。

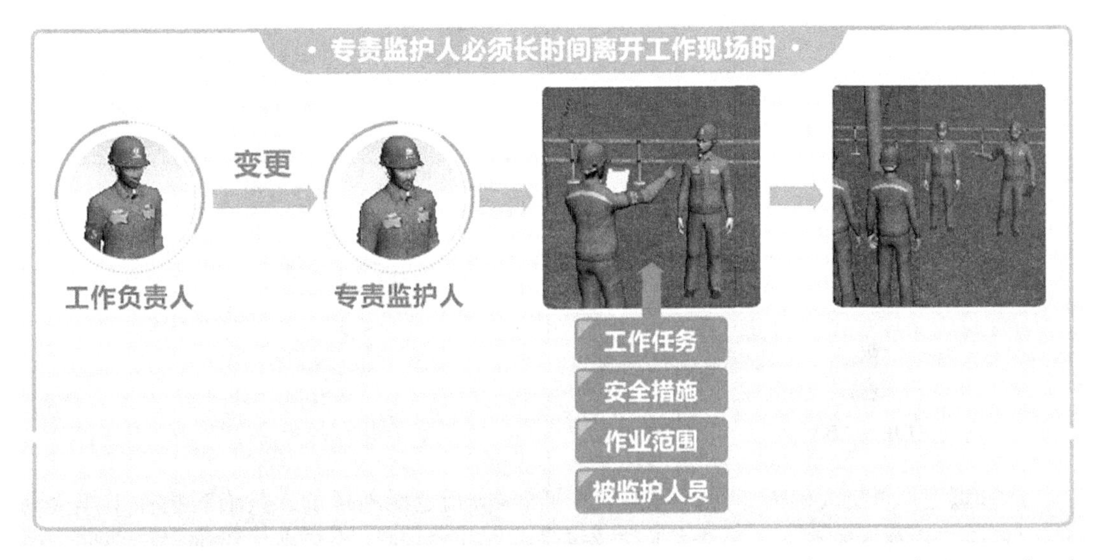


**【解读】**工作票签发人或工作负责人对有触电危险、施工复杂，容易发生事故的工作，在工作负责人无法全面监护时，应增设专责监护人和确定被监护的人员，确保工作班全体成员始终处于监护之中。如：带电杆塔上作业，邻近交叉跨越及带电线路作业，重要的立、撤杆塔，拆除或更换线路杆塔的主要塔材或主杆，放线、紧线和拆线工作，起重作业等。

“兼做其他工作”将会分散其精力和注意力，将会对被监护人员失去有效监护。因此，专责监护人在进行监护时不准兼做其他工作。专责监护人临时离开时，应通知被监护人员停止工作或离开工作现场，待专责监护人回来后方可恢复工作，以防止对被监护人员的行为失去监护。若专责监护人必须长时间离开工作现场时，应由工作负责人变更专责监护人，履行变更手续，原专责监护人应与新接替的专责监护人就工作任务、安全措施、作业范围、被监护人员等进行交接，并告知全体被监护人员。

5.5.3　工作期间，工作负责人若因故暂时离开工作现场时，应指定能胜任的人员临时代替，离开前应将工作现场交代清楚，并告知工作班成员。原工作负责人返回工作现场时，也应履行同样的交接手续。

若工作负责人必须长时间离开工作现场时，应由原工作票签发人变更工作负责人，履行变更手续,并告知全体作业人员及工作许可人。原、现工作负责人应做好必要的交接。

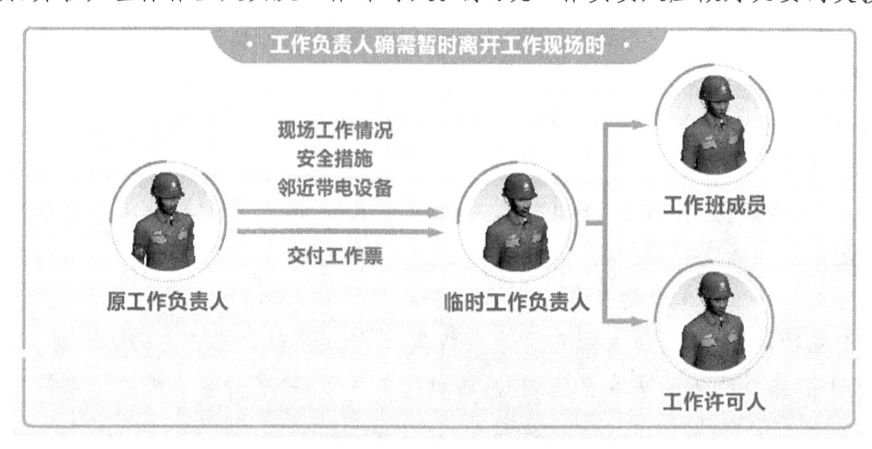


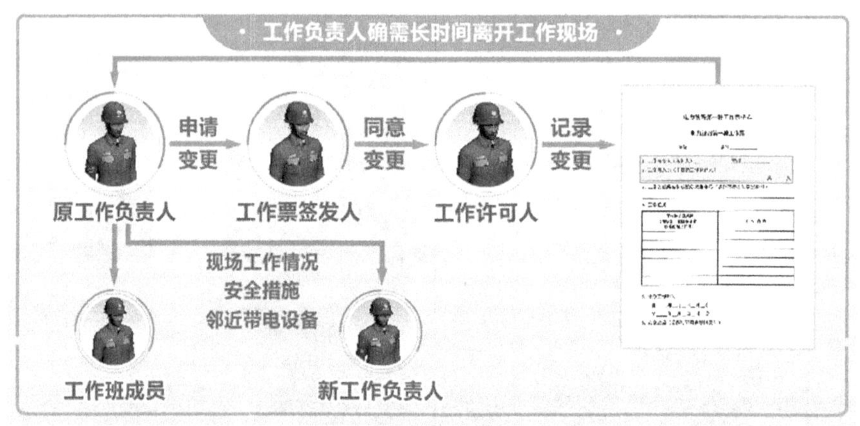


**【解读】**工作负责人确需暂时离开工作现场时,应指定能胜任的人员临时担任工作负责人,以保证工作现场始终有人负责。原工作负责人应向临时工作负责人详细交代现场工作情况、安全措施、邻近带电设备等,并移交工作票,同时还应告知工作班成员和通知工作许可人。原工作负责人返回工作现场后,也应与临时工作负责人履行同样的交接手续。临时工作负责人不得代替原工作负责人办理工作转移和工作终结手续。

若作业现场没有胜任临时工作负责人的人员,工作负责人又确需离开现场时,则应将全体工作人员撤出现场,停止工作。

若工作负责人确需长时间离开工作现场,应向原工作票签发人申请变更工作负责人,经同意后,通知工作许可人,由工作许可人将变动的情况记录在工作票"工作负责人变动"一栏内。原工作负责人在离开前应向新担任的工作负责人交代清楚工作任务、现场安全措施、工作班人员情况及其他注意事项等,并告知全体工作班成员。

**四、课程总结**

本课程主要讲述了工作监护制度的相关内容,对有触电危险、施工复杂容易发生事故的工作,应增设专责监护人和确定被监护的人员。工作期间,工作负责人若因故暂时离开工作现场时,应指定能胜任的人员临时代替,离开前、返回后应履行交接手续。若工作负责人必须长时间离开,需履行变更手续,做好必要的交接。

监护制度可以有效避免人身伤亡事故的发生，作业人员在作业过程中可能会出现违章行为，监护人的有效监护可以避免事故发生。

## 案例7：恶劣天气未中断作业，雷击致人死亡

### 一、事故案例

2018年8月26日，××供电公司输电运检一班对同塔架设非运行的220kV源南Ⅰ线进行消缺工作，该架空线路与运行的220kV源南Ⅱ线同塔架设。作业人员杨××被指派登10号塔到上相横担装设接地线。在攀登至横担附近时，突降雷阵雨。工作负责人张××让杨××下塔停止工作，等雨停之后符合作业条件再继续开展工作，杨××说就差这一点了，不值得再上来一次了，挂上地线后马上下去。张××未提出异议。就在杨××挂设最后一相地线时，突然发生雷击，造成杨××当场死亡。

### 二、案例分析

案例中，在雷阵雨天气下，作业人员杨××未听从工作负责人张××的劝说，继续作业，而张××未提出异议，导致杨××被雷击当场死亡，违反《国家电网公司电力安全工作规程 线路部分》中5.6.1的规定。

当发生威胁工作人员安全的情况时，工作负责人或专责监护人均应果断决定临时停止工作。工作班成员未经工作负责人或专责监护人同意，不得擅自恢复工作，以保证作业人员人身安全和设备安全。

### 三、安规讲解

5.6 工作间断制度。

5.6.1 在工作中遇雷、雨、大风或其他任何情况威胁到作业人员的安全时，工作负责人或专责监护人可根据情况，临时停止工作。

**【解读】**工作中遇到恶劣气象天气时，可根据具体工作的不同内容和性质，对照《国家电网公司电力安全工作规程 线路部分》8.1.1、8.3.2、10.17、13.1.2条规定执行。发生其他

威胁工作人员安全的情况时,工作负责人或专责监护人均应果断决定临时停止工作。工作班成员未经工作负责人或专责监护人同意,不得擅自恢复工作。

5.6.2 白天工作间断时,工作地点的全部接地线仍保留不动。如果工作班须暂时离开工作地点,则应采取安全措施和派人看守,不让人、畜接近挖好的基坑或未竖立稳固的杆塔以及负载的起重和牵引机械装置等。恢复工作前,应检查接地线等各项安全措施的完整性。

**恢复工作前**

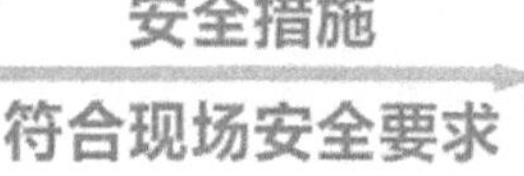

**【解读】**白天工作间断时,为了保证工作的连续性,提高工作效率,避免安全措施重复或偏差,工作地点的全部接地线仍保留不动。如果工作班须暂时离开工作地点,为了防止人、畜接近挖好的基坑、未竖立稳固的杆塔以及负载的起重和牵引机械装置等,危及人员、设备的安全,可采取以下措施:

(1)派人进行现场看守。

(2)对作业现场设置安全围栏和警告标志。

(3)未竖立稳固的杆塔以及负载的起重和牵引机械装置等按相关要求做好临锚(将各类缆风绳、拉线、制动绳等受力绳锁住)、增设后备保护、锁定制动装置等临时安全措施。

恢复工作前,为防止自然环境的影响、人为因素的变化而使现场的安全措施发生改变,从而发生可能伤害人员或损坏设备的情况,所以,应先检查全部接地线是否完好、各类负载的起重和牵引机械装置是否正常等。只有当所有安全措施符合现场安全要求后,方可恢复工作。

5.6.3 填用数日内工作有效的第一种工作票,每日收工时如果将工作地点所装的接地线拆除,次日恢复工作前应重新验电挂接地线。

如果经调度允许的连续停电、夜间不送电的线路,工作地点的接地线可以不拆除,但次日恢复工作前应派人检查。

| 每日收工 | 工作地点所装的接地线拆除 | 次日恢复工作前：<br>重新验电<br>挂接地线 |
| --- | --- | --- |
| 每日收工 | 停电<br>工作地点所装的接地线不拆除 | 每日恢复工作前：<br>工作负责人派人检查接地完备、可靠 |

**【解读】**为了避免因线路带电、突然来电而危及作业人员的人身安全，因此，每日收工时如果将工作地点所装的接地线拆除，次日恢复工作前应重新验电挂接地线。

线路数日连续停电且工作地点接地线不拆除的工作，考虑到每日工作结束后由于各种外力因素而可能引起接地线脱落、被偷盗，为了保障作业人员的人身安全，每日恢复工作前，工作负责人均应派人检查工作地点各端的接地线，并确认其完备、连接可靠后，方可下令开始工作。

**四、课程总结**

本课程主要讲述了工作间断制度的相关内容，在工作中遇有威胁到作业人员安全的情况时，工作负责人或专责监护人可根据情况，临时停止工作。白天工作间断时，工作地点的全部接地线仍保留不动。如需暂时离开，则应采取安全措施和派人看守。恢复工作前，应检查各项安全措施的完整性。填用数日内工作有效的第一种工作票，每日收工时如果将接地线拆除，次日恢复前应重新验电挂接地线。如果经允许未拆除，次日恢复工作前应派人检查。

## 案例 8：终结工作不认真，拆除地线触电身亡

**一、事故案例**

2017 年 6 月 12 日，××供电公司输电运检室输电运检六班组织更换 110kV 南良线 38 号杆（耐张杆）中相引流线，按照规程要求，工作负责人李××安排工作人员马××、刘××对 37 号杆小号侧、39 号杆大号侧进行了地线挂设。引流线更换完毕后，李××安排马××、刘××对地线进行拆除。半个小时后，马××向工作负责人汇报 37 号杆地线已拆除，李××认为，同样的时间，刘××应该已经完成地线拆除工作，并未向刘××核实便向工作许可人汇报工作完成。实际上，由于刘××在去拆除地线的途中，因为拉肚子耽误了时间。当刘××登上杆塔拆除地线的时候，线路突然送电，导致刘××当场触电身亡。

**二、案例分析**

案例中，工作负责人李××在确认 37 号杆地线已拆除的情况下，主观认为 39 号杆地线也已拆除并未核实确认，而实际上刘××因为耽误时间，在登上杆塔拆除地线的时候，线路突然送电，导致触电身亡，违反《国家电网公司电力安全工作规程　线路部分》中 5.7.1 的

规定。

当汇报工作完成后,即认为线路带电,应告知所有工作人员,不准任何人再登杆进行工作。

**三、安规讲解**

5.7　工作终结和恢复送电制度。

5.7.1　完工后,工作负责人(包括小组负责人)应检查线路检修地段的状况,确认在杆塔上、导线上、绝缘子串上及其他辅助设备上没有遗留的个人保安线、工具、材料等,查明全部作业人员确由杆塔上撤下后,再命令拆除工作地段所挂的接地线。接地线拆除后,即认为线路带电,不准任何人再登杆进行工作。

多个小组工作,工作负责人应得到所有小组负责人工作结束的汇报。

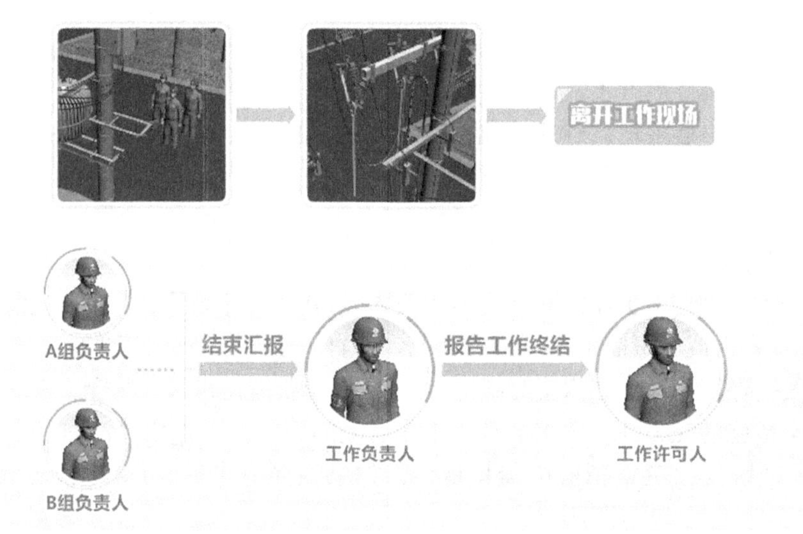


**【解读】**当接地线拆除后,又发现新的缺陷或遗留问题确需登杆塔进行处理时,应按以下规定执行:

(1)若工作负责人未向工作许可人报告工作终结,经工作负责人同意,并重新验电、挂接地线,完成安全措施后,方可登杆塔进行处理。

(2)若工作负责人已向工作许可人报告工作终结,应重新办理工作票手续。

当多个小组进行工作时,工作负责人应得到所有小组负责人工作结束的汇报后,方可向工作许可人报告工作终结,以防止遗漏未结束作业的小组而造成人身、设备事故。

5.7.2　工作终结后,工作负责人应及时报告工作许可人,报告方法如下:

a)当面报告。

b)用电话报告并经复诵无误。

若有其他单位配合停电线路,还应及时通知指定的配合停电设备运维管理单位联系人。

**【解读】**采用当面报告时,一并办理工作票终结手续。

采用电话报告时,应对报告情况进行录音。

5.7.3　工作终结的报告应简明扼要,并包括下列内容:工作负责人姓名,某线路上某处(说明起止杆塔号、分支线名称等)工作已经完工,设备改动情况,工作地点所挂的接地线、个

人保安线已全部拆除，线路上已无本班组作业人员和遗留物，可以送电。

12. 工作票延期

有效期延长到____年__月__日__时__分

工作负责人签名______ ____年__月__日__时__分

工作许可人签名______ ____年__月__日__时__分

13. 工作负责人变动

原工作负责人______离去，变更________为工作负责人。

工作票签发人签名______ ____年__月__日__时__分

14. 作业人员变动情况（变动人员姓名、日期及时间）

________________________________________

________________________________________

________________________________________

工作负责人签名________

15. 工作终结

（1）在线路上的电缆工作：

作业人员已全部撤离，材料工具已清理完毕，工作终结；所装的工作接地线共______副已全部拆除，于____年__月__日__时__分工作负责人向工作许可人______用____方式汇报。

工作负责人签名________

（2）在变、配电站或发电厂内的电缆工作：

在________（变、配电站/发电厂）工作于____年__月__日__时__分结束，设备及安全措施已恢复至开工前状态，作业人员已全部撤离，材料工具已清理完毕。

工作负责人签名________ 工作许可人签名________

16. 工作票终结

临时遮栏、标示牌已拆除，常设遮栏已恢复；未拆除或拉开的接地线编号________________等共____组、接地刀闸共____副（台），已汇报调度。

工作许可人签名__________

**【解读】**工作终结以后工作负责人需要及时向调度部门报送，尽早恢复送电，减少停电时间，提高供电质量。工作终结的报告应简明扼要，并包括下列内容：工作负责人姓名，某线路上某处（说明起止杆塔号、分支线名称等）工作已经完工，设备改动情况，工作地点所挂的接地线、个人保安线已全部拆除，线路上已无本班组作业人员和遗留物，可以送电。

5.7.4 工作许可人在接到所有工作负责人（包括用户）的完工报告，并确认全部工作已经完毕，所有作业人员已由线路上撤离，接地线已经全部拆除，与记录核对无误并做好记录后，方可下令拆除安全措施，向线路恢复送电。

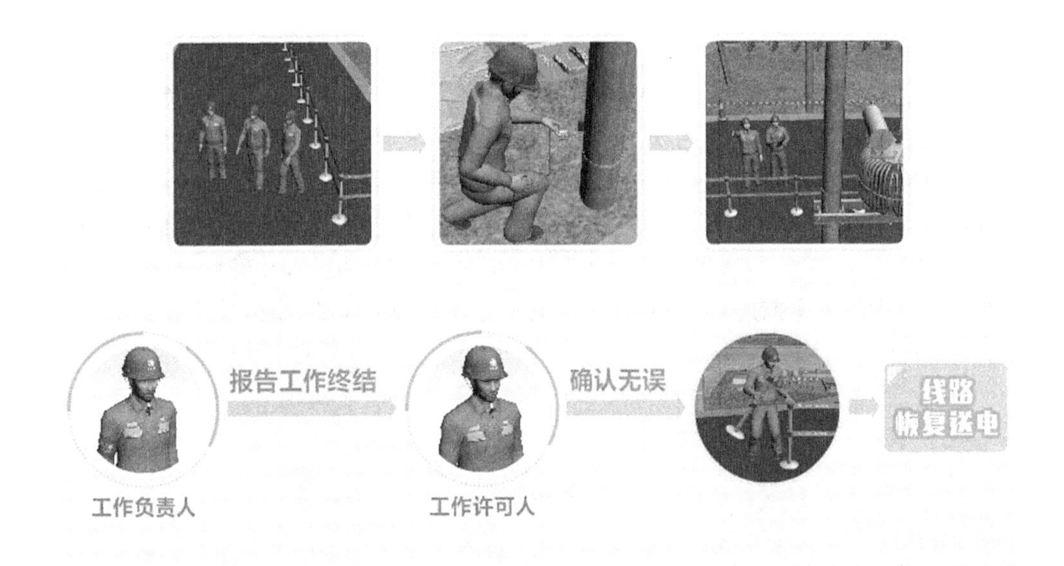


**【解读】**“所有工作负责人”是指经同一许可人许可的所有持电力线路第一种工作票作业

的各工作班工作负责人。由同一工作许可人许可多个工作班组工作时,应与各工作负责人确认全部工作已经完毕,核对工作票所列人员与工作负责人汇报撤离人员的数量无误,接地线已全部拆除,与记录簿核对无误,做好记录和录音,再向值班调控人员进行完工报告(若工作许可人为值班调控人员时,该步骤不需执行)。由值班调控人员下令拆除各侧安全措施,向线路恢复送电。

5.7.5 已终结的工作票、事故紧急抢修单、工作任务单应保存一年。

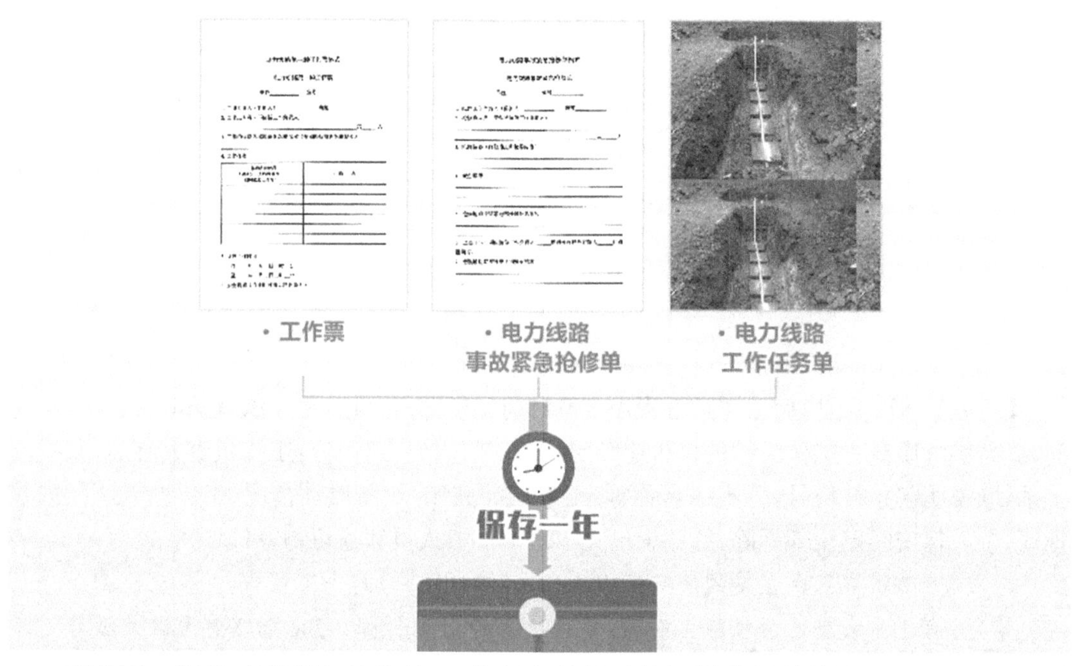


**【解读】**工作票、事故紧急抢修单、工作任务单是后续问题分析总结的重要纸质材料,需要保存一年以上,以便整改查验。

**四、课程总结**

本课程主要讲述了工作终结和恢复送电制度的相关内容,完工后,工作负责人(包括小组负责人)应检查线路检修地段的状况,确认无遗留物,查明全部作业人员确由杆塔上撤下后,再命令拆除工作地段所挂的接地线。接地线拆除后,应即认为线路带电,不准任何人再登杆进行工作。工作终结后,工作负责人应及时报告工作许可人。工作终结的报告应简明扼要。工作许可人在接到所有工作负责人(包括用户)的完工报告,并确认全部工作已经完毕后,方可下令拆除安全措施,向线路恢复送电。已终结的工作票、事故紧急抢修单、工作任务单应保存一年。

# 6　保障安全的技术措施

## 案例1：未对同杆架设的低压线路停电，人员登杆致触电死亡

**一、事故案例**

2019年8月2日，××供电公司输电运检室运检三班开展110kV××线路108号塔停电更换绝缘子工作。该线路同杆塔架设0.4kV/0.22kV配电线路，在未对低压线路停电情况下，工作人员孟××登塔穿越低压线路时，手触碰到带电的低压线，身体失去平衡，从高空坠落地面，经抢救无效死亡。

**二、案例分析**

案例中，孟××登塔穿越低压线路时，手触碰到带电的低压线，造成身体失去平衡，导致高空坠落死亡，违反了《国家电网公司电力安全工作规程　线路部分》中6.2.1—c)的规定。

进行线路停电作业前，应做好下列安全措施：为防止作业人员擅自违规操作导致误送电，可直接在地面操作的断路器、隔离开关应外加锁，线路侧隔离开关就地操作把手应自锁或外加锁。对于不能在地面进行直接操作的操动机构，应在其重要部位悬挂警示牌。

**三、安规讲解**

6.1　在电力线路上工作，保证安全的技术措施。

a)停电。

b)验电。

c)接地。

d)使用个人保安线。

e)悬挂标示牌和装设遮栏(围栏)。

**【解读】**在电力线路上工作，应做好保障安全的技术措施。①停电，是指对电气设备供电电源进行隔离操作的过程，是将需要停电的设备与电源可靠隔离，包括工作线路和配合停电线路，应由具有操作权限的人员进行。②验电，应使用相应电压等级的合格验电器进行验电。③接地，应使用截面积不低于25mm$^2$的接地线。④使用个人保安线，应使用截面积不低于16mm$^2$的接地线。⑤悬挂标示牌和装设遮栏(围栏)，应悬挂使用符合作业现场的标示牌，装设的遮栏(围栏)应符合要求。

6.2　停电。

6.2.1　进行线路停电作业前，应做好下列安全措施：

a)断开发电厂、变电站、换流站、开闭所、配电站(所)(包括用户设备)等线路断路器(开关)和隔离开关(刀闸)。

b)断开线路上需要操作的各端(含分支)断路器(开关)、隔离开关(刀闸)和熔断器。

c)断开危及线路停电作业,且不能采取相应安全措施的交叉跨越、平行和同杆架设线路(包括用户线路)的断路器(开关)、隔离开关(刀闸)和熔断器。

d)断开可能反送电的低压电源的断路器(开关)、隔离开关(刀闸)和熔断器。

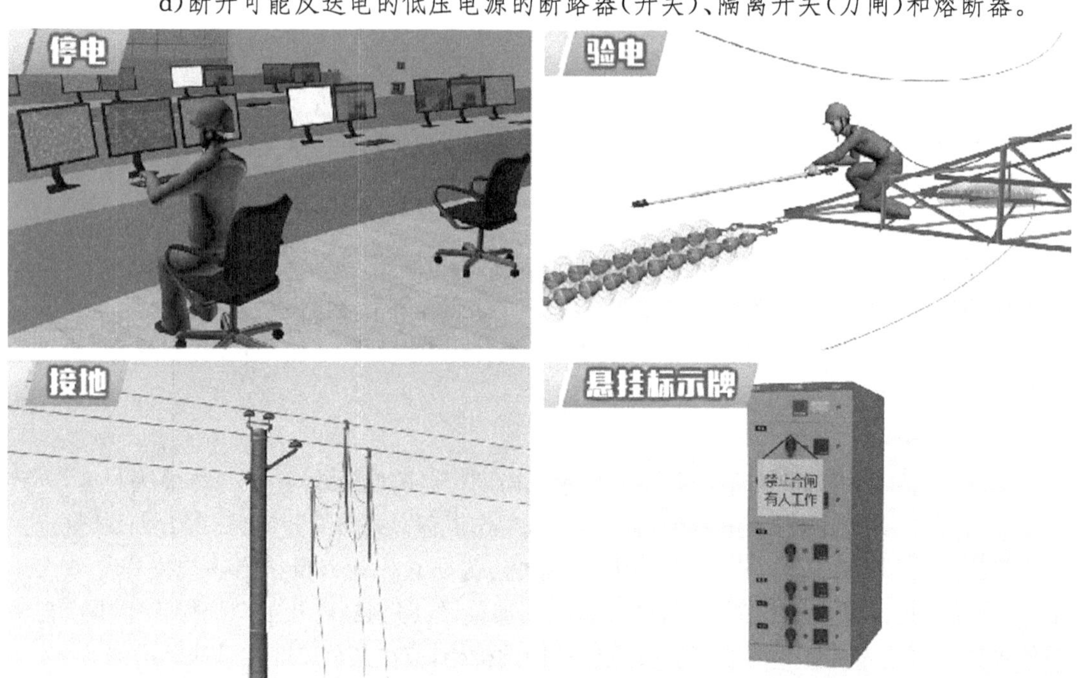


**【解读】**停电是指对电气设备供电电源进行隔离操作的过程,是将需要停电设备与电源可靠隔离,包括工作线路和配合停电线路的停电操作。具体需要断开:发电厂、变电站(开闭所)等线路电源侧断路器(开关)、隔离开关(刀闸);电力线路中间分段或分支线断路器(开关)、隔离开关(刀闸)和熔断器;影响停电检修线路作业安全,需要配合停电线路的断路器(开关)、隔离开关(刀闸)和熔断器;可能从低压电源向高压线路返回高压电源的断路器(开关)、隔离开关(刀闸)或熔断器。

可能反送电的低压电源(即可能从低压电源侧向高压侧反送电),是指低压电源通过变压器或电压互感器等有改变电压功能的设备低压侧,向已停电的电力线路或设备送出高压电源,主要原因是用户从多个电源系统获取电源、有自备发电机等,当主供电源停电后,未将用户系统与供电系统断开,低压电源从变压器或电压互感器低压侧向停电设备送出高压电源。

6.2.2 停电设备的各端,应有明显的断开点,若无法观察到停电设备的断开点,应有能够反映设备运行状态的电气和机械等指示。

**【解读】**设备上的明显断开点是指符合相应电压等级电气安全距离、隔离可靠、可见的电气断开点。本条强调明显断开点是为避免设备停电检修时,由于断路器(开关)操作连杆损

坏、触头熔融粘连或绝缘击穿等原因出现断路器(开关)不能有效隔离电源,而导致停电设备带电。

电力系统中使用的铠装组合式电气设备和箱式配电设备,设备的断开点无法直接观察到,为准确判断停电操作结果,可通过安装在设备上的电气和机械指示来确认。对配电系统中只有机械指示等单信号源的设备,如柱上断路器(开关),应在操作前后均采用直接验电的方式补充确认。

6.2.3　可直接在地面操作的断路器(开关)、隔离开关(刀闸)的操动机构(操作机构)上应加锁,不能直接在地面操作的断路器(开关)、隔离开关(刀闸)应悬挂标示牌;跌落式熔断器的熔管应摘下或悬挂标示牌。

**【解读】**作业人员直接站在地面、无须借助工器具即可操作的设备称为可直接在地面操作的设备。为了防止误操作,需要强制闭锁操作机构,故需在该类设备操作部位加挂机械锁;作业人员需要借助操作工具才能完成操作的设备称为不能直接在地面操作的设备。为避免人身触电等安全事故发生,在不能直接在地面操作的设备可操作处需悬挂标示牌,提醒相关人员不得擅自操作该设备。

为防止停电检修中因跌落式熔断器保险管自跌落而导致相关人员误送电,需要将保险管拉开才可以进行跌落式熔断器停电操作。保险管跌落(与拉开结果相同)一般由跌落式熔断器熔丝熔断或安装松动引起,需要将跌落式熔断器的保险管摘下或悬挂标示牌。

**四、课程总结**

本课程介绍保障安全的技术措施,主要包括线路停电作业的安全措施、停电设备的各端应有明显的断开点或者反映设备运行状态的电气和机械等指示、在操动机构上加锁或悬挂标示牌。

## 案例2:未验电挂接地线触电

**一、事故案例**

2019年9月18日,××供电公司输电运检室对运行的110kV耿庄线路停电检修,工作任务是更换108号直线塔合成绝缘子,工作负责人为王××,小组成员有李××等七名工作人员。当日9时许,工作班成员到达108号塔作业现场,李××登塔至作业位置,在横担处系好安全带,在挂接地线过程中,接地线触碰导线时,造成李××被电弧击伤,倒挂在空中。经紧急抢救无效,李××不幸死亡。

**二、案例分析**

案例中,李××作业前未验电即开始挂接地线,触碰导线,导致李××被电弧电击死亡,违反了《国家电网公司电力安全工作规程　线路部分》中6.3.1的规定。

**三、安规讲解**

6.3　验电。

6.3.1　在停电线路工作地段接地前,应使用相应电压等级、合格的接触式验电器验明线路确无电压。

直流线路和330kV及以上的交流线路,可使用合格的绝缘棒或专用的绝缘绳验电。验电时,绝缘棒或绝缘绳的金属部分应逐渐接近导线,根据有无放电声和火花来判断线路是否确无电压。验电时应戴绝缘手套。

**【解读】**验电器是检验电气设备上是否存在工作电压的工器具。电力线路停电检修装设接地线前,在装设接地线处对线路的三相分别验电,检验设备是否已停电。验电器设有启动电压门槛值,当验电器标称工作电压与被检验的线路工作电压相同时,才能准确地反映出被检测线路是否带有电压;不同电压等级验电器绝缘操作杆的有效长度不同,为保证验电操作中的人身安全,应选用与被试设备电压等级相同的接触式验电器。

合格验电器应具备以下条件:在定期试验有效期内、外观完好、绝缘部分无脏污、工作部分声光反映正确完好、在有电设备上试验指示正确等。

使用带金属部分的绝缘杆或绝缘绳代替验电器验电时,绝缘杆和绝缘绳的最小有效绝缘长度应符合《国家电网公司电力安全工作规程　线路部分》表6的要求,绝缘杆和绝缘绳应按带电作业工器具进行保管。戴绝缘手套可以防止验电器绝缘杆表面泄漏电流造成人身伤害。

**四、课程总结**

本课程介绍验电的相关内容,在停电线路工作地段接地前,应戴绝缘手套,使用相应电压等级、合格的接触式验电器验明线路确无电压,避免人身事故和设备事故的发生。通过验电可以确定停电设备是否无电压,以保证装设接地线人员的安全和防止带电装设接地线或带电合接地隔离开关等恶性事故的发生。

## 案例3:未保证足够的绝缘有效长度,高压线对人体放电致人死亡

**一、事故案例**

2018年7月25日,××供电公司输电运检室检修三班,在220kV北东线检修作业时,工作人员李××登塔至作业位置,戴好绝缘手套,在验电过程中,所使用伸缩式验电器的绝缘有效长度不满足规程要求。验电过程中带电线路对李××身体放电,经抢救无效死亡。

**二、案例分析**

案例中,李××在验电过程中,所使用伸缩式验电器的绝缘有效长度不满足规程要求,验电过程中带电线路对李××身体放电,经抢救无效死亡,违反了《国家电网公司电力安全工作规程　线路部分》中6.3.2的规定。

验电时,应根据被验电设备的电压等级与带电部位保持规定安全距离,伸缩式验电器应确认各节全部伸出,衔接部位牢靠,以保证绝缘部分的有效长度符合要求,防止人员触电。验电时存在触电风险,应在专人监护下进行验电。

**三、安规讲解**

6.3.2　验电前,应先在有电设备上进行试验,确认验电器良好;无法在有电设备上进行试验时,可用工频高压发生器等确认验电器良好。

验电时人体应与被验电设备保持表3的距离,并设专人监护。使用伸缩式验电器时应

保证绝缘的有效长度。

**【解读】**验电时应使用相应电压等级(即验电器的工作电压应与被测设备的电压相同)、接触式的验电器,使用前应对验电器进行检查。

声光验电器是检验 50Hz 正弦交流电杂散电容电流的电容型验电器,部分验电器的“自检按钮”都只能检测部分回路,即不能检测全回路。因此,不能以按验电器“自检按钮”发出“声、光”信号作为验电器完好的唯一依据。只有在有电设备上进行验电操作确保验电器良好才是最可靠的。

当无法在有电设备上进行试验时,可采用工频高压发生器(即 50 周/秒、正弦波的高压发生器)确证验电器良好,与电容型验电器工作原理及使用环境一致,不得采用中频、高频信号发生器确保验电器的良好。

验电时应将被验设备视为带电设备,虽然已知设备确已停电,但仍应认为随时有送电的可能,作业人员应与被验设备保持相应的安全距离。伸缩式绝缘棒验电器的绝缘杆应全部拉出,以保证达到足够的安全距离。

6.3.3 对无法进行直接验电的设备和雨雪天气时的户外设备,可以进行间接验电,即通过设备的机械指示位置、电气指示、带电显示装置、仪表及各种遥测、遥信等信号的变化来判断。判断时,至少应有两个非同样原理或非同源的指示发生对应变化,且所有这些确定的指示均已同时发生对应变化,才能确认该设备已无电。以上检查项目应填写在操作票中作为检查项。检查中若发现其他任何信号有异常,均应停止操作,查明原因。若进行遥控操作,可采用上述间接方法或其他可靠的方法进行间接验电。

**【解读】**GIS(组合电器)或一些具有接地连锁功能的高压开关柜、环网柜等电气设备,无法进行直接验电,而这些设备在合接地刀闸(装置)、装设接地线前均应验电。此时,可以采用间接方式进行验电。间接验电是通过设备的机械指示位置、电气指示、带电显示装置、电压表、ZnO(氧化锌)避雷器在线检测的电流表及各种遥测、遥信等信号的变化来判断设备是否有电。判断时,应有两个及以上非同样原理或非同源的指示发生对应变化(各省、市公司可根据装置情况确定可靠的若干个、至少各一个非同样原理或非同源的指示),且这些确定的所有指示均已同时发生对应变化,才能确认该设备已无电。间接验电作为一些设备或特定条件时的验电方式,应具体写入操作票内。判断时一般只检查了两个或三个指示发生了对应变化,实际还有几个其他指示也发生了变化,若发现应该发生变化而没有变化或变化得不对,则应停止操作,查明原因后,才能继续操作。

6.3.4 对同杆塔架设的多层电力线路进行验电时,应先验低压、后验高压,先验下层、后验上层,先验近侧、后验远侧。禁止作业人员穿越未经验电、接地的 10(20)kV 线路及未采取绝缘措施的低压带电线路对上层线路进行验电。

线路的验电应逐相(直流线路逐极)进行。检修联络用的断路器(开关)、隔离开关(刀闸)或其组合时,应在其两侧验电。

**【解读】**验电应遵循先低压后高压、先下层后上层、先近侧后远侧的顺序,按照同杆塔架设的多层导线分布形式以及作业时确保人体与未验明无电导线的安全距离来确定,以防止验电时发生人身触电。

10(20)kV及以下线路的相间距离较小、作业人员穿越未采取措施如未经验电、接地的10(20)kV线路或未采取绝缘隔离措施的低压线路时存在人身触电的危险。因此，10(20)kV及以下电压等级的带电线路禁止穿越。采取逐相验电，是防止因断路器(开关)不能将三相全部断开，导致线路带电或因线路平行、邻近、交叉跨越等时，可能出现导线碰触造成线路一相或三相带电。联络用断路器(开关)和隔离开关(刀闸)或其组合断开后，其两侧即变成电气上互不相连的两个电气连接部分，因此验电应在其两侧分别进行。

**四、课程总结**

本课程介绍验电部分的相关内容。验电前，应先在有电设备上进行试验，确认验电器良好;无法在有电设备上进行试验时，可用工频高压发生器等确证验电器良好。验电时人体应与被验电设备保持足够的安全距离，并设专人监护。使用伸缩式验电器时应保证绝缘的有效长度。对无法进行直接验电的设备和雨雪天气时的户外设备，可以进行间接验电。对同杆塔架设的多层电力线路进行验电时，应先验低压、后验高压，先验下层、后验上层，先验近侧、后验远侧。

## 案例4:停电作业未对可能送电线路采取安全措施，用户反送电造成人员触电

**一、事故案例**

2018年7月13日，××供电公司输电运检室检修二班进行0.4kV××线路4号杆绝缘子更换工作。工作负责人张××带领检修人员王××在3号杆验明无电压后装设低压接地线1组，王××在工作负责人监护下登上4号杆工作。因客户启用自备发电机(使用单极胶壳刀闸)，造成反送电，致使王××触电死亡。

**二、案例分析**

案例中，工作负责人张××带领检修人员王××在3号杆验明无电压后只装设低压接地线1组，未在4号杆处装接地线，客户启用自备发电机(使用单极胶壳刀闸)，停电线路反送电，致使王××触电死亡，违反了《国家电网公司电力安全工作规程　线路部分》中6.4.1的规定。

为了保障线路各工作班组在工作地段作业的人身安全，应将工作地段各端和有可能送电到停电线路工作地段的分支线(包括用户)停电、验电，挂接工作接地线。工作接地线不能相互借用。

**三、安规讲解**

6.4　接地。

6.4.1　线路经验明确无电压后，应立即装设接地线并三相短路(直流线路两极接地线分别直接接地)。

各工作班工作地段各端和工作地段内有可能反送电的各分支线(包括用户)都应接地。直流接地极线路，作业点两端应装设接地线。配合停电的线路可以只在工作地点附近装设一组工作接地线。装、拆接地线应在监护下进行。

工作接地线应全部列入工作票，工作负责人应确认所有工作接地线均已挂设完成方可

宣布开工。

**【解读】**接地可防止检修线路、设备时突然来电，造成人身安全事故；消除邻近高压带电线路、设备的感应电；还可以放尽断电线路、设备的剩余电荷。三相短路的作用是：当发生检修线路、设备突然来电时，短路电流使送电侧继电保护动作，断路器（开关）快速跳闸切断电源；同时，使残压降到最低，以确保检修线路、设备上作业人员的人身安全。此外，在需接地处验电，确认接地设备和接地部位无电后应立即接地，如果间隔时间过长，就可能发生意外（如停电设备突然来电）而造成事故。

各工作班工作地段各端和工作地段内有可能反送电的分支线装设接地线，目的是保证作业人员始终在接地线保护范围内工作。

三相短路不接地时，虽然继电保护装置能够正确动作，但不能保证工作线路在地电位。三相接地不短路时由于接地点的电位差可能导致人员触电。配合停电的线路处于检修状态下，为防止其误送电或感应电伤害，可以只在工作地点附近装设一处工作接地线。为了保证接地前正确验电和装设位置正确，装设接地线时应设监护人加以监督。由于各班组的工作进度不同，且线路作业工作地段相对较长，为防止本班组人员失去接地线保护或遭受感应电伤害，各工作班组在工作地段两端应分别装设接地线。工作负责人在接到所有工作小组汇报后才能确认工作地段在接地线保护中，此时宣布开工，可防止作业人员意外触电事故。配电系统中当操作接地与工作接地装设位置重复时可共用一组接地线。操作接地线由操作人员装拆，许可工作的同时由工作许可人移交工作负责人，纳入工作接地线管理，工作终结时工作负责人将接地线管理移交给工作许可人。

6.4.2　禁止作业人员擅自变更工作票中指定的接地线位置。如需变更，应由工作负责人征得工作票签发人同意，并在工作票上注明变更情况。

**【解读】**擅自变动接地线位置，将造成接地线位置与工作票要求不一致，工作终结时工作负责人按工作票进行现场接地线核对时,易出现漏拆接地线的情况,从而导致带接地线误送电事故的发生。工作过程中擅自变动接地线位置,将导致检修人员失去接地线保护。

工作票签发人对现场的安全措施负责。变动接地线时,必须通知工作票签发人,对现场安全措施把关。

6.4.3 同杆塔架设的多层电力线路挂接地线时,应先挂低压、后挂高压,先挂下层、后挂上层,先挂近侧、后挂远侧。拆除时顺序相反。

**【解读】**多回线路同杆架设,在装拆接地线的操作中,验明线路无电时应立即按操作过程中作业人员与导线接近、接触的先后顺序,即先低压、后高压和先下层、后上层的导线排列位置以及先近侧、后远侧的作业人员与导线之间的距离来装设接地线,防止装设中发生突然来电或感应电而造成作业人员触电。

6.4.4 成套接地线应由有透明护套的多股软铜线和专用线夹组成,其截面不小于 $25mm^2$,同时应满足装设地点短路电流的要求。

禁止使用其他导线接地或短路。

接地线应使用专用的线夹固定在导体上,禁止用缠绕的方法进行接地或短路。

**【解读】**接地线采用多股软铜线是因为铜线导电性能好,软铜线由多股细铜丝绞织而成,既柔软又不易折断,使携带和接地线操作更为方便。禁止使用其他导线作接地线或短路线。软铜线外包塑料护套,具备对机械、化学损伤的防护能力;采用透明护套,可方便观测软铜线的受腐蚀情况或软铜线表面的损坏迹象。

接地线是保护作业人员人身安全的一道防线,发生突然来电时,接地线将流过短路电流,因此除应满足装设地点短路电流的要求外,还应满足机械强度的要求,$25mm^2$ 截面的接地线只是规定的最小截面。当接地线悬挂处的短路电流超过它的熔化电流时,突然来电的短路电流将熔断接地线,使检修设备失去接地保护。

携带型短路接地线的截面可采用奥迪道克公式验算，接地线为铜线，溶化温度取1083℃。该接地线的截面与温度变化关系不大，主要取决于接地线承受的短路电流和时间。接地线承受额定短路电流的时间，可取主保护动作时间加断路器(开关)固有动作时间。一组接地线中，短路线和接地线的截面均不得小于25mm$^2$。

对于直接接地系统，接地线应该与相连的短路线具有相同的截面；对于非直接接地系统，接地线的截面可小于短路线的截面。接地线的两端线夹应保证接地线与导体和接地装置接触良好、拆装方便，有足够的机械强度，在大短路电流通过时不致松动。用缠绕的方法进行接地或短路时，一是接触不良，在流过短路电流时会造成过早的烧毁；二是接触电阻大，在流过短路电流时会产生较大的残压；三是缠绕不牢固，易脱落。

**四、课程总结**

本节课程介绍接地的相关内容，主要包括：装设接地线的时间节点；变更工作票中指定接地线位置的要求、挂设接地线的顺序、接地线的参数要求。同杆塔架设的多层电力线路挂接地线时，应先挂低压、后挂高压，先挂下层、后挂上层，先挂近侧、后挂远侧。拆除时顺序相反。

## 案例5:未戴绝缘手套拆除接地线，感应电压放电致人烧伤

**一、事故案例**

2019年6月12日，××公司输电运检室检修一班开展同杆塔架设的330kV下层××线路检修工作。王××在11号塔横担上装设接地线时，按照规定的程序在挂好一相接地线后，发现接地线的接地端螺栓松动、连接不良，于是在未戴绝缘手套的情况下擅自用手将已挂好的接地线接地端拆下，此时线路的感应电压经接地线对王××的双手、腿部放电，导致双手、腿部被烧伤。

**二、案例分析**

案例中，王××在未戴绝缘手套的情况下擅自用手拆除已挂好的接地线接地端，违反了《国家电网公司电力安全工作规程　线路部分》中6.4.5的规定，发生感应电压经接地线对王××放电，导致双手、腿部被烧伤。

**三、安规讲解**

6.4.5　装设接地线时，应先接接地端，后接导线端，接地线应接触良好、连接可靠。拆接地线的顺序与此相反。装、拆接地线导体端均应使用绝缘棒或专用的绝缘绳。人体不准碰触接地线和未接地的导线。

**【解读】**装设接地线时应先接接地端后接导线端；拆除接地线时应先拆导线端，后拆接地端，整个过程中应确保接地线始终处于安全的“地电位”，接地线接触不良接触电阻增大，当线路突然来电时，将会使接地线残压升高发热烧断，从而使作业人员失去保护。装设接地线时应安装可靠，防止工作中接地线脱落，导致工作线路失去接地线保护。

装、拆接地线应使用绝缘棒或专用的绝缘绳，以保证装拆人员的人身安全。装、拆过程中，由于可能发生突然来电或在有电线路和设备上误挂接地线、停电设备有剩余电荷、邻近

高压带电线路、设备对停电线路、设备产生感应电压等情况,因此人体不得触碰接地线或未接地的导线。

6.4.6　在杆塔或横担接地良好的条件下装设接地线时,接地线可单独或合并后接到杆塔上,但杆塔接地电阻和接地通道应良好。杆塔与接地线连接部分应清除油漆,接触良好。

**【解读】**杆塔接地通道系指从杆塔横担接地点至杆塔接地网之间的通道。杆塔接地通道良好系指低阻值导通。铁塔由金属材料组装而成,是良好的导电体,能满足短路和接地的要求,因此允许每相分别接地,此时三相短路接地回路由单相接地线、横担、杆塔、接地点构成。

清除杆塔上接地点处油漆可以降低接地线与杆塔的接触电阻。

6.4.7　无接地引下线的杆塔,可采用临时接地体。临时接地体的截面积不准小于 $190mm^2$(如 ϕ16 圆钢)、埋深不准小于 0.6m。对于土壤电阻率较高地区,如岩石、瓦砾、沙土等,应采取增加接地体根数、长度、截面积或埋地深度等措施改善接地电阻。

**【解读】**无法通过杆塔接地引下线和接地极连接时可采用临时接地体接地,临时接地体埋设的截面积和深度与其接地电阻值直接相关,减小接地体电阻可减少在导线上存在残压的电压值。

当土壤电阻率过高时,可采取增加临时接地体与土壤接触面积等措施来提高电流泄放速度。

城市道路旁边的杆塔,为保证需要使用临时接地体时能够有效接地,应在线路建设时设立相应的临时接地体,以便在停电检修时装设接地线。

6.4.8　在同杆塔架设多回线路杆塔的停电线路上装设的接地线,应采取措施防止接地线摆动,并满足表 3 安全距离的规定。

断开耐张杆塔引线或工作中需要拉开断路器(开关)、隔离开关(刀闸)时,应先在其两侧装设接地线。

**【解读】**在同杆塔架设多回路的杆塔上装、拆接地线过程中,接地线尾线由于摆动接近其他带电线路,可造成人身伤害和线路跳闸,因此,应注意控制接地线的尾部或采取其他措施,防止接地线摆动接近带电导线至《国家电网公司电力安全工作规程　线路部分》表 3 规定的距离以内。

断开耐张杆塔引线或工作中拉开断路器(开关)后,线路电气上分成不相关联的两个区段,如果该区段内有分支线等就可能反送电或有感应电存在,因比,断开前应在断开点两侧装设接地线。

6.4.9　电缆及电容器接地前应逐相充分放电,星形接线电容器的中性点应接地,串联电容器及与整组电容器脱离的电容器应逐个多次放电,装在绝缘支架上的电容器外壳也应放电。

**【解读】**停电后,电缆及电容器仍有较多的剩余电荷,应逐相充分放电后再短路接地。停电的星形接线电容器即使已充分放电及短路接地,由于其三相电容不可能完全相同,中性点仍存在一定的电位,所以,星形接线电容器的中性点应另外接地。与整组电容器脱离的电容器(如熔断器熔断)和串联电容器无法通过放电装置放尽剩余电荷,因此,应逐个多次放电。装在绝缘支架上的电容器外壳会感应到一定的电位,绝缘支架无放电通道,也应单独放电。

**四、课程总结**

本课程介绍装拆接地线的顺序及要求、接地线可单独或合并后接到杆塔上的要求、临时接地线的适用范围、同塔多回线路接地线的装设要求、电缆及电容器接地要求等内容。

## 案例6:未使用个人保安线,感应电压致人死亡

**一、事故案例**

2018年5月31日,××供电公司输电运检室停电检修110kV良宋Ⅰ线,1号塔西侧良宋Ⅰ线与东侧的良红线共塔;2号塔东侧良宋Ⅰ线(色标为红黑相间)与西侧的良宋Ⅱ线(色标为黄白相间)共塔。9时23分,检修班班长冀××得到调度许可工作后,带领刘××执行2号塔上消缺任务。刘××塔上作业,冀××地面监护。两人在1号塔验电挂好接地线后,走到2号塔(与良宋Ⅱ线同杆架设)后,刘××沿良宋Ⅰ线侧的脚钉登塔,上到下横担处时,再次核对停电线路的识别标记与双重称号,确认无误后进入停电线路侧横担,系好安全带后即用左脚钩导线时触电,经抢救无效死亡。

**二、案例分析**

案例中,作业人员刘××在接触停电的110kV良宋Ⅰ线导线前,没有使用个人保安线,受到带电的110kV良宋Ⅱ线感应电伤害,不幸触电死亡,违反《国家电网公司电力安全工作规程　线路部分》中6.5.1的规定。

为防止感应电对作业人员造成触电伤害,工作中需要接触或接近导线前应先装设个人保安线。对于相间距离相对较大的,个人保安线可使用单相式。对于相间距离比较小的,个人保安线一般使用三相式。

**三、安规讲解**

6.5　使用个人保安线。

6.5.1　工作地段如有邻近、平行、交叉跨越及同杆塔架设线路,为防止停电检修线路上感应电压伤人,在需要接触或接近导线工作时,应使用个人保安线。

**【解读】**为防止感应电对作业人员造成触电伤害,工作中需要接触或接近导线前应先装设个人保安线。110kV(66kV)及以上电压等级线路由于相间距离相对较大,作业中难以同时接触相邻相,个人保安线可使用单相式。35kV及以下线路由于相间距离比较小,作业过程中容易接近或碰触两相或者三相导线,个人保安线一般使用三相式。

**四、课程总结**

本课程介绍个人保安线的相关要求。工作地段如有邻近、平行、交叉跨越及同杆塔架设线路,为防止停电检修线路上感应电压伤人,在接触或接近导线工作时,应使用个人保安线。

## 案例7:使用保安线,先接导线端触电

**一、事故案例**

2019年10月5日,××供电公司输电运检室检修三班按计划安排,在同塔双回线路

110kV 召华Ⅰ、Ⅱ线的其中一回 110kV 召华Ⅰ线，对其 27 号塔至 28 号塔 C 相大号侧防振锤进行更换工作。经工作负责人"两交一查"后，工作班成员张××和专责监护人李××到达作业地点，9 时 12 分，张××得到工作负责人王××现场当面许可，在 27 号塔挂设个人保安线并进行防振锤更换准备工作。张××攀爬到杆塔上作业位置，用操作杆在 C 相装设个人保安线。张××先接好导线端后，不小心接地端触及胸部位置，因感应电电击死亡。

**二、案例分析**

案例中，张××在更换防振锤装设个人保安线时，先装设导线端，未装设接地端，不小心胸部碰到接地端，死亡于感应电击，违反《国家电网公司电力安全工作规程　线路部分》中 6.5.2 的规定。

**三、安规讲解**

6.5.2　个人保安线应在杆塔上接触或接近导线的作业开始前挂接，作业结束脱离导线后拆除。装设时，应先接接地端，后接导线端，且接触良好，连接可靠。拆个人保安线的顺序与此相反。个人保安线由作业人员负责自行装、拆。

**【解读】**个人保安线应在人体接触、接近导线前装设，脱离导线后拆除，以防止作业人员受到感应电伤害。先接接地端后接导线端，确保它及时发挥保护作用。接触良好、连接可靠，目的是减小接触电阻和防止脱落。为了明确责任，由操作者自行装拆，防止漏装、漏拆。

6.5.3　个人保安线应使用有透明护套的多股软铜线，截面积不准小于 $16mm^2$，且应带有绝缘手柄或绝缘部件。禁止用个人保安线代替接地线。

**【解读】**个人保安线主要用于泄放感应电流而不是短路电流，因此个人保安线截面积可以相对较小，为满足热稳定和机械性能要求，个人保安线的截面积应不小于 $16mm^2$。使用带有绝缘柄和绝缘部件的保安线，是为了满足安全距离，防止感应电伤人。个人保安线截面选择时未考虑承受短路电流能力，因此不能替代接地线使用。

6.5.4 在杆塔或横担接地通道良好的条件下，个人保安线接地端允许接在杆塔或横担上。

**【解读】**杆塔接地通道系指从杆塔横担接地点至杆塔接地网之间的通道。杆塔接地通道良好系指低阻值导通。铁塔由金属材料组装而成，是良好的导电体，能满足短路和接地的要求，因此允许每相分别接地，此时三相短路接地回路由单相接地线、横担、杆塔、接地点构成。

清除杆塔上接地点处油漆可以降低接地线与杆塔的接触电阻。

**四、课程总结**

本课程介绍个人保安线的相关要求，主要包括个人保安线装拆要求及顺序、规格要求以及接地端允许接在杆塔或横担上的条件。

## 案例8：基础浇筑时未设坑盖和遮栏，儿童玩耍经过时跌落摔伤

**一、事故案例**

2019年4月15日，××供电公司输电运检室检修四班进行220kV线路大修改造时，在对220kV康和线29号进行基础浇筑时，负责人刘××安排人员装设坑盖或可靠遮栏，实际上并未装设。晚上9时30分左右，两名儿童在打闹玩耍时刚好经过基础所在地。其中一儿童不慎落入一个未装设遮栏（围栏）的坑内摔伤。

**二、案例分析**

案例中刘××安排的人员并没有装设遮栏（围栏），刘××也未作检查，导致一儿童不慎落入坑内摔伤，违反了《国家电网公司电力安全工作规程　线路部分》中6.6.3的规定。

**三、安规讲解**

6.6 悬挂标示牌和装设遮拦（围栏）。

6.6.1 在一经合闸即可送电到工作地点的断路器（开关）、隔离开关（刀闸）及跌落式熔断器的操作处，均应悬挂“禁止合闸，线路有人工作！”或“禁止合闸，有人工作！”的标示牌。

**【解读】**由于断路器(开关)和隔离开关(刀闸)一经合闸即有可能误送电到工作地点,因此禁止任何人员在这些设备上进行操作,所以要求在这些设备的操作把手上悬挂“禁止合闸,有人工作!”的标示牌。

为了防止向有人工作的线路上误送电,禁止任何人员在线路断路器(开关)和隔离开关(刀闸)上操作。因此在线路有人工作时,应在这些设备的操作把手上及跌落式熔断器的操作处悬挂“禁止合闸,线路有人工作!”的标示牌。

6.6.2 进行地面配电设备部分停电的工作,人员工作时距设备小于表1安全距离以内的未停电设备,应增设临时围栏。临时围栏与带电部分的距离,不准小于表2的规定。临时围栏应装设牢固,并悬挂“止步,高压危险!”的标示牌。

35kV及以下设备可用与带电部分直接接触的绝缘隔板代替临时遮栏。绝缘隔板绝缘性能应符合的要求。

**表1 设备不停电时的安全距离**

| 电压等级/kV | 安全距离/m |
|---|---|
| 10及以下 | 0.70 |
| 20、35 | 1.00 |
| 66、110 | 1.50 |

**表2 工作人员工作中正常活动范围与带电设备的安全距离**

| 电压等级/kV | 安全距离/m |
|---|---|
| 10及以下 | 0.35 |
| 20、35 | 0.60 |
| 66、110 | 1.50 |
| 注:表1和表2中未列电压应选用高一电压等级的安全距离。 | |

**【解读】**增设临时围栏是为防止作业人员接近邻近带电部分;临时围栏与带电部分的距离不准小于表2的规定,是为了防止作业人员接触或接近带电间隔。

35kV及以下设备,有时需要用绝缘隔板将工作地点和带电部分隔开,这时候绝缘隔板可与带电部分直接接触。该绝缘隔板的绝缘性能与机械强度应满足要求。由于触动绝缘隔板可能影响带电设备电气距离,因此绝缘隔板应安装牢固,且作业人员不得直接碰触绝缘隔板。装、拆绝缘隔板时应使用绝缘工具,防止安装人员触电。绝缘隔板只允许在35kV及以下的电气设备上使用,并应有足够的绝缘和机械强度。绝缘隔板应按照带电作业工具存放条件,在干燥通风的支架上放置,绝缘隔板使用前应检查。

6.6.3 在城区、人口密集区地段或交通道口和通行道路上施工时,工作场所周围应装设遮栏(围栏),并在相应部位装设标识牌。必要时,派专人看管。

**【解读】**线路作业装设围栏是防止非作业人员进入作业现场,避免出现人身伤害。在装设围栏后不能有效阻止行人和车辆时应安排专人进行看管,防止意外进入。

6.6.4 高压配电设备做耐压试验时应在周围设围栏，围栏上应向外悬挂适当数量的“止步，高压危险！”标示牌。禁止工作人员在工作中移动或拆除围栏和标示牌。

**【解读】**高压配电设备做耐压试验时，人员进入带电设备区域可能造成电击伤害，因此需要设置围栏防止误入。围栏主要提醒围栏外围人员，因此需要在围栏外悬柱“止步，高压危险！”的标示牌。现场设置围栏时，应将被试设备周围按相应电压等级的安全距离进行设置，并形成封闭区域，禁止人员接近。由于一旦移动围栏或围栏与带电设备安全距离减小将起不到警示和保护作用，因此工作中未经许可不准移动或改变其距离。

**四、总结分析**

本课程介绍悬挂标示牌和装设遮栏（围栏）的要求，主要包括在一经合闸即可送电到工作地点，进行地面配电设备部分停电的工作，在城区、人口密集区地段或交通道口和通行道路上施工时，高压配电设备做耐压试验时等情况下需要特别注意的事项。

# 7　线路运行和维护

## 案例1:一起单人事故巡线时登杆塔违章案例

### 一、事故案例

2019年12月29日,冬季大风雪天,××供电公司发生110kV线路接地跳闸事故。该线路地处山区,为了尽快恢复送电,××供电公司命令输电运检室检修班立即巡线处理事故,检修班接到命令后,班长王××安排六人分段进行事故巡线。为尽快发现事故点,各巡线人员分别沿线路进行巡线。工作一贯细心的专责工刘××在一分歧线路发现该线路58号塔绝缘子有疑似放电痕迹,由于地面上看不清,就顺塔脚钉爬升到瓶口处,确认就是该处放电,并且用手机进行了拍照实时回传给单位。事故很快得以处理并恢复了供电。但事后刘××却受到公司安监部对此次事故处理的通报批评。

### 二、案例分析

案例中,巡线人员刘××在巡视过程中发现疑似缺陷,在无人监护的情况下,独自顺塔脚钉爬升到瓶口处,险些造成无人监护下高摔的事故,违反了《国家电网公司电力安全工作规程　线路部分》中7.1.1的规定。

### 三、安规讲解

7.1　线路巡视。

7.1.1　巡线工作应由有电力线路工作经验的人员担任。单独巡线人员应考试合格并经工区批准。在电缆隧道、偏僻山区和夜间巡线时应由两人进行。汛期、暑天、雪天等恶劣天气巡线,必要时由两人进行。单人巡线时,禁止攀登电杆和铁塔。

地震、台风、洪水、泥石流等灾害发生时,禁止巡视灾害现场。灾害发生后,如需要对线路、设备进行巡视时,应制定必要的安全措施,得到设备运维管理单位批准,并至少两人一组,巡视人员应与派出部门之间保持通信联络。

**【解读】**巡线工作是为了及时了解线路的运行状况和健康水平,及时发现影响线路安全运行的缺陷,并能够提出正确的检修意见和应对措施,而对线路路径不熟悉的员工巡线往往带有一定的危险性,因此巡线工作要求有电力线路工作经验的人员担任。

为了保证巡线质量和巡线员工人身安全,单独巡线人员应经线路运行知识和安全规程等相关考试合格后经部门批准才能上岗。因电缆隧道、偏僻山区和夜间巡线的工作环境和安全状况差,为了保证互相关照及安全、互相监督,提高巡线质量,巡线应至少由两人进行。

同时，由于各地区之间线路运行地理条件和巡视方法差异较大，各运行单位应根据各自线路的沿线环境、交通状况、气候条件等特点，对单位所辖线路进行评估，明确偏僻山区区段，并规定巡线时应至少两人进行。单人巡线时，为了防止发生人身触电和高空坠落事故，禁止攀登电杆和铁塔。

火灾、地震、台风、冰雪、洪水、泥石流、沙尘暴等灾害发生时，可能对巡线人员人身安全带来严重威胁，为了保证巡线人员生命安全，禁止巡视灾害现场。

若确需在灾害发生之后对线路进行巡视，巡视前，应充分分析灾害情况，考虑各种不利因素情况的发生，如是否可能发生次生灾害、道路安全变动情况、倒杆断线情况等，应及时向当地政府部门或护线人员了解灾害情况，并制定针对性的安全措施(如配备救生衣、防滑靴、防寒服等)和巡视路线，经设备运维管理单位批准后方可开始巡线。灾害发生后的巡线工作应至少两人一组，线路巡视过程中，应使用通信工具及时与派出部门保持联络。

7.1.2 正常巡视应穿绝缘鞋；雨雪、大风天气或事故巡线，巡视人员应穿绝缘靴或绝缘鞋；汛期、暑天、雪天等恶劣天气和山区巡线应配备必要的防护用具、自救器具和药品；夜间巡线应携带足够的照明工具。

**【解读】**雷雨气象条件下线路可能遭受直击雷或感应雷，大风天气或事故巡线时可能有导线落地或导线碰触树木造成接地，在巡线过程中可能在线路下方或杆塔周围地表产生跨步电压伤人，为防止触电要求巡线人员穿绝缘鞋或绝缘靴。

汛期、暑天、雪天等恶劣天气和山区巡线时，因作业条件较差，为避免巡线人员溺水、中暑、滑倒、跌落或犬等动物伤人等情况发生，故应配备必要的防护用具、自救器具和药品。巡线人员应根据不同的天气条件和作业环境，携带相应的防护用具、自救器具和药品。

夜间巡视，为了保证巡线人员看清沿线情况和通行道路及周围环境，看清线路设备状况，及时发现线路缺陷和设备运行隐患，观察到设备运行异常情况，巡线人员应携带足够的照明工具，照明工具应有足够的照明亮度和照明时间。

**四、课程总结**

本课程介绍线路巡视的相关内容，主要包括巡线人员的要求、单独巡线人员的规定以及

电缆隧道、偏僻山区、夜间、恶劣天气巡线的要求及所需携带的劳保用品。

## 案例 2:巡线时涉险渡河,作业人员抽筋溺亡

### 一、事故案例

2019 年 8 月 12 日上午 10 时左右,××供电公司输电运检室运行三班进行 110kV××线事故巡查。王××巡查 31～39 号杆,当他巡查至 36 号杆途中,被一条小河拦住去路。王××认为绕过小河太浪费时间了,决定游过去。在渡河过程中,王××因小腿抽筋不幸溺水死亡。

### 二、案例分析

案例中,巡视人员王××在巡线过程中被河流拦截,采取泅渡方式强行渡河,导致溺水死亡,该案例违反了《国家电网公司电力安全工作规程　线路部分》中 7.1.3 的规定。

巡线时,要根据现场的实际情况选择合理路线,防止人身受到伤害。巡线时禁止泅渡,防止溺水发生。

### 三、安规讲解

7.1.3　夜间巡线应沿线路外侧进行;大风时,巡线应沿线路上风侧前进,以免万一触及断落的导线;特殊巡视应注意选择路线,防止洪水、塌方、恶劣天气等对人的伤害。巡线时禁止泅渡。事故巡线应始终认为线路带电。即使明知该线路已停电,亦应认为线路随时有恢复送电的可能。

**【解读】**夜间能见度差,如果线路巡视人员在导线正下方或导线内侧行走,可能不小心触及断落地面或空中导线,或进入接地导线危险区范围内,造成触电危险。因此夜间巡视应沿线路外侧进行。

同样道理,在大风时,为避免巡线人员不小心触及断落悬挂空中带电导线或步入导线断

落地面接地点危险区，巡线人员应沿线路上风侧前进。

在洪水、塌方、恶劣天气条件下，可能对原有通行道路冲毁或掩埋，造成原有的巡视走廊破坏。因此为了保障巡线人员人身安全，应该事先调查，选择合理的路线。巡线时，如遇到河流阻挡，严禁涉水，禁止泅渡，避免溺亡。

由于事故线路有随时强送电或试送电的可能，因此为了始终保证巡线人员人身安全，必须始终与线路保持足够的安全距离。

7.1.4 巡线人员发现导线、电缆断落地面或悬挂空中，应设法防止行人靠近断线地点8m以内，以免跨步电压伤人，并迅速报告调控人员和上级，等候处理。

**【解读】**导线、电缆断落地面点为导线的电位，电流从导线断落地面点向四周扩散形成一定的电位梯度。在导线断落地面点8m以内会造成跨步电压伤人。导线、电缆悬挂空中随时有落地可能。因此巡线人员发现导线、电缆断落地面或悬挂空中时，应始终在现场附近8m外守候，设法防止行人靠近断线地点8m以内。还要迅速报告调度值班员和上级，以便及时处理。要是接到群众报告，应立即派人到现场进行看守，尽快设置围栏。如果有人员误入断线地点8m以内，可以采取双脚并拢跳离危险区或独脚跳离危险区。

7.1.5 进行配电设备巡视的人员，应熟悉设备的内部结构和接线情况。巡视检查配电设备时，不准越过遮栏或围墙。进出配电设备室（箱）应随手关门，巡视完毕应上锁。单人巡视时，禁止打开配电设备柜门、箱盖。

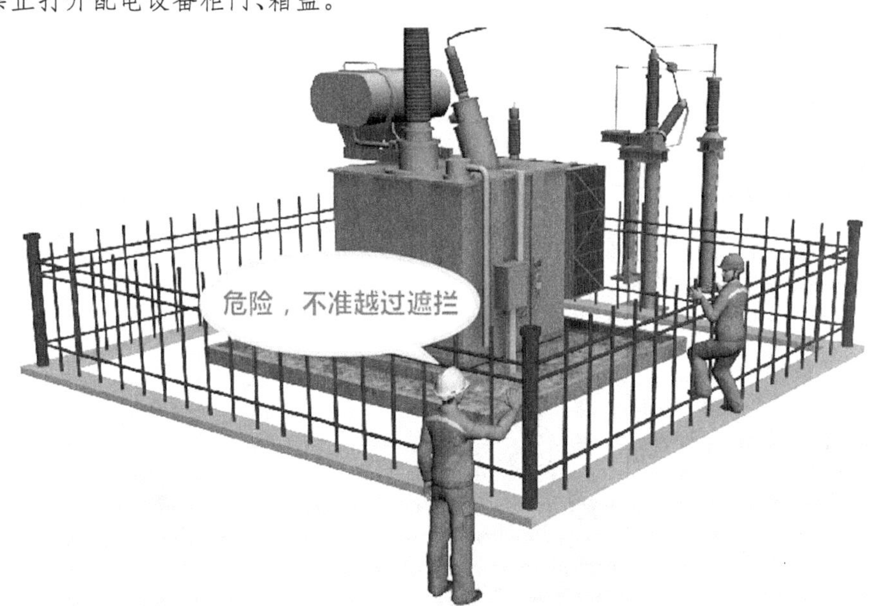


**【解读】**巡视配电设备的人员应熟悉其内部结构和接线情况，主要因配电设备内部结构复杂，内部设备种类多、内部空间狭窄。巡视检查配电设备时，擅自越过遮栏或围墙有可能造成巡视人员与带电设备安全距离不足，引起误碰带电设备造成的触电伤害。

巡视人员进出配电设备室（箱）时，应随手关门，防止无关人员进入配电室引起误动设备，防止小动物窜入配电室等情况而发生意外。为了安全保险，巡视完毕后应及时上锁。

单人巡视时，禁止巡视人员打开配电设备柜门、箱盖，是因配电设备空气间隙较小，柜门、箱盖打开后安全距离无法保证。

**四、课程总结**

本课程介绍线路巡视的相关内容,主要包括夜间巡视、特殊巡视、事故巡视的相关要求、导线(电缆)断落地面或悬挂空中的处置措施以及配电设备巡视要求。

## 案例 3:操作票字迹潦草,致操作人员工作中误操作

**一、事故案例**

2019 年 10 月 3 日,××供电公司城关服务站 35kV 335 号线路 1 号杆部分线路进行检修。本应拉开 35kV 335 号线路 1 号杆上的柱上油断路器,由于操作票填写潦草,操作人员钱××误把 35kV 335 号线路 1 号杆中的"5"看成"6",把 35kV 336 号线路 1 号杆上的柱上油断路器断开,造成恶性误操作未遂事故。

**二、案例分析**

案例中,因操作票填写潦草,操作人员钱××误把 35kV 335 号线路 1 号杆中的"5"看成"6",违反了《国家电网公司电力安全工作规程　线路部分》中 7.2.2 的规定。

为保证操作票填写内容清楚、准确,规定应使用黑色或蓝色钢(水)笔或圆珠笔等字迹清楚的笔填写操作票。不得使用铅笔、红色笔填写,防止执行过程中由于字迹模糊不清或随意涂改,造成操作人员因不能正确判断信息而发生误操作。

**三、安规讲解**

7.2　倒闸操作。

7.2.1　倒闸操作应使用倒闸操作票。倒闸操作人员应根据值班调控人员(运维人员)的操作指令(口头、电话或传真、电子邮件)填写或打印倒闸操作票。操作指令应清楚明确,受令人应将指令内容向发令人复诵,核对无误。发令人发布指令的全过程(包括对方复诵指令)和听取指令的报告时,都要录音并做好记录。

事故紧急处理和拉合断路器(开关)的单一操作可不使用操作票。

【解读】为了改变电网的运行方式或者是将部分停电检修线路进行安全隔离，需要对线路进行线路倒闸操作。

倒闸操作是否正确不但关系到倒闸操作者的人身安全，还关系到所操作设备的安全。操作票作为倒闸操作人员要执行倒闸操作的书面依据，起着至关重要的作用。因此倒闸操作应填用操作票，禁止无票操作。操作票填写的过程是操作人员熟悉倒闸操作的内容以及倒闸操作顺序的过程，因此倒闸操作票应由操作人员根据值班调控人员（运维人员）的操作指令进行填写或打印。

发布和接受指令过程中，如果存在发布指令或接受指令不清晰、准确而产生错误，将引发严重的误操作事故。因此使用规范的调度术语和设备名称才能最大限度保证发布指令清楚、明确。为了避免接受操作指令人员理解错误或记录错误，接受操作指令人员应该将所记录的全部内容向发令人复诵一遍，由发令人复核指令的正确性。

为了避免误操作，也为了便于日后的核查，发布指令的全过程和听取指令的报告要录音，且做好记录。

当操作人员发现操作指令有问题或有疑问时，应向值班调控人员（运维人员）进一步核实，并询问清楚确保无误后执行。如果认为操作指令错误时，应向值班调控人员（运维人员）报告，并由值班调控人员（运维人员）决定是否执行原调度指令。当操作人员发现按操作指令执行可能威胁到人身、设备安全或造成停电事故发生时，应拒绝执行该操作指令，并将拒绝执行该指令的理由向值班调控人员（运维人员）报告，并且报告给本单位领导。

事故紧急处理和拉合断路器（开关）的单一操作，应以值班调控人员（运维人员）的指令为依据，并严格按照现场运行规程的规定执行，可以不填写操作票，但操作事后应做好记录。

7.2.2 操作票应用黑色或蓝色钢（水）笔或圆珠笔逐项填写。用计算机开出的操作票应与手写格式票面统一。操作票票面应清楚整洁，不准任意涂改。操作票应填写设备双重名称。操作人和监护人应根据模拟图或接线图核对所填写的操作项目，并分别手工或电子签名。

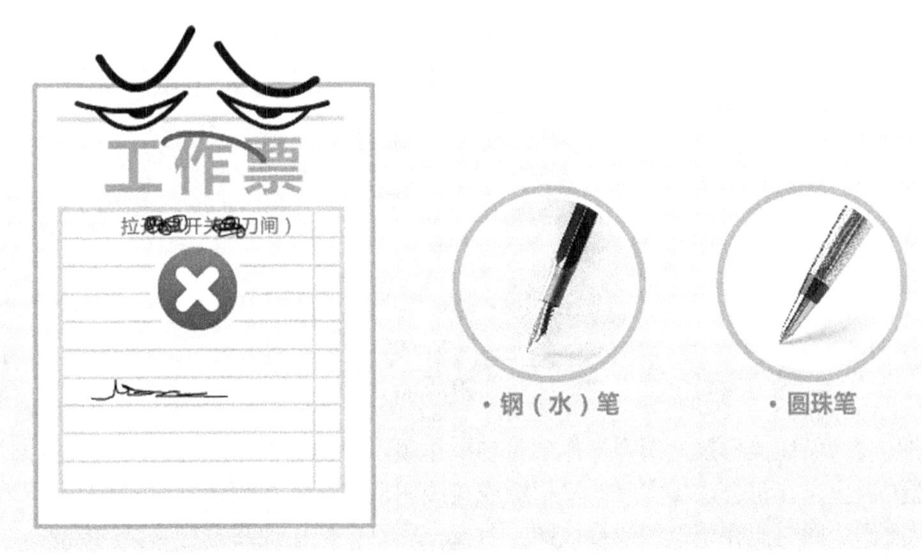

【解读】由于铅笔字迹便于涂改,因此操作票的填写不准用铅笔填写,应用黑色或蓝色钢(水)笔或圆珠笔逐项填写。用计算机开出的操作票应与手写格式票面统一,这是为了便于规范管理操作票。操作票的票面字迹要清楚、工整,票面不得任意涂改,票面保持清楚整洁。如果出现个别漏字或错字时,修改字迹应清楚。但为了防止操作过程中名称不全、操作票的票面不清楚等原因造成误操作事故,设备名称和编号、操作动词不得修改。对操作票的填写应使用规范的调度术语,严格按照现场设备的标示牌实际命名填写设备的双重名称,确保无误。

为了防止或纠正操作票的错误,操作人和监护人应根据模拟图或接线图核对所填写的操作项目,重新核对操作任务、操作项目和操作指令。若操作票确实存在问题,应重新填写操作票。操作人和监护人根据模拟图或接线图审核操作票正确无误后,分别手工或电子签名。电子签名应设置必要的权限,以确保其唯一性。

7.2.3　倒闸操作前,应按操作票顺序在模拟图或接线图上预演核对无误后执行。

操作前、后,都应检查核对现场设备名称、编号和断路器(开关)、隔离开关(刀闸)的分、合位置。电气设备操作后的位置检查应以设备实际位置为准,无法看到实际位置时,应通过间接方法,如设备机械指示位置、电气指示、带电显示装置、仪表及各种遥测、遥信等信号的变化来判断。判断时,至少应有两个非同样原理或非同源的指示发生对应变化,且所有这些确定的指示均已同时发生对应变化,方可确认该设备已操作到位。以上检查项目应填写在操作票中作为检查项。检查中若发现其他任何信号有异常,均应停止操作,查明原因。若进行遥控操作,可采用上述的间接方法或其他可靠的方法判断设备位置。

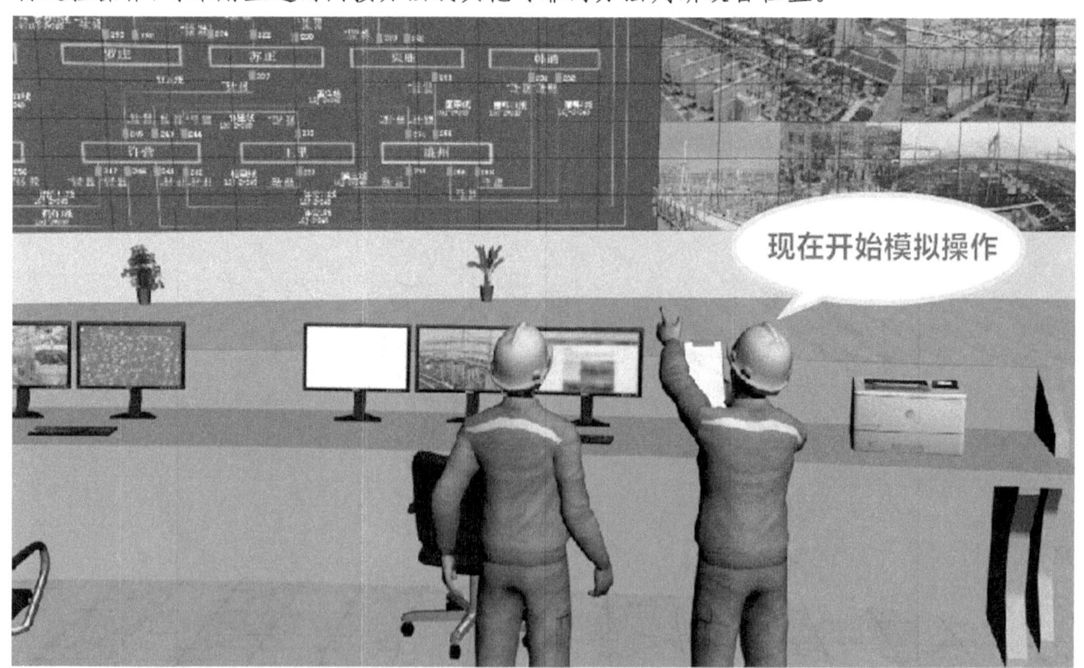


【解读】为保证操作票上所列操作项目和操作顺序的准确性,在倒闸操作前,倒闸操作人员和监护人应先在符合现场实际的模拟图或接线图上进行操作预演,经核对无误后,方可进行实际操作。同时应在模拟图或接线图上对操作项目中的接地线进行明显的标注。

为确保整个操作流程正确顺利，防止电气设备因机械故障影响操作质量，操作人和监护人在倒闸操作的前、后，都应仔细检查核对现场设备名称、编号和断路器（开关）、隔离开关（刀闸）的断、合位置与模拟图或接线图是否相符。

为防止电气设备操作后发生漏检查、误判断而造成误操作事故，电气设备操作后的位置检查应以电气设备现场实际位置为准，并将以上检查项目作为检查项填写在操作票中。

在无法看到设备实际位置时，为了防止一种或几种指示显示不正确等情况而造成误判断，操作后位置检查应检查两个及以上非同样原理或非同源的指示发生对应变化，且这些确定的所有指示均已同时发生对应变化，方可确认该设备已操作到位。任何一个信号未发生对应变化均应停止操作，查明原因，否则不能作为设备已操作到位的依据。如果电气设备间接指示（设备机械位置指示、电气指示、带电显示装置、仪器仪表、遥测、遥信等指示）采用的是三相指示时，应采用设备操作前后的各相指示同时发生对应变化为判据。

7.2.4 倒闸操作应由两人进行，一人操作，一人监护，并认真执行唱票、复诵制。发布指令和复诵指令都应严肃认真，使用规范的操作术语，准确清晰，按操作票顺序逐项操作，每操作完一项，应检查无误后，做一个“√”记号。操作中发生疑问时，不准擅自更改操作票，应向操作发令人询问清楚无误后再进行操作。操作完毕，受令人应立即汇报发令人。

**【解读】**倒闸操作的监护人应对操作人使用安全工器具的正确性和执行指令的正确性以及动作的规范性等进行监护。

执行倒闸操作时，为了防止操作步骤出现错项、漏项，操作人应该严格按操作票项目顺序进行操作。为了防止操作者因走错设备间隔发生误合、误拉另外的运行设备，操作者进行各项操作前，需要核对设备的名称和编号，并经过监护人的确认无误后（即唱票、复诵无误）才可进行操作。

监护人按照顺序每操作完成一步，经过检查无误（如为了确定设备实际分合位置设置的机械指示、信号指示灯、表计变化等），要做一个“√”号标记，然后进行下一步的操作。做“√”号标记的目的是防止跳步或漏步，并且做“√”号标记也是对设备操作后的状态进行确认。

操作中产生疑问未经操作发令人同意，如果擅自更改操作票，可能会将正确的操作更改错误，造成误操作事故。因此，操作中产生疑问时应立即停止操作，应向操作发令人询问清楚，查明原因或排除故障，经发令人同意并许可后，方可继续进行操作。不准擅自更改操作票或未经同意自行操作。

倒闸操作全部完毕，经检查无误后，监护人在操作票上填写操作结束时间，立即报告发令人操作执行完毕。

7.2.5 操作机械传动的断路器（开关）或隔离开关（刀闸）时，应戴绝缘手套。没有机械传动的断路器（开关）、隔离开关（刀闸）和跌落式熔断器，应使用合格的绝缘棒进行操作。雨天操作应使用有防雨罩的绝缘棒，并穿绝缘靴、戴绝缘手套。

在操作柱上断路器（开关）时，应有防止断路器（开关）爆炸时伤人的措施。

**【解读】**如果所操作设备的绝缘部件损坏，或者是机械传动装置的接地性能不良，有可能造成该设备的操作手柄带电。同时，为防止操作人员因误操作、设备损坏等原因，使操作的隔离开关(刀闸)、高压熔断器引起弧光短路接地,从而导致操作人员被接触电压或电弧伤害。所以操作机械传动的断路器(开关)或隔离开关(刀闸)时应戴绝缘手套。为了保证安全距离,操作没有机械传动装置的断路器(开关)、隔离开关(刀闸)和跌落式熔断器,应使用相应电压等级且试验合格的绝缘棒进行拉、合闸操作。如果绝缘棒受潮,在带电操作过程中会产生较大的泄漏电流,甚至危及操作人员的安全。为绝缘棒加装防雨罩,可以确保绝缘棒有一段干燥的爬电距离,不至于在雨天使用时降低湿闪电压。

柱上断路器(开关)一般有 SF6 断路器(开关)、真空断路器(开关)以及油断路器(开关)等。如果 SF6 断路器(开关)内部 SF6 气体压力低,在短路电流作用形成内部气压过高或者是触头间绝缘破坏击穿等原因可引起爆炸;如果真空断路器(开关)真空包的真空度漏气或不够,在操作时也会发生爆炸;油断路器(开关)有绝缘油,如果出现油质劣化或油面过低,在开关拉合过程中,如果绝缘油被电弧气化而形成较大压力,也有可能发生喷油爆炸。因此,在操作柱上断路器(开关)时,应有防止断路器(开关)爆炸时伤人的措施,如与柱上断路器(开关)保持足够的安全距离,操作者选择适当操作位置等。

**四、课程总结**

本课程介绍倒闸操作注意事项,主要包括倒闸操作应使用的操作票;操作票的填写;倒闸操作前的工作;倒闸操作应认真执行唱票、复诵制;操作机械传动的断路器(开关)或隔离开关(刀闸)等情况下特别注意的事项。

## 案例 4:拉开熔断器时熔管与下柱头放电,人员触电造成重伤

**一、事情经过**

2018 年 5 月 3 日,××供电公司按工作计划对 35kV××线 3 号、4 号公用变压器更换低压引线,并进行 1、2 号公用变压器安装低压隔离开关和更换低压引线工作。下午 14 时 40 分,工作完毕后,张××从变压器台横担上攀登至跌落式熔断器下侧衬足间隙。张××系好安全带后用手合上 35kV 固宁线 2 号公用变压器 A 相跌落式熔断器,在合中相跌落式熔断器时,其右手拿住中相跌落式熔断器熔管时与中相跌落式熔断器下柱头放电,张××触电死亡。

**二、案例分析**

案例中,张××系好安全带后在合中相跌落式熔断器时,其右手拿住中相跌落式熔断器熔管时与中相跌落式熔断器下柱头放电,违反了《国家电网公司电力安全工作规程　线路部分》中 7.2.6 的规定。

跌落式熔断器是 6～35kV 配电变压器上使用较广泛的短路保护控制元件,是用来断开变压器的电气设备,可直接用绝缘棒来操作。在更换配电变压器跌落式熔断器熔丝的工作中,为防止带较大负荷拉开跌落式熔断器时熔丝容量不够造成弧光短路,应先将低压刀闸拉开甩掉负荷,再将高压隔离开关或熔断式熔断器拉开。

**三、安规讲解**

7.2.6　更换配电变压器跌落式熔断器熔丝的工作,应先将低压刀闸和高压隔离开关

(刀闸)或跌落式熔断器拉开。摘挂跌落式熔断器的熔断管时,应使用绝缘棒,并派专人监护。其他人员不准触及设备。

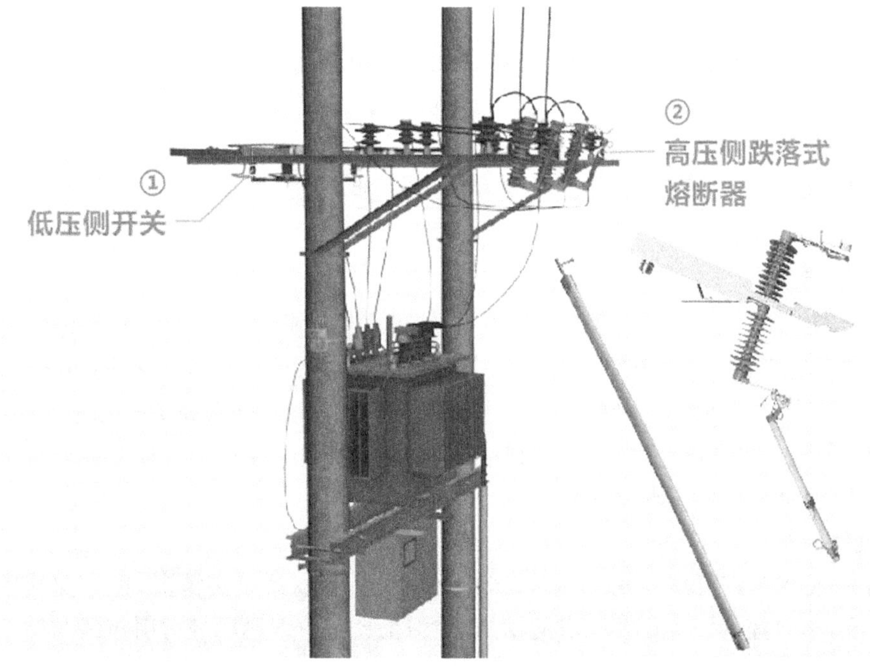


【解读】在更换配电变压器跌落式熔断器熔丝的工作中,应先拉开低压刀闸,再拉开高压隔离开关(刀闸)或跌落式熔断器,防止带负荷拉跌落式熔断器造成弧光短路,避免事故扩大到上一级。在拉开单极式刀闸或熔断器时,为防止操作时与相邻相发生电弧短路,应先将中间相拉开,再拉开两边相(且其中先拉下风相);合闸时顺序正好相反,应先合两边相(且其中应先合上风相),再合中间相。

当摘挂跌落式熔断器的熔管时,为防止作业人员身体与带电部位安全距离不足,应使用绝缘棒,并设专人监护。

7.2.7 雷电时,禁止进行倒闸操作和更换熔丝工作。

【解读】雷电时,线路遭受直击雷或感应雷的概率较高,雷电过电压可能危害线路设备和人员安全,因此雷电时,禁止进行倒闸操作和更换熔丝工作。

7.2.8 在发生人身触电事故时,可以不经过许可,即行断开有关设备的电源,但事后应立即报告调控中心(或设备运维管理单位)和上级部门。

【解读】人的生命安全是第一位的。在发生人身触电事故时,走许可手续可能耽误救人,因此可以不经过许可,立即断开有关设备的电源。但事后应该让调控中心(或设备运维管理单位)和上级部门及时掌握情况。

7.2.9 操作票应事先连续编号,计算机生成的操作票应在正式出票前连续编号,操作票按编号顺序使用。作废的操作票,应注明“作废”字样,未执行的应注明“未执行”字样,已操作的应注明“已执行”字样。操作票应保存一年。

【解读】为了加强操作票统计和管理,操作票应连续编号和按编号顺序使用,更有利于防止误操作,也利于出现事故后的调查分析。

为了防止错用已作废的操作票或未执行的操作票,对作废的操作票或未执行的操作票应及时加盖“作废”章或“未执行”章。

**四、课程总结**

本课程介绍倒闸操作注意事项,主要包括更换配电变压器跌落式熔断器熔丝的要求、雷电天气禁止操作、发生人身触电事故后立即拉闸及操作票的编号要求。

## 案例 5:钢卷尺测量引流线与爬梯距离触电身亡

**一、事故案例**

2018 年 9 月 13 日,××供电公司输电运检室组织对新建设的 220kV 马范线进行验收检查。参加现场验收工作的崔××发现 3 号塔的左边导线引流线与下横担距离可能不够,其认为设备还未投运,应该不带电。崔××在未与现场验收工作负责人联系核实情况下,也未向其他人员通报的情况下,独自登上该线路 3 号塔的横担,使用工具兜中钢卷尺进行引流线与横担距离的测量,由于安全距离不够导致触电身亡。

**二、案例分析**

案例中,崔××在开展验收工作时,未与现场负责人联系核实情况,也未向其他人员通报的情况下,独自登上该线路 3 号塔的横担,使用工具兜中钢卷尺进行引流线与横担距离的测量,由于安全距离不够触电身亡,违反了《国家电网公司电力安全工作规程　线路部分》中 7.3.1 和 7.3.5 的规定。

**三、安规讲解**

7.3　测量工作。

7.3.1　直接接触设备的电气测量工作,至少应由两人进行,一人操作,一人监护。夜间进行测量工作,应有足够的照明。

**【解读】**直接接触设备的电气测量工作,有可能是在带电情况下进行,存在触电的危险。所以,直接接触设备的电气测量工作至少应由两人进行,一人操作、一人监护。

夜间进行测量工作,由于能见度差,为了保证测量人员(被监护人)与带电体的有效安全距离,同时为了保证测量者准确看清测量数据,测量现场应配备足够的照明。

7.3.2　测量人员应熟悉仪表的性能、使用方法和正确接线方式,掌握测量的安全措施。

**【解读】**为了保证测量数据的准确性,避免测量过程中发生事故,测量人员应提前熟悉测量仪表的性能、使用方法和正确接线方式,掌握测量的安全措施。

7.3.3　杆塔、配电变压器和避雷器的接地电阻测量工作,可以在线路和设备带电的情况下进行。解开或恢复杆塔、配电变压器和避雷器的接地引线时,应戴绝缘手套。禁止直接接触与地断开的接地线。

**【解读】**如果出现线路遭雷击、配电变压器中性点位移、绝缘子损坏、避雷器绝缘击穿、线路单相接地等情况,杆塔、避雷器和配电变压器的接地引线可能会带电。如果需要解开接地引线测量接地电阻,在解开或恢复时,应戴绝缘手套。与地断开的接地线上端可能带有电压,因此禁止直接接触。

7.3.4　测量低压线路和配电变压器低压侧的电流时，可使用钳型电流表。应注意不触及其他带电部分，以防相间短路。

**【解读】**低压线路和配电变压器低压侧对地距离以及低压线路的相间距离比较小，使用钳形电流表测量时，容易引起线路接地故障或相间短路故障。因此使用钳型电流表时，应将钳形电流表控制在被测量的一相，避免触及接地部分或相邻相。为了防止碰触到带电部位或泄漏电流触电，测量时应戴绝缘手套。在观察电流表的读数时，注意测量者头部与带电体务必保持足够的安全距离。

7.3.5　带电线路导线的垂直距离（导线弛度、交叉跨越距离），可用测量仪或使用绝缘测量工具测量。禁止使用皮尺、普通绳索、线尺等非绝缘工具进行测量。

**【解读】**因线尺、皮尺具有导电性能，普通绳索不具备绝缘性能，在测量时如果碰触或接近带电体可能发生接地短路，因此测量工作中禁止使用。

测量仪可实现远距离测量，在导线弛度、交叉跨越距离测量时可以使用。但也要注意测量仪与带电导线之间的安全距离必须满足《国家电网公司电力安全工作规程　线路部分》表4的规定。使用绝缘测量工具测量时，必须保证测量工具的绝缘性能与被测量带电线路的电压等级相匹配。

**四、课程总结**

本课程介绍测量工作的注意事项，主要包括直接接触设备的电气测量的要求、夜间测量的要求、测量人员的要求、接地电阻测量要求、低压电流测量要求以及导线垂直距离测量要求。

## 案例6：事故巡视砍树触电

**一、事故案例**

2019年8月12日23时26分，××供电公司110kV柏宁Ⅱ线高频保护零序三段A相跳闸（三段不经重合闸），23时46分该线路经调度同意后强送成功。

8月13日，该公司输电运检室安排人员对该线路全线带电查线，9时30分许，输电运检室副主任刘××和另一名员工康××为一组，在巡查到固马村北的27和28号塔之间线路时，发现线下的大杨树树梢有放电烧焦痕迹。刘××在征得输电运检室计划调度专工电话同意后，开始在线路未停电，也未做好树木顺导线倒落措施情况下用手锯伐树。10时52分，所伐树木横向倒落导线，造成导线对树木放电，树下玉米秸秆着火，同时导致刘××双腿部分被电弧灼伤。

**二、案例分析**

案例中，线路巡视人员刘××发现树梢有放电烧焦痕迹，未申请线路停电，也未采取防止树木倒落在导线上的措施，即开始违章砍树作业，违反《国家电网公司电力安全工作规程　线路部分》中7.4.3与7.4.4的规定。

**三、安规讲解**

7.4　砍剪树木。

7.4.1　在线路带电情况下,砍剪靠近线路的树木时,工作负责人应在工作开始前,向全体人员说明:电力线路有电,人员、树木、绳索应与导线保持表4的安全距离。

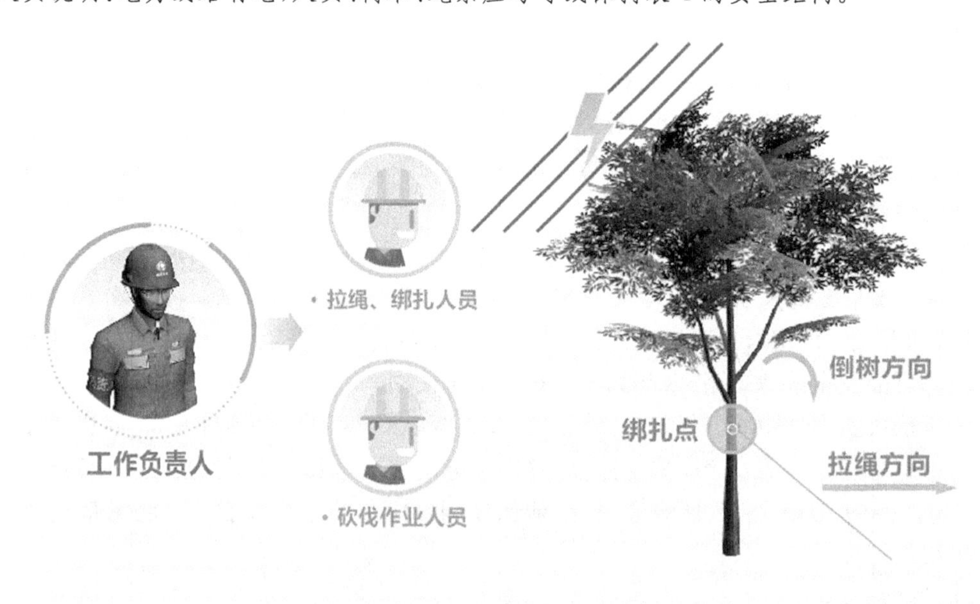


**【解读】**在线路带电情况下,砍剪靠近线路的树木时,有可能让树木及绑扎树木的绳索接触或接近带电导线,危及砍剪树木人员的人身安全,也可能造成带电运行线路接地跳闸。工作负责人在工作开始前就应该制定相关安全措施及做好人员分工,如确定倒树方向、绳索绑扎位置、拉绳的方向等。在砍剪靠近带电线路的树木时,需要向全体人员交代砍剪树木有关注意事项,明确人员、树木、绳索应与导线保持表4的安全距离。

7.4.2　砍剪树木时,应防止马蜂等昆虫或动物伤人。上树时,不应攀抓脆弱和枯死的树枝,并使用安全带。安全带不准系在待砍剪树枝的断口附近或以上。不应攀登已经锯过或砍过的未断树木。

**【解读】**为了防止砍剪树木人员在作业时被马蜂等昆虫或动物伤害,在作业前应该认真勘察作业现场周围环境,仔细检查待砍剪树木上有无马蜂窝等伤人动物,应避免惊扰,以免

飞出(跑出)伤人。砍剪树木的作业现场应准备防马蜂蜇伤或防蛇伤害的药物。

砍剪树木时,如果作业点位于地面2m及以上,作业人员应按照高处作业的规定系安全带。由于脆弱和枯死的树枝以及砍剪过未断树木强度降低,因此禁止攀爬。

安全带不准系在待砍剪树枝的断口附近或以上,防止树枝断裂,安全带失去保护作用。安全带应系在树木的主干或足以承受作业人员体重的树枝上。

7.4.3　砍剪树木应有专人监护。待砍剪的树木下面和倒树范围内不准有人逗留,城区、人口密集区应设置围栏,防止砸伤行人。为防止树木(树枝)倒落在导线上,应设法用绳索将其拉向与导线相反的方向。绳索应有足够的长度和强度,以免拉绳的人员被倒落的树木砸伤。砍剪山坡树木应做好防止树木向下弹跳接近导线的措施。

**【解读】**砍剪树木危险性较大,砍剪后的树木或树枝容易倒落在带电导线上或附近的低压线路上,也有可能倒落或挂在弱电线路及建筑物上。如果树木或树枝砸向交通道路上可能危及行人安全。所以砍剪树木应有专人监护。

砍剪树木前,工作负责人应做全面清查,树木下方及倒树范围内不准有人逗留。在城区、人口密集区等行人来往频繁区域,工作负责人应在倒树区域范围内设置围栏,防止行人靠近,以免砸伤。如果是在通行道路边上砍剪树木时,还应该事先与交通管理单位取得联系,取得管理部门同意后,在道路两侧设置相应的围栏及警告标示,以免砍剪树木时危及过往车辆及行人安全。在铁路或航道边砍剪树木时,要事先取得相应管理单位的同意,采取可靠的安全措施后再开始工作。

为了防止树木(树枝)倒落在导线上,应将树木(树枝)拉向导线的反方向。工作负责人应该选派富有作业经验的人员负责拉绳。

为了避免拉绳的人员被倒落的树木砸伤,使用的绳索应有足够的强度和长度,长度应大于被砍剪树木高度的1.2倍。使用的绳索应符合《国家电网公司电力安全工作规程　线路部分》中14.2.12的规定。如果待砍树木较为高大,可用多道绳索加以控制。如果砍树条件受地形等因素影响时,可以将树木分段进行砍剪。

砍剪山坡树木时,为了防止树木砍倒后向下弹跳触碰或接近带电的导线,应选择合适的砍剪位置,并使用绳索控制倒落方向。

7.4.4　树枝接触或接近高压带电导线时,应将高压线路停电或用绝缘工具使树枝远离带电导线至安全距离。此前禁止人体接触树木。

**【解读】**当树枝接触或接近高压带电导线时,应将高压线路停电,然后再进行处理。此前禁止人体接触树木,以免人员触电,确保人员在树木8m以外,以免跨步电压伤人。同时还要采取设置围栏等方法防止其他行人靠近。

当树枝接近高压带电导线时,应使用绝缘工具将树枝拉至带电导线安全距离以外,方可处理。如果使用绝缘工具的过程中无法保证树木与带电导线有足够的安全距离时,应将线路停电,然后再进行处理。此前禁止人体接触树木,以免触电。

7.4.5　风力超过5级时,禁止砍剪高出或接近导线的树木。

**【解读】**风力超过5级即风力超过8～10.7m/s时,树木摇摆幅度较大。砍剪高出或接近导线的树木时,不容易保持带电导线的安全距离;人员攀爬树木时容易发生高处坠落;砍剪树木时,树木或树枝的倒向也不容易控制,如果发生导线与树木放电将危害作业人员人身安全。

7.4.6 使用油锯和电锯的作业,应由熟悉机械性能和操作方法的人员操作。使用时,应先检查所能锯到的范围内有无铁钉等金属物件,以防金属物体飞出伤人。

**【解读】**油锯和电锯主要用来砍伐树木和切割木材,所以多用于伐木场和林场,在我们日常生活中并不常用。由于现场作业环境限制,供电企业砍伐树木多用油锯。

油锯正如其名,是一种以汽油为动力来源的手提锯,油锯的锯链上连接着许多L型的刀片,使用时通过锯链的高速转动带动刀片产生横向运动以产生巨大的剪切力,能够轻松切断树干等坚硬实质,由此可见其破坏力之大。在使用油锯时,由于操作人员的经验不足,可能因强大的反作用力而出现反弹、回撞或者拉动的现象。因此在使用油锯时也要格外注意安全,不熟悉其机械性能和操作方法的人员千万不要轻易使用油锯。在发动油锯前必须要检查油锯的各个部件性能是否灵活正常,确认安全无误后方可开始发动。在现实生活中有不少因油锯使用不当酿成的惨剧,而这些惨剧的背后往往都是由操作人员的疏忽大意引起。

如果所能锯到的范围内有铁钉等金属物件,可造成金属物体飞出伤人,因此锯前务必认真检查树木有无异常,是否有铁钉等异物楔入痕迹。在操作过程中如感觉锯到金属等异物,应更换部位试锯。

**四、课程总结**

本课程介绍砍剪树木工作时的注意事项,主要包括在线路带电情况下砍剪要求、防止动物伤人、上树时安全带使用要求、砍剪区域要求、绳索要求、大风条件下作业要求以及作业工具使用要求。

导线在与树枝接触处放电,电流沿树流入大地,严重时会烧伤导线,而且树身带电,人接触树木会危及人身安全;树枝同时碰触两条导线,会造成短路事故;刮风时树木碰触导线,加速电力线路磨损;电力线路对其接触的树木放电,使电力线路损耗增加。因此树木生长威胁线路安全运行时必须砍剪。砍剪树木务必按照作业规程进行,避免出现人员伤亡及线路运行故障。

# 8 邻近带电导线的工作

## 案例1:带电作业与带电导线安全距离不够触电

### 一、事故案例

2019年7月14日,××供电公司输电运检室带电班在220kV土石线73号塔进行安装在线监测装置工作。9时11分,张××签发了带电作业票。工作负责人王××宣读工作票、布置工作任务和落实好安全措施后,工作班成员开始作业。12时24分,73号塔上作业人员李××安装在线监测装置过程中,由于在线监测装置不能正常开机,工作负责人王××指定地面工作人员陈××登塔查看在线监测装置不能正常开机原因。当陈××攀登至73号塔下横担处(未换位)时,人身与中相引流线安全距离不足,导致中相引流线对人体放电。陈××从73号塔高处坠落地面,经抢救无效死亡。

### 二、案例分析

案例中,工作成员陈××登塔,站在下相横担处与中相线引流线安全距离不足,没有与带电部位保持足够的安全距离,造成中相引流线对人体放电,违反《国家电网公司电力安全工作规程　线路部分》中8.1.1的规定。

### 三、安规讲解

8.1　在带电线路杆塔上的工作。

8.1.1　带电杆塔上进行测量、防腐、巡视检查、紧杆塔螺栓、清除杆塔上异物等工作,作业人员活动范围及其所携带的工具、材料等,与带电导线最小距离不准小于表3的规定。

**表3　在带电线路杆塔上工作与带电导线最小安全距离**

| 电压等级/kV | 安全距离/m | 电压等级/kV | 安全距离/m |
|---|---|---|---|
| 交流线路 | | | |
| 10及以下 | 0.7 | 330 | 4.0 |
| 20、35 | 1.0 | 500 | 5.0 |
| 66、110 | 1.5 | 750 | 8.0 |
| 220 | 3.0 | 1000 | 9.5 |
| 直流线路 | | | |
| ±50 | 1.5 | ±660 | 9.0 |

| ±400 | 7.2 | ±800 | 10.1 |
| --- | --- | --- | --- |
| ±500 | 6.8 | | |

进行上述工作,应使用绝缘无极绳索,风力应不大于5级,并应有专人监护。如不能保持表3要求的距离时,应按照带电作业工作或停电进行。

**【解读】**表3安全距离规定值是考虑了工作人员在工作中的正常活动范围后,满足与带电导线安全距离。一般情况下,在带电杆塔上进行测量、防腐、巡视检查、紧杆塔螺栓、清除杆塔上异物等工作不直接接触带电体,作业人员活动范围及其所携带的工具、材料能够满足不小于表3的规定,因此可以进行。

但是在带电杆塔上工作与普通停电作业条件不同,需要作业者注意作业中不准小于表3的规定,因此需要填用电力线路第二种工作票。

上述工作中使用绝缘绳索,可以防止绳索、工具、材料等接近或碰触带电导线时不降低绝缘水平,防止绳索脱落。当风力大于5级,作业人员及其所携带的工具、材料与带电导线间不容易保持足够的安全距离,因此应停止作业。塔上作业人员可配置手持式风速测试仪进行风速测量。

为了保证带电杆塔上作业安全,需要有专人监护。

如作业人员活动范围及其所携带的工具、材料与带电导线最小距离小于《国家电网公司电力安全工作规程　线路部分》表3的规定且大于《国家电网公司电力安全工作规程　线路部分》表5的规定时,必须按照邻近带电作业方式进行,并填用电力线路带电作业工作票。

### 四、课程总结

本课程介绍在带电线路杆塔上的工作注意事项,主要内容包括在带电杆塔上进行测量、防腐、巡视检查、紧杆塔螺栓、清除杆塔上异物等工作,作业人员活动范围及其所携带的工具、材料等,与带电导线最小距离等注意事项。

## 案例2:工作负责人未监护,作业人员与带电导线未保持最小安全距离致触电

### 一、事故案例

2020年3月18日,××供电公司输电运检室安排王××和刘××带电更换110kV双城线(与下方架设的10kV新安线同杆共架)24号杆锈蚀拉线,刘××担任小组负责人。王××在上杆拆除旧抱箍时,刘××正在处理旧拉线的下把,未监护王××在杆上的位置。王××在杆上工作时未能与带电导线之间保持最小安全距离,导致触电后跌落至地面摔成重伤。

### 二、案例分析

案例中,王××在杆上工作时未能与带电导线之间保持最小安全距离,导致触电后跌落至地面摔成重伤,违反了《国家电网公司电力安全工作规程　线路部分》中8.1.2的规定。

根据10kV及以下线路的杆塔结构特点,工作人员在带电杆塔上作业时难以控制与带电部位的距离,易发生触电危险。为确保作业人员安全,在充分考虑人体活动裕度条件下,人体任何部位距最下层导线垂直距离不准小于《国家电网公司电力安全工作规程　线路部

分》中规定的 0.7m 的要求。作业时应有专人监护。

**三、安规讲解**

8.1.2　在 10kV 及以下的带电杆塔上进行工作，作业人员距最下层带电导线垂直距离不准小于 0.7m。

**【解读】**因工作人员在 10kV 及以下的带电杆塔上进行工作时，与下层带电导线的距离不易控制，易发生触电危险。设定 0.7m 平面高度主要是有利于现场控制(如可设绝缘挡板等)，作业人员及其所携带的工具、材料等均不允许超越 0.7m 平面高度。

8.1.3　运行中的高压直流输电系统的直流接地极线路和接地极应视为带电线路。各种工作情况下，邻近运行中的直流接地极线路导线的最小安全距离按±50kV 直流电压等级控制。

**【解读】**当高压直流输电在单极大地方式运行或者双极不对称方式运行时，接地极附近有直流电位，该电位与直流输电输送的电流大小和该处的土壤电阻率有关。直流输送的电流越大，土壤的电阻率越高，电位也就越高。当直流输电系统以单极大地回路运行时，直流电流持续通过接地极与大地构成回路。所以，运行中的高压直流输电系统的直流接地极线路和接地极应视为带电线路。为保证作业人员的人身安全，在各种工作情况下，在邻近运行中的直流接地极线路导线工作时，作业人员及其所携带的工具、材料等活动范围与直流接地极线路导线应保持 1.5m 的最小安全距离。

**四、课程总结**

本课程介绍在带电线路杆塔上工作时的注意事项，主要包括在 10kV 及以下的带电杆塔上进行工作、运行中的高压直流输电系统的直流接地极线路和接地极的工作应特别注意的事项。

## 案例 3：线路紧线时导线弹跳，9 名人员触电伤亡

**一、事故案例**

2018 年 5 月 4 日，××供电公司三马电力安装队在进行 35kV 线路紧线过程中，工作负责人李××未采取防止导、地线产生跳动的相关措施，导线弹跳到与之交叉跨越带电的 110kV 井高线 A 相上，造成正在拉线的 9 名员工触电，其中 5 人死亡、4 人重伤。

**二、案例分析**

案例中，工作负责人李××未采取防止导、地线产生跳动的相关措施，由于导、地线展放过程中张力的不均衡会产生振幅较大的跳动，接近或触碰上层带电线路，导致无法满足安全距离的要求，造成 9 名作业人员触电伤害。违反了《国家电网公司电力安全工作规程　线路部分》中 8.2.3 的规定。

**三、安规讲解**

8.2　临近或交叉其他电力线路的工作。

8.2.1　停电检修的线路如与另一回带电线路相交叉或接近，以致工作时人员和工器具可能和另一回导线接触或接近至表 4 规定的安全距离以内，则另一回线路也应停电并予接

地。如邻近或交叉的线路不能停电时,应遵守 8.2.2~8.2.4 条的规定。工作中应采取防止损伤另一回线的措施。

**表 4　邻近或交叉其他电力线工作的安全距离**

| 电压等级/kV | 安全距离/m | 电压等级/kV | 电压等级/kV |
|---|---|---|---|
| 交流线路 | | | |
| 10 及以下 | 1.0 | 330 | 5.0 |
| 20、35 | 2.5 | 500 | 6.0 |
| 66、110 | 3.0 | 750 | 9.0 |
| 220 | 4.0 | 1000 | 10.5 |
| 直流线路 | | | |
| ±50 | 3.0 | ±660 | 10.0 |
| ±400 | 8.2 | ±800 | 11.1 |
| ±500 | 7.8 | | |

**【解读】**停电检修的线路如与另一回带电线路相交叉或接近,有可能另一回带电线路感应电对工作人员或工器具放电,因此另一回线路也应配合停电,并将临近检修线路作业的配合停电线路接地。如邻近或交叉的线路不能停电时,应按照 8.2.2~8.2.4 的规定采取相应的安全措施,确保工作安全。

工作中应对另一回邻近或相交叉的线路采取搭设跨越架、安装防护网等相应措施,避免被所检修线路因跑线、断线等意外原因损伤。

8.2.2　邻近带电的电力线路进行工作时,有可能接近带电导线至表 4 规定的安全距离以内时,应做到以下要求:

a)采取有效措施，使人体、导线、施工机具等与带电导线符合表4安全距离规定，牵引绳索和拉绳符合表19安全距离规定。

b)作业的导、地线还应在工作地点接地。绞车等牵引工具应接地。

**【解读】**为确保人体、导线、施工机具等在作业过程中与带电导线的安全距离符合《国家电网公司电力安全工作规程　线路部分》表4的规定，防止牵引绳索和拉绳在作业过程中晃动或弹跳幅度较大而与带电导线的安全距离不能满足《国家电网公司电力安全工作规程　线路部分》表19的规定，应采取以下具体措施：对邻近的带电线路采取安装防护网等防护措施；作业人员尽量远离带电导线，尽量减少活动范围并设专人加强监护；在导、地线及牵引绳上设置压线滑车等措施，以减少摆动，防止接近带电导线；拉绳的位置应尽量远离带电导线，并设专人进行监护，必要时可采用转向滑车，或者采用绝缘拉绳；无极绳装设的位置应充分考虑上、下传递施工机具时满足上述距离的要求，必要时采用绝缘无极绳。在作业过程中，为防止感应电及意外跑线、断线接触带电线路而引起作业人员触电，作业的导、地线还应在工作地点接地，绞车等牵引工具也应接地。

8.2.3　在交叉挡内松紧、降低或架设导、地线的工作，只有停电检修线路在带电线路下面时才可进行，应采取防止导、地线产生跳动或过牵引而与带电导线接近至表4规定的安全距离以内的措施。

停电检修的线路如在另一回线路的上面，而又必须在该线路不停电情况下进行放松或架设导、地线以及更换绝缘子等工作时，应采取安全可靠的措施。安全措施应经工作人员充分讨论后，经工区批准执行。措施应能保证：

a)检修线路的导、地线牵引绳索等与带电线路的导线应保持表4规定的安全距离。

b)要有防止导、地线脱落、滑跑的后备保护措施。

**【解读】**在交叉挡内松紧、降低或架设导、地线的工作，如果是停电检修线路在带电线路下面时，需要在交叉点下方的停电检修线路上安排压线滑车，并且选派富有工作经验的人员在交叉点附近进行监护。工作负责人与监护人的通信应保持畅通，以便在监护人发现工作异常时能够及时通知工作负责人停止作业。交叉点下方的停电检修线路紧线时，应该严格控制过牵引长度。

如果是停电检修线路在带电线路上方时，上方线路放松或架设导、地线以及更换绝缘子等工作时，可采取如下安全措施：

1)交叉跨越点带电线路的上方搭设满足要求的跨越架，保证交叉点停电检修线路上作业人员和下方带电线路的安全；

2)为避免导、地线出现脱落、滑跑等异常情况，应采用张力放线的形式更换或新架导、地线。牵引绳、导引绳应采用强度较高的绝缘绳；在开展导引绳、牵引绳展放工作时，严禁从带电线路的下方穿过；放、牵机具应做好接地、加固措施，并做好导线后备牵引绳增设等保护措施；在开展绝缘子更换工作时，采取的后备保护措施有装设长度适当的高强度绳套、钢丝绳套。

**四、课程总结**

本课程介绍邻近或交叉其他电力线路工作的注意事项，主要包括停电检修的线路如与另一回带电线路相交叉或接近的要求,接地措施,在交叉挡内松紧、降低或架设导、地线的工作要求,邻近带电的电力线路进行工作时,有可能接近带电导线至表4安全距离以内工作的注意事项。

## 案例4:误登平行带电线路触电

### 一、事故案例

2019年1月26日,××供电公司输电运检室运检一班、运检二班和带电班负责对110kV马牵Ⅰ线16－1号、16－2号、90号杆塔进行迁改工作,同时对马牵Ⅰ线1～118号杆及110kV马牵Ⅰ线衡北支线1～44号杆进行登检及瓷瓶清扫工作。

当日带电班的工作分成4个工作小组,其中工作负责人莫××和作业班成员王×一组负责马牵Ⅰ线衡北支线31～33号杆登塔检修及瓷瓶清扫工作。11:30左右,莫××和王×误走到与其平行带电的110kV三马线35号杆下(该杆原名称“马牵Ⅱ衡北支线32号”仍然存在),在未认真核对线路名称、杆号的情况下,王×误登该带电的线路杆塔进行工作时,触电起弧着火,安全带烧断从约23m高处坠落地面死亡。

### 二、案例分析

案例中,110kV马牵Ⅱ线衡北支线变更为110kV三马线,而事故杆塔三马线35号杆上原“马牵Ⅱ线衡北支线32号”杆号标识未清除,与“三马线35号”编号标识同时存在,影响杆号辨识,违反《国家电网公司电力安全工作规程　线路部分》中8.2.4a)的规定;作业人员登杆前未认真核对线路名称与杆号,误登带电杆塔,违反《国家电网公司电力安全工作规程　线路部分》中8.2.4c)的规定。

### 三、安规讲解

8.2.4　在变电站、发电厂出入口处或线路中间某一段有两条以上相互靠近的平行或交叉线路时,要求:

a)每基杆塔上都应有线路名称、杆号。

b)经核对停电检修线路的线路名称、杆号无误,验明线路确已停电并挂好地线后,工作负责人方可宣布开始工作。

c)在该段线路上工作,登杆塔时要核对停电检修线路的线路名称、杆号无误,并设专人监护,以防误登有电线路杆塔。

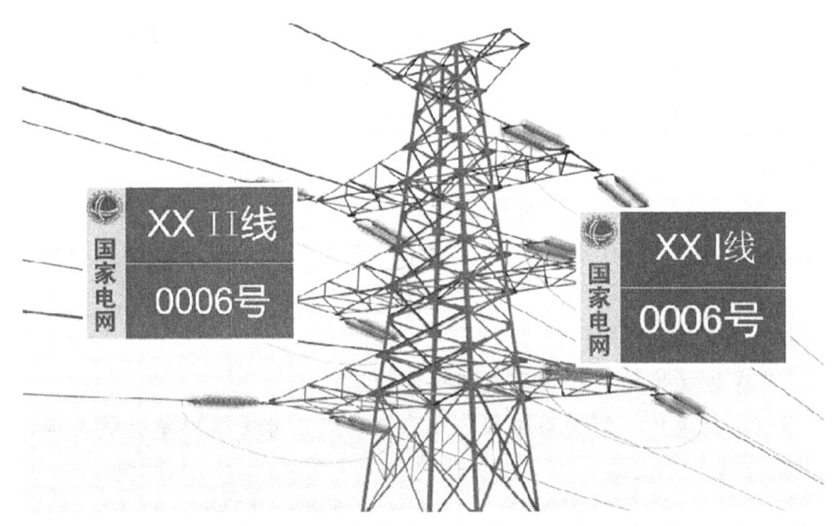


【解读】在变电站、发电厂出入口处或线路中间某一段有两条及以上相互靠近的平行或交叉的线路,可能存在杆塔类型相同或相似、通往杆塔的道路相互交替穿行、线路名称相近或相似等情况。因此,为避免作业人员在对其中一回进行停电检修时误登带电线路,应做好以下几个方面的措施:

(1)每基杆塔的线路应设置线路名称、杆号,便于作业人员正确辨认停电检修线路。

(2)停电检修工作时,为避免误登杆塔,工作负责人应核对工作许可人许可的命令、工作票及现场停电检修线路的线路名称、杆号一致无误,经验电挂好接地后,方可宣布开始工作。

(3)作业人员在登杆塔前,要认真核对停电检修线路的线路名称、杆号无误后,方可登杆塔,并设专人监护。为避免作业人员核对过程中发生疏忽或出错,监护人应与作业人员共同核对线路的线路名称、杆号,并确认无误后,方可允许作业人员登杆塔进行作业。

**四、课程总结**

本课程介绍在变电站、发电厂出入口处或线路中间某一段有两条以上相互靠近的平行或交叉线路时工作注意事项。

在变电站、发电厂出入口处或线路中间某一段有两条以上相互靠近的平行或交叉线路时,要求:①每基杆塔上都应有线路名称、杆号。②经核对停电检修线路的线路名称、杆号无误,验明线路确已停电并挂好地线后,工作负责人方可宣布开始工作。③在该段线路上工作,登杆塔时要核对停电检修线路的线路名称、杆号无误,并设专人监护,以防误登有电线路杆塔。

## 案例5:误入同塔带电侧线路触电

**一、事故案例**

2018年4月23日,××供电公司输电运检室110kV西红Ⅰ线(西红Ⅱ线带电)停电检修,本线路1至4号为南北走向,4至16号为东西走向。西红Ⅰ线与西红Ⅱ线共塔。9时23分,得到调度许可工作后,检修班班长郑××带领田××执行4号和5号塔上消缺任务,田

××塔上作业,郑××地面监护。完成4号塔任务后,10时左右,二人转移到5号塔。田××沿西红Ⅰ线侧的脚钉登塔,上到下横担处时,从横担处转移到另一侧带电的西红Ⅱ线,系好安全带后即用左脚钩导线时触电,经抢救无效死亡。

**二、案例分析**

案例中,杆上作业人员田××上到下横担处时,从横担处转移到另一侧带电的西红Ⅱ线,误入带电侧工作,触电身亡,违反《国家电网公司电力安全工作规程　线路部分》中8.3.5.5的规定。

**三、安规讲解**

8.3　同杆塔架设多回线路中部分线路停电的工作。

8.3.1　同杆塔架设的多回线路中部分线路停电或直流线路中单极线路停电检修,应在作业人员对带电导线最小距离不小于表3规定的安全距离时,才能进行。

禁止在有同杆架设的10(20)kV及以下线路带电情况下,进行另一回线路的停电施工作业。若在同杆架设的10(20)kV及以下线路带电情况下,当满足表4规定的安全距离且采取可靠防止人身安全措施的情况下,可以进行下层线路的登杆停电检修工作。

**【解读】**在同杆塔架设的多回线路中部分线路停电或直流线路中单极线路停电检修时,由于作业人员与带电导线的安全距离不易控制,易发生触电事故。因此,作业人员对带电导线最小距离应不小于《国家电网公司电力安全工作规程　线路部分》表3规定。

同杆架设的10(20)kV及以下线路,因相间及相对地的距离较小,在部分线路带电的情况下,工作人员攀登杆塔、使用工具操作时,可能由于动作幅度较大而碰触带电导线,发生触电伤害;在展放导、地线等施工时,由于张力不平衡,易引起导、地线和牵引绳的摆动幅度过大,造成接近或碰触带电导线而发生放电。因此,禁止在有同杆塔架设的10(20)kV及以下线路带电情况下,进行另一回线路的停电松线、放线、紧线、更换杆塔和横担等施工作业。即使全部都是绝缘导线,也同样禁止。

同杆架设的10(20)kV及以下线路,当满足《国家电网公司电力安全工作规程　线路部分》表4规定的安全距离,且对带电导线采取绝缘隔离等可靠安全措施的情况下,可以对最下层线路进行登杆停电检修工作。上述工作应设专人加强监护。

8.3.2　遇有5级以上的大风时,禁止在同杆塔多回线路中进行部分线路停电检修工作及直流单极线路停电检修工作。

**【解读】**当风力在5级及以上时,作业人员及工器具与带电导线间的安全距离不易保持。故禁止在同杆塔多回线路中进行部分线路停电检修工作及直流单极线路停电检修工作。如在工作中遇到5级以上的大风,作业人员应立即临时停止工作,并尽快下杆塔,作业中的工器具应收好,以免接近或碰触带电线路。

8.3.3　工作票签发人和工作负责人对停电检修线路的称号应特别注意正确填写和检查。多回线路中的每回线路(直流线路每极)都应填写双重称号。

**【解读】**为了便于工作负责人在接到许可命令及实施安全措施时,能正确无误地核对停电检修线路的双重称号,防止作业人员误登其他带电线路杆塔、进入同杆塔架设的带电线路,工作票中应填写停电检修线路双重称号,多回线路中的每回线路(直流线路每极)都应填

写双重称号。填写和签发时应仔细检查核对双重称号，确保其与现场实际相符。

8.3.4　工作负责人在接受许可开始工作的命令时，应与工作许可人核对停电线路双重称号无误。如不符或有任何疑问时，不准开始工作。

**【解读】**因存在工作票出错、线路名称中大部分相同或相似、工作负责人在接令时听错、许可人发令错误等原因，工作负责人在接受许可开始工作的命令时，应将许可的停电线路双重称号与工作票中的双重称号核对，并复诵无误。若工作负责人发现许可人许可的停电检修线路名称和位置称号与工作票填写存在不符或者有其他任何疑问时，在未查明原因并正确处理前，不准开始工作。

8.3.5　为了防止在同杆塔架设多回线路中误登有电线路及直流线路中误登有电极，还应采取以下措施：

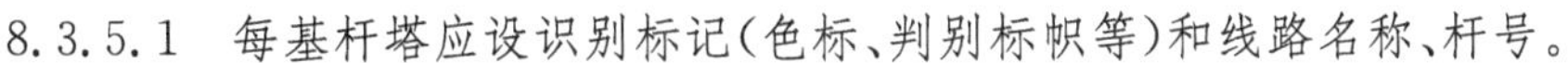

8.3.5.1　每基杆塔应设识别标记(色标、判别标帜等)和线路名称、杆号。

**【解读】**在每基杆塔底部对每回线路设置对应的识别标记(色标、判别标帜等)、名称和杆号。同样,在每回线路每相的对应横担处设置对应线路的识别标记。但每回线路之间识别标记的颜色不得相同或相似,以便作业人员能明显区分。

8.3.5.2　工作前应发给作业人员相对应线路的识别标记。

**【解读】**各运行或检修单位应根据杆塔上设置的识别标记(色标、判别标志等)和线路名称,制作对应各线路的识别标记(色标卡、袖章等)。工作前由工作负责人将对应停电检修线路的识别标记(色标卡、袖章等)发给作业人员。

8.3.5.3　经核对停电检修线路的识别标记和线路名称、杆号无误,验明线路确已停电并挂好接地线后,工作负责人方可发令开始工作。

**【解读】**工作负责人在得到工作许可人工作许可后,应核对工作许可人许可的命令、工作票及现场停电检修线路的线路名称、杆号一致,识别标记(色标卡、色标)与拟验电挂接地线杆塔上的识别标记(色标卡、色标)一致,验电挂接地线后,方可发令工作班成员开始工作。

8.3.5.4　登杆塔和在杆塔上工作时,每基杆塔都应设专人监护。

**【解读】**为防止作业人员误登杆塔、误入带电侧线路,工作负责人对工作的每基杆塔都应设专人监护。监护人未到现场或未经监护人许可,作业人员禁止擅自登杆塔开始作业。监护人应自始至终地监护作业人员的作业行为,作业人员不得在无监护下进行作业。

8.3.5.5　作业人员登杆塔前应核对停电检修线路的识别标记和线路名称、杆号无误后,方可攀登。登杆塔至横担处时,应再次核对停电线路的识别标记与双重称号,确实无误后方可进入停电线路侧横担。

**【解读】**作业人员在登杆塔前,应使用识别标记(色标卡、袖章等)与杆塔上色标、线路名称、杆号、位置称号进行核对,确认无误后,方可开始攀登杆塔。在登杆塔至横担处时,作业人员应再次核对停电线路的识别标记(色标)与双重称号,确认无误后,方可进入停电线路侧横担。

**四、课程总结**

本课程介绍同杆塔架设多回路中部分线路停电的工作,主要包括同杆塔架设的多回线路中部分线路停电或直流线路中单极线路停电检修的要求、遇有5级以上大风时的要求、停电检修线路的双重称号填写要求、核对停电线路双重称号无误的要求、防止在同杆塔架设多回线路中误登有电线路及直流线路中误登有电极应采取的措施等内容。

## 案例6:在同杆塔架设带电侧横担放置普通绳索,造成人员触电烧伤

**一、事故案例**

2017年5月3日,××供电公司输电运检室按工作计划对220kV贺宁Ⅰ线路开展停电更换合成绝缘子工作。220kV贺宁Ⅰ线路与贺宁Ⅱ线路同塔共架,贺宁Ⅱ线路带电运行。工作班成员李××在做好技术措施后登杆塔,在将普通传递绳带至贺宁Ⅰ线上横担侧进行悬挂过程中,由于登塔脚钉在贺宁Ⅱ线侧,为了行走方便,就将传递绳临时放置下横担靠近贺宁Ⅱ线侧,准备沿下横担进入贺宁Ⅰ线侧。传递绳突然散开滑落,垂落至带电贺宁Ⅱ线下

导线,造成放电起火,李××被电击烧伤。

**二、案例分析**

案例中,李××在同杆塔架设多回线路中停电线路一侧吊起或向下放落工具、材料时使用普通绳索,传递时突然散开滑落,造成放电起火,李××被电击烧伤,违反了《国家电网公司电力安全工作规程　线路部分》中 8.3.8 的规定;在准备登上杆塔横担时,为了行走方便,把传递绳临时放在靠近贺宁Ⅱ线带电侧横担,违反了《国家电网公司电力安全工作规程　线路部分》中 8.3.6 的规定。

**三、安规讲解**

8.3.6　在杆塔上进行工作时,不准进入带电侧的横担,或在该侧横担上放置任何物件。

**【解读】**为了防止作业人员及其携带的工具和材料接近或误碰带电线路,在杆塔上进行工作时,不准进入带电线路侧的横担或在该侧横担上放置任何物件。考虑多回路架设线路的特殊性,对于多回路水平排列线路,停电检修线路与带电线路同一横担并在外侧时,在确保作业人员及其携带的工器具、材料等与带电导线的安全距离不小于《国家电网公司电力安全工作规程　线路部分》表 3 规定的前提下,允许作业人员通过该侧横担,但不得在带电导线对应上方区域停留及放置任何物件,同时要加强监护,必要时应增设塔上监护人。

8.3.7　绑线要在下面绕成小盘再带上杆塔使用。禁止在杆塔上卷绕或放开绑线。

**【解读】**在杆塔上卷绕或放开绑线,若绑线过长,易发生意外而接近或碰触带电线路,危及作业人员人身安全和设备运行。所以,绑线应在地面绕成小盘后,再由作业人员放入工具袋内带至杆塔上使用。

8.3.8　在停电线路一侧吊起或向下放落工具、材料等物体时,应使用绝缘无极绳圈传递,物件与带电导线的安全距离应符合表 4 的规定。

**【解读】**在多回线路的部分线路停电检修工作时,传递工具、材料过程中,要控制好绝缘无极绳圈,确保工具、材料与带电导线的安全距离符合《国家电网公司电力安全工作规程　线路部分》表 4 的规定,以免物件与带电导线之间放电。绝缘无极绳圈挂点的位置应适当。

8.3.9　放线或撤线、紧线时,应采取措施防止导线或架空地线由于摆(跳)动或其他原因而与带电导线接近至危险距离以内。

在同杆塔架设的多回线路上,下层线路带电,上层线路停电作业时,不准进行放、撤导线和地线的工作。

**【解读】**放线或撤线、紧线时,由于杆塔高差、档距大小不同,风摆、施工机具及操作人员等因素,易引起导线或架空地线跳动、摆动及其他各种情况,造成与带电导线距离不足甚至碰触带电导线。故应采取压线滑车等措施防止导线或架空地线与带电导线接近至《国家电网公司电力安全工作规程　线路部分》表4规定距离以内,否则带电线路应配合停电。在同杆塔架设的多回线路上,下层线路带电、上层线路停电进行放线或撤线、紧线作业时,由于造成导线或架空地线跳动、摆动、跑线等因素较多,难以控制与下层带电线路的距离,危险性大,故不准进行放、撤导线和地线的工作。

8.3.10　绞车等牵引工具应接地,放落和架设过程中的导线亦应接地,以防止产生感应电。

**【解读】**在利用绞车等牵引工具进行放落和架设导线工作中,牵引绳、导线可能与带电导线交叉、平行距离较长,会在牵引绳及导线上产生一定的感应电压,故应对绞车等牵引工具、放落和架设过程中的导线进行接地。

**四、课程总结**

本课程介绍同杆塔架设多回线路中部分线路停电的工作注意事项,主要包括在杆塔上工作要求、绑线使用要求、停电侧传递工具材料要求、放线或撤线(紧线)采取的措施及绞车等牵引工具的使用要求等内容。

## 案例7:未穿屏蔽服攀登500kV带电铁塔坠落摔伤

**一、事故案例**

2019年8月29日,××供电公司对所辖500kV××线路带电登检。师傅赵××带领新入职员工高××负责登检083号塔。师傅赵××安排自己做监护,由高××登塔检查防鸟刺安装质量。到现场发现所带屏蔽服有点瘦,高××有点胖,穿上屏蔽服太紧。师傅赵××让高××穿普通工作服并穿导电鞋登塔,并嘱咐“今天天气晴朗,不穿屏蔽服只穿导电鞋保证没事。如果有麻电感就下来,换我上”。高××登塔到铁塔下曲臂处时突然感觉感应电针刺感,失手坠落地面,腿部骨折。

**二、案例分析**

案例中,高××攀登500kV线路带电杆塔,未穿戴500kV电压等级的全套屏蔽服,仅穿戴导电鞋,在登塔过程中,因感应电失手坠落地面,违反了《国家电网公司电力安全工作规程　线路部分》中8.4.1的规定。

**三、安规讲解**

8.4　邻近高压线路感应电压的防护。

8.4.1　在330kV及以上电压等级的带电线路杆塔上及变电站构架上作业,应采取防

静电感应措施，例如穿戴相应电压等级的全套屏蔽服（包括帽、上衣、裤子、手套、鞋等，下同）或静电感应防护服和导电鞋等（220kV 线路杆塔上作业时宜穿导电鞋）。在±400kV 及以上电压等级的直流线路单极停电侧进行工作时，应穿着全套屏蔽服。

**【解读】**作业人员在 330kV 及以上电压等级的带电线路杆塔上及变电站构架上时，人体即处在电场中。若人体对地绝缘（穿胶鞋等），则对带电体和接地体分别存在电容，由于静电感应引起人体带电，手触铁塔的瞬间会出现放电麻刺。电压越高，产生静电感应电压也越高。为确保作业人员的人身安全，应采取穿着全套屏蔽服或静电感应防护服和导电鞋等防感应电措施。导电鞋具有导电性能，可消除人体静电积聚，作业人员在 220kV 线路杆塔上作业时穿导电鞋，相当于人体与铁塔等电位，避免人体在接触铁塔时发生放电麻刺。作业人员在穿导电鞋时，不应同时穿绝缘的毛料厚袜及绝缘的鞋垫。

8.4.2 在±400kV 及以上电压等级的直流线路单极停电侧进行工作时，应穿着全套屏蔽服。

**【解读】**在±400kV 及以上电压等级的直流线路单极停电侧进行工作时，由于直流线路电场场强较大、极间距离较近、输电距离较长等因素，在直流线路单极停电侧会产生较大的感应电。为了保证作业人员的人身安全，将流过人体的电流限制在微安级水平，作业人员应穿全套屏蔽服，确保有效屏蔽高压电场和分流人体的电容电流。

8.4.3 带电更换架空地线或架设耦合地线时，应通过金属滑车可靠接地。

**【解读】**带电更换架空地线或架设耦合地线时，由于其与带电导线平行距离较长，会产生较高感应电压。若地线存在某一侧或某一段与地断开不接地，将会产生感应电压而危及作业人员安全。因此，为防止伤及作业人员，每基杆塔的放线滑车均应采用金属滑车且与杆塔连接可靠接地，杆塔的接地通道和接地电阻应良好。

8.4.4 绝缘架空地线应视为带电体。作业人员与绝缘架空地线之间的距离不应小于

0.4m(1000kV 为 0.6m)。如需在绝缘架空地线上作业，应用接地线或个人保安线将其可靠接地或采用等电位方式进行。

**【解读】**因绝缘架空地线与带电导线平行架设，且不通过每基杆塔直接接地，会在绝缘架空地线上产生静电和电磁感应电压，其大小与线路电压等级和线路的长度成正比。因此，绝缘架空地线应视为带电体，作业人员与绝缘架空地线之间的安全距离不应小于 0.4m (1000kV 为 0.6m)。若采用接地线或个人保安线方式将其可靠接地时，应使用绝缘棒装设接地线或个人保安线，绝缘棒的长度应满足人员操作时与绝缘地线安全距离的要求。

8.4.5　用绝缘绳索传递大件金属物品(包括工具、材料等)时，杆塔或地面上作业人员应将金属物品接地后再接触，以防电击。

**【解读】**在邻近带电线路使用绝缘绳索传递大件金属物品(包括工具、材料等)时，相关物品上会产生感应电压。为了避免地面或杆塔上作业人员接触时受感应电压电击，应将金属物品接地后再接触。

**四、课程总结**

本课程介绍邻近高压线路感应电压的防护，主要包括 330kV 及以上电压等级的带电线路杆塔上及变电站构架上作业防护、±400kV 及以上电压等级的直流线路单极停电侧工作防护、带电更换架空地线或架设耦合地线防护、绝缘架空地线上作业防护、用绝缘绳索传递大件金属物品防护等内容。

# 9　线路施工

## 案例1：杆塔基础施工损坏电缆，司机烧伤

**一、事故案例**

2016年8月19日，××电力建设公司施工队进行220kV××线路迁改工作，工作负责人对现场进行勘察后决定使用挖掘机进行基础开挖，现场负责人张××带领作业人员冯××、邓××到达现场后开始作业。张××在没有探明地下管线的情况下下令开工，让邓××进行基础开挖工作，冯××提醒，是否需要首先核对地下管线铺设情况，张××表示已口头询问过附近居民，让司机立即开工，邓××在使用挖掘机对新建的杆塔基础开挖时，未探明地下10kV电缆位置，造成电缆绝缘层损坏通过挖掘机对地放电，司机被电弧灼伤，挖掘机严重损毁。

**二、案例分析**

案例中，作业人员开挖前没有探明地下管线的位置，违反了《国家电网公司电力安全工作规程　线路部分》中9.1.1的规定。

**三、安规讲解**

9.1　坑洞开挖与爆破。

9.1.1　挖坑前，应与有关地下管道、电缆等地下设施的主管单位取得联系，明确地下设施的确切位置，做好防护措施。组织外来人员施工时，应将安全注意事项交代清楚，并加强监护。

**【解读】**地下管线铺设情况由于无法在地面上直接观察到，因此，施工单位应提前与地下管线主管单位联系，了解地下管线确切位置和分布情况，根据勘探结果制定相应的施工方案和作业人员防护措施，防止地下设施受损和人身伤害。

**四、课程总结**

本课程主要介绍了坑洞开挖工作前期安全措施的基本要求，重点是与有关地下管道、电缆等地下设施的主管单位取得联系，明确地下设施的确切位置，做好防护措施并与施工队伍交代清楚。

## 案例 2:基坑开挖作业时,砸伤作业人员

### 一、事故案例

2014 年 6 月 15 日,××电力建设公司施工队在 220kV××线路迁改工作,现场负责人王××带领工作班成员杨××、张××、孙××进行现场操作。在对新建的 003 号杆塔基础开挖时,按照施工方案,先使用挖掘机开挖,再由人工进行,挖坑作业人员杨××在工作了一段时间后感觉身体疲惫,在已挖至 1.8m 的坑内休息,作业人员张××在杆塔基础开挖,作业过程中,张××由底部掏挖,在上方工作人员孙××向坑内传递工具时,造成了上方土石坍塌,张××被土石砸至重伤,杨××轻伤。

### 二、案例分析

案例中,作业人员杨××在深度超过了 1.5m 的坑内休息,土石未采取防回落措施,并且在土质松软地区掏挖,违反《国家电网公司电力安全工作规程　线路部分》中 9.1.2 的规定;在土质松软地区未做好防塌方措施,违反了《国家电网公司电力安全工作规程　线路部分》中 9.1.3 的规定。

### 三、安规讲解

9.1.2　挖坑时,应及时清除坑口附近浮土、石块,坑边禁止外人逗留。在超过 1.5m 深的基坑内作业时,向坑外抛掷土石应防止土石回落坑内,并做好防止土层塌方的临边防护措施。作业人员不准在坑内休息。

**【解读】**开挖作业中,坑口没有遮盖物,附近的浮土、石块容易掉落坑内,坑内空间狭小,作业人员不易躲避;尤其是坑深超过 1.5m 时,塌方和石块回落均易造成人员伤害。因此在超过 1.5m 深的基坑内作业时,向坑外抛掷土石应防止土石回落坑内,并做好临边防护措施。作业人员不准在坑内休息。

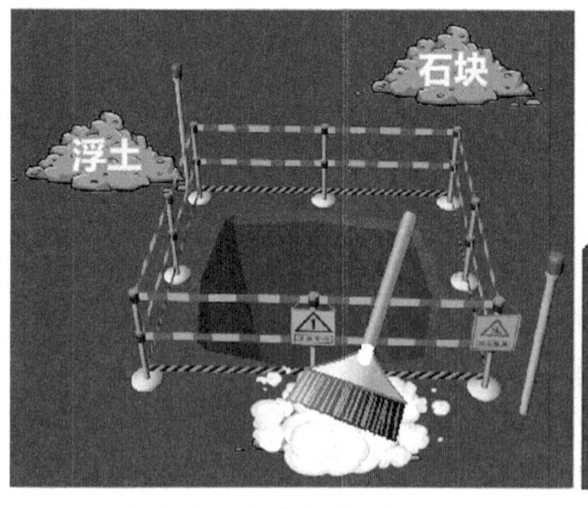

9.1.3　在土质松软处挖坑,应有防止塌方措施,如加挡板、撑木等。不准站在挡板、撑木上传递土石或放置传土工具。禁止由下部掏挖土层。

**【解读】**在土质松软处挖掘周围松软的土壤容易造成塌方。挖坑人员应根据土质制定加固措施、确定边坡坡度值。条件不允许时应采取加挡板、撑木等措施,加挡板应注意坡度、梯

级，并考虑撑木强度和密度，不准站在挡板、撑木上传递土石或放置传土工具。禁止由下部掏挖土层。

**四、课程总结**

本课程主要介绍坑洞开挖工作的基本安全要求，包括挖坑时人员的位置以及开挖土石方的防护以及土质松软处挖坑时需要特别注意的事项。

## 案例 3：坑洞夜间未挂警示灯，人员受伤

**一、事故案例**

2018 年 9 月 15 日，××电力建设公司施工队对 110kV 线路××线 008 号～012 号区段进行迁改工作。010 号塔位于居民区附近，根据施工方案对新建的 010 号杆塔基础采取人工开挖，18 时 30 分基坑挖好，这时下起了雨，作业终止，现场负责人刘××在没有采取任何措施的情况下组织人员撤离，夜间有行人通过未能注意到此处有坑，掉入坑内造成多处骨折。第二天作业人员李××进入坑内检查时未检测有毒气体，由于基坑内腐殖质较多，产生沼气，造成未采取任何防护措施的作业人员李××中毒。

**二、案例分析**

案例中，开挖的基坑夜间未挂警示灯，导致行人掉入坑内造成多处骨折，违反了《国家电网公司电力安全工作规程　线路部分》中 9.1.5 的规定；未检测气体就进入到深度超过 2m 的坑内作业，造成未采取任何防护措施的作业人员李××中毒，违反了《国家电网公司电力安全工作规程　线路部分》中 9.1.4 的规定。

**三、安规讲解**

9.1.4　在下水道、煤气管线、潮湿地、垃圾堆或有腐质物等附近挖坑时，应设监护人。在挖深超过 2m 的坑内工作时，应采取安全措施，如戴防毒面具、向坑中送风和持续检测等。监护人应密切注意挖坑人员，防止煤气、沼气等有毒气体中毒。

**【解读】**在下水道、煤气管线、潮湿地、垃圾堆或腐质物等场所，容易产生有毒有害易燃易爆气体，如不加注意，容易造成人员中毒甚至引发火灾。在这些场所挖坑，坑深超过 2m 时应采取安全措施，短时间施工可戴防毒面具，长时间施工应向坑内送风，提高基坑中氧气含

量,同时应使用仪器定期检测,确认工作环境符合作业条件,有毒有害气体含量控制在标准范围内。

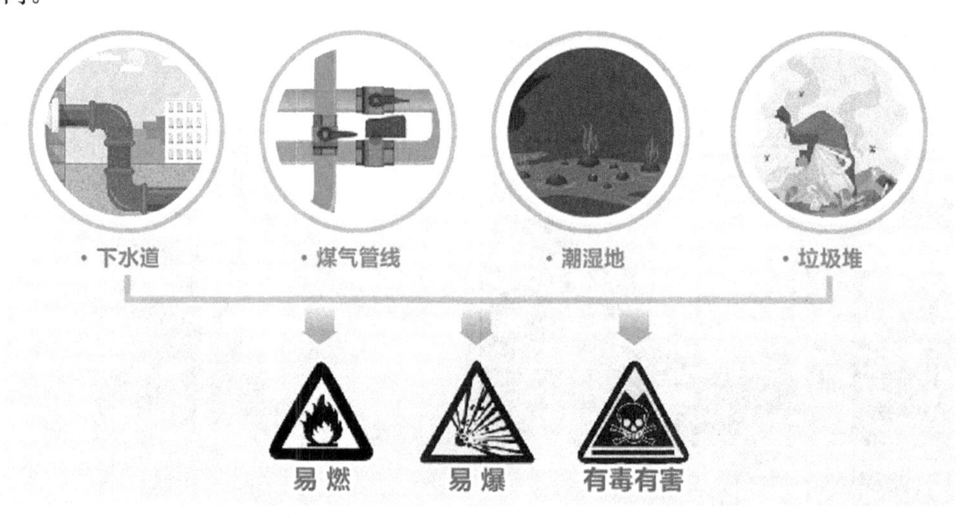


9.1.5 在居民区及交通道路附近开挖的基坑,应设坑盖或可靠遮栏,加挂警告标示牌,夜间挂红灯。

**【解读】**在居民区及交通道路附近开挖的基坑,由于附近经常有行人和车辆通过,有可能引发行人跌落和车辆坠落等危险。因此,应采取相应的措施,如设坑盖或可靠遮栏,加挂警告标示牌,夜间挂红灯。

9.1.6 塔脚检查,在不影响铁塔稳定的情况下,可以在对角线的两个塔脚同时挖坑。

**【解读】**同一侧开挖容易造成杆塔倾倒,经过受力计算,可以在不影响铁塔稳定的情况下同时挖坑对角线的两个塔脚。

9.1.7 进行石坑、冻土坑打眼或打桩时,应检查锤把、锤头及钢钎。扶钎人应站在打锤人侧面。打锤人不准戴手套。钎头有开花现象时,应及时修理或更换。

**【解读】**进行石坑、冻土坑打眼或打桩时,如锤把不牢固,锤头有歪斜、缺口、裂纹或钎头开花等问题,都容易对作业人员造成危害,站在侧面,双手伸直可尽量增加人员与锤头的距离,戴手套会减少手与锤的摩擦力,增加脱手的风险。

9.1.8 变压器台架的木杆打帮桩时,相邻两杆不得同时挖坑。承力杆打帮桩挖坑时,应采取防止倒杆的措施。使用铁钎时，应注意上方导线。

**【解读】**变压器台架木杆由于埋设在地下，时间长了容易被腐蚀，为了防止两根电杆根部土壤同时被挖出后由于受力平衡破坏而折断，故禁止相邻两杆同时挖坑。承力杆打帮桩挖坑时，应采取有效措施防止破坏电杆的受力稳定性，如加装拉线。打帮桩中如使用铁钎，为了防止触电，应注意铁钎与导线距离。

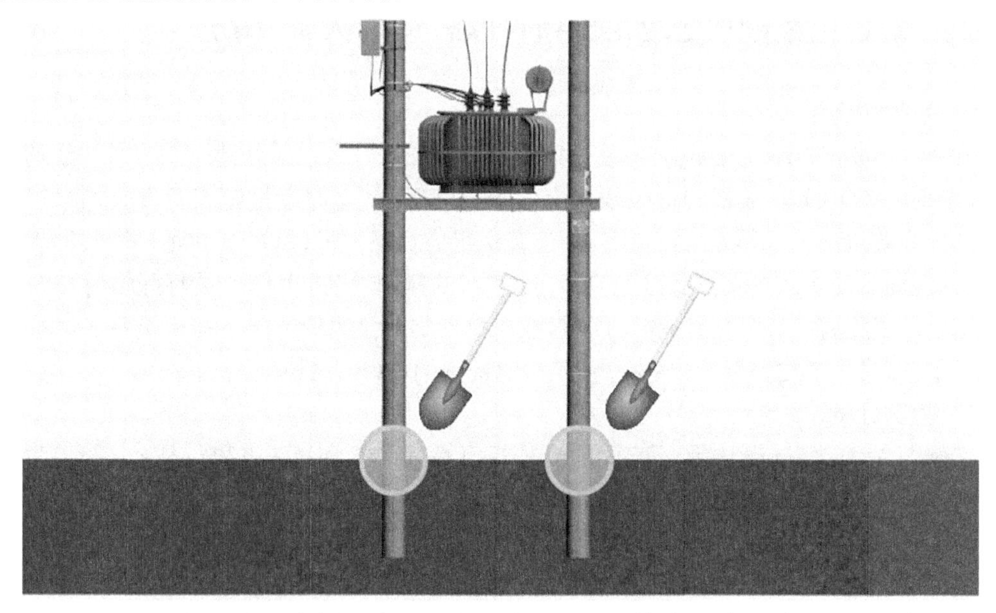

9.1.9 线路施工需要进行爆破作业应遵守《民用爆炸物品安全管理条例》等国家有关规定。

**【解读】**在线路施工作业中，应遵循国家相关法律法规。进行爆破作业时应遵守《民用爆炸物品安全管理条例》等国家有关规定。

**四、课程总结**

本课程介绍坑洞开挖的安全措施,主要包括下水道、煤气管线、潮湿地、垃圾堆或有腐质物等附近挖坑时的要求,居民区及交通道路附近开挖基坑时的要求,塔脚检查开挖时的要求,石坑、冻土坑打眼或打桩时的要求以及变压器台架的木杆打帮桩时的要求等。

## 案例4:攀登拉线缺失已经倾斜的杆塔,造成人员摔伤

**一、事故案例**

2016年4月27日,××电力安装公司线路班班长张××在对新建110kV××线巡视过程中,发现已完工的07号杆四根拉线中有两根拉线丢失,立即上报施工负责人刘××。刘××安排线路班孙××作为工作负责人,带领班组成员王××、吕××和张××共同现场处理,到达现场后孙××发现杆塔已经有20度左右的倾斜,安排工作人员打好临时拉线后进行登塔处理工作,孙××目测倾斜不严重,在未打好临时拉线的情况下派班员吕××登塔安装拉线上把,吕××在登至8m左右高度时,电杆倾倒,吕××摔落重伤。

**二、案例分析**

案例中,在杆塔基础和拉线不牢固的情况下,工作负责人孙××派班员吕××冒险攀登杆塔作业,造成一人重伤事故,违反了《国家电网公司电力安全工作规程　线路部分》中9.2.1的规定。

**三、安规讲解**

9.2　杆塔上作业。

9.2.1　攀登杆塔作业前,应先检查根部、基础和拉线是否牢固。新立杆塔在杆基未完全牢固或做好临时拉线前,禁止攀登。遇有冲刷、起土、上拔或导地线、拉线松动的杆塔,应先培土加固,打好临时拉线或支好架杆后,再行登杆。

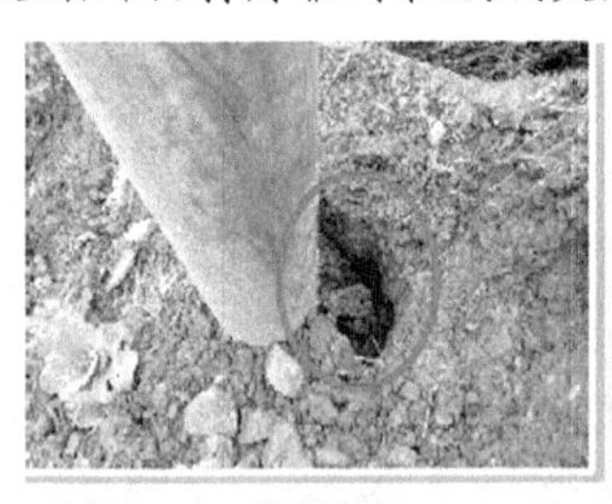

• 杆根不稳

• 基础保护帽破损

• 拉线松弛

**【解读】**为了防止作业人员登杆过程中因杆塔基础不牢而出现倾倒情况,登杆前需检查根部、基础和拉线是否牢固。不牢固的禁止攀登,对于新立杆塔,在杆基未完全牢固或做好临时拉线前,禁止攀登。遇有冲刷、起土、上拔或导地线、拉线松动的杆塔,应先培土加固,打好临时拉线或支好架杆后,再行登杆。

**四、课程总结**

本课程介绍了攀登杆塔作业前应检查的杆塔内容,防止攀登或作业过程中由于杆塔的不稳定甚至倾倒而造成作业人员的伤害。

## 案例5：攀登前未检查脚扣，导致坠落受伤

**一、事故案例**

2016年3月27日，××输电工程公司承揽某供电公司线路大修工程，线路二班负责110kV东大线1～50号杆塔绝缘子大修工作，需对该区段全部合成绝缘子进行更换。李××作为总负责人，分为三个小组进行，作业人员周××、齐××、陆××为第一小组，负责1～18号（该区段为水泥杆）的更换工作。陆××为塔上电工，在完成了8号杆塔合成绝缘子更换工作下杆时，脚扣带脱落，陆××失去平衡，直接从11m高处滑落地面，造成全身多处擦伤，左腿和左臂骨折。

**二、案例分析**

案例中，陆××登杆前未检查脚扣情况，导致脚扣带脱落摔伤，违反了《国家电网公司电力安全工作规程　线路部分》中9.2.2的规定。

**三、安规讲解**

9.2.2　登杆塔前，应先检查登高工具、设施，如脚扣、升降板、安全带、梯子和脚钉、爬梯、防坠装置等是否完整牢靠。禁止携带器材登杆或在杆塔上移位。禁止利用绳索、拉线上下杆塔或顺杆下滑。攀登有覆冰、积雪的杆塔时，应采取防滑措施。

上横担进行工作前，应检查横担连接是否牢固和腐蚀情况，检查时安全带（绳）应系在主杆或牢固的构件上。

**【解读】**为了防止作业人员登杆过程中因工具缺陷而发生危险，登杆前应检查登杆工具的试验合格证、工器具受力部位以及易磨损的部位磨损情况等，如脚扣的绳套和橡胶、升降板的绳和钩的磨损情况，金属组件是否存在裂纹和损伤；安全带缝制线、铆钉、金属钩和各部分带体的磨损情况等。在攀登之前、攀登过程中均应检查杆塔上安装的脚钉、爬梯等登高装置和固定防坠装置是否完好齐全。

如携带作业工器具和材料攀登杆塔，由于人体的重心、作业人员与杆塔之间距离的改变，作业人员移位过程中容易失去平衡或与杆塔部件挂碰导致高空坠落。

登横担前应检查螺栓、抱箍等连接装置是否完好，防止长期运行中螺栓锈蚀和松动而导致意外，锈蚀严重的金属横担承载力无法确定，因此不能攀登。横担的稳固性受固定横担的抱箍、螺栓的影响，对于连接构件运行时间较长后可靠性不能保证，因此安全带应系挂在主杆或牢固的构件上。

9.2.3　作业人员攀登杆塔、杆塔上移位及杆塔上作业时，手扶的构件应牢固，不得失去安全保护，并防止安全带从杆顶脱出或被锋利物损坏。

**【解读】**手扶的构件应能够承担作业人员及所携带的工具材料的全部重量,因此必须足够牢固才能保障作业安全。杆塔上作业和转位时为了防止失去安全保护,应全过程使用安全带或后备保护绳。在杆塔上使用安全带时,由于某些金具或塔材可能存在锋利的金属切面,所以应采取可靠措施防止安全带在作业过程中被锋利物体刺割损坏导致断裂,并有防止安全带从杆顶脱出或被锋利物损坏的措施。

9.2.4 在杆塔上作业时,应使用有后备保护绳或速差自锁器的双控背带式安全带,当后备保护绳超过3m时,应使用缓冲器。安全带和后备保护绳应分别挂在杆塔不同部位的牢固构件上。后备保护绳不准对接使用。

**【解读】**在绝缘子和导线上使用安全带,可能因绝缘子串断裂造成作业人员脱出安全带而坠落,因此应使用带后备保护绳或带速差自锁器的双控背带式安全带[《安全带》(GB6095—2009)中称为"坠落悬挂安全带和围杆带组合"]。根据新的安全带标准,在高处作业中使用的安全带应为坠落悬挂安全带,使用后备保护绳时其悬挂点应在后背、后腰或胸前。

杆塔上移位或上下绝缘子串工作时,应同时使用围杆带和后备保护绳等方式,防止失去安全带保护而高处坠落。后备保护绳长度超过3m时选用带有缓冲器的坠落悬挂安全带,以防止作业人员意外坠落时,自身的冲击力对人体造成的伤害。无缓冲器时,对接使用后备保护绳,当坠落高差超过3m时造成作业人员因受较大的冲击力而受伤害。有缓冲器时,对接使用后备保护绳,发生坠落时,两个及以上的缓冲器同时释放,增加了坠落距离同样造成人身伤害。后备保护绳与安全带分别挂在杆塔不同部位的牢固构件上的目的,是防止作业过程中固定安全带的悬挂构件出现异常,安全带和保护绳同时失去保护作用。

**四、课程总结**

本课程主要介绍了杆塔上作业的相关要求,包括登杆前检查登杆工具的内容,上下杆塔、移位的禁止事项及安全措施,后备保护绳或速差自锁器的使用要求等。

# 案例6:杆塔上工具袋掉落,砸伤行人

**一、事故案例**

2018年4月25日,××供电公司输电工程公司承担××供电公司110kV东日线线路大修工程,该公司线路三班承担110kV东日线绝缘子大修工作中,按照工作计划停电对合成绝缘子进行全线更换。张××作为第三工作小组负责人,带领组员李××、刘××,3人负责15～30号区段工作,塔上电工刘××在完成了19号杆塔绝缘子更换工作准备整理工具下塔时,传递绳索碰翻了放在横担上的工具袋,工具袋中的工具材料散落,坠落地面,其中扳手掉落造成了正在下方收拾工具的李××擦伤。

**二、案例分析**

案例中,刘××塔上作业时,工具袋没有固定在牢固的位置,而是随意放在塔材上,造成了落物伤人,违反了《国家电网公司电力安全工作规程　线路部分》中9.2.5的规定。

**三、安规讲解**

9.2.5　杆塔上作业应使用工具袋,较大的工具应固定在牢固的构件上,不准随便乱放。上下传递物件应用绳索拴牢传递,禁止上下抛掷。

在杆塔上作业,工作点下方应按坠落半径设围栏或其他保护措施。

杆塔上下无法避免垂直交叉作业时,应做好防落物伤人的措施,作业时要相互照应,密切配合。

**【解读】**高空落物将对地面工作人员造成严重威胁,为防止作业过程中携带的工具坠落伤害地面人员,杆塔上作业应使用工具袋;如工具较大无法放入工具袋中,防止作业过程中意外坠落伤人,应固定在牢固的构件上;上下抛掷物件时,塔上作业人员容易失去平衡,发生高处坠落或未接住的物件坠落伤人,因此杆塔上传递物品严禁抛掷,应使用绳索。

在杆塔上作业,为了防止人员误入落物区而被伤害,工作点下方按坠落半径设围栏或采取其他保护措施,如垂直交叉作业无法避免时,上方作业人员应采取有效措施,防止工具材料坠落。

9.2.6　在杆塔上水平使用梯子时,应使用特制的专用梯子。工作前应将梯子两端与固定物可靠连接,一般应由一人在梯子上工作。

【解读】在杆塔上水平使用的梯子与正常垂直使用的梯子的支柱受力不同，因此要使用专用梯子。水平使用的梯子无法靠作业人员扶持，为防止在使用中梯子滑落，所以要将两端可靠固定。

9.2.7　在相分裂导线上工作时，安全带(绳)应挂在同一根子导线上，后备保护绳应挂在整组相导线上。

【解读】为了便于作业人员在分裂导线上工作和行走，安全带(绳)应挂在同一根子导线上。为了保证过相分裂导线间隔棒时不失去保护，后备保护绳应挂在整组相导线上。

9.2.8　雷电时，禁止线路杆塔上作业。

【解读】杆塔和导地线都是良导体，且一般都较高，在雷雨时比较容易遭受雷击，为了避免杆塔上作业人员遭受雷击，因此，雷电时，禁止线路杆塔上作业。

**四、课程总结**

本课程主要介绍了杆塔上作业时工具的传递和放置中应注意的问题，杆塔上作业时为了防止落物伤人而采取的安全措施，多人垂直交叉作业时要格外注意杆塔上水平使用梯子的要求，在相分裂导线上工作时，安全带、后备保护绳的挂设要求等。

## 案例7:立杆过程中电杆倾倒，砸伤作业人员

**一、事故案例**

2016年6月26日，由于水泥杆酥裂严重需要更换，××电力建设公司承接××供电公司35kV大田至大龙潭线路改造工程，线路二班班长王××带领工作班成员李××、邓××负责01～12号区段工作，新建01号杆在使用吊车立杆过程中，由于钢丝绳绑扎位置不合理，造成了起吊过程中水泥杆翻转，监护人员王××发现后立即提醒站在基坑附近的其余两人，大喊“快闪开”，站在基坑边清理浮土的李××、邓××闻言迅速向外跑，李××躲闪不及，奔跑中被倒落的水泥杆砸中腿部，造成小腿骨折。

**二、案例分析**

案例中，立杆时基坑附近有人工作，违反了《国家电网公司电力安全工作规程　线路部分》中 9.3.3 的规定；起吊时钢丝绳位置选择不合适造成了吊物脱落，违反了《国家电网公司电力安全工作规程　线路部分》中 9.3.7 的规定。

**三、安规讲解**

9.3　杆塔施工。

9.3.1　立、撤杆应设专人统一指挥。开工前，应交代施工方法、指挥信号和安全组织、技术措施，作业人员应明确分工、密切配合、服从指挥。在居民区和交通道路附近立、撤杆时，应具备相应的交通组织方案，并设警戒范围或警告标志，必要时派专人看守。

**【解读】**立、撤杆是需要多人配合的工作，所以应设专人统一指挥。指挥人员应提前交代施工方法、指挥信号和安全、组织、技术措施，作业人员应明确分工、密切配合、服从指挥。在居民区和交通道路附近会有行人、车辆通过，在附近立、撤杆时，为了防止行人车辆影响作业以及施工过程中工器具伤害行人，应制定相应的交通组织方案，并设警戒范围或警告标志，必要时派专人看守。

9.3.2　立、撤杆应使用合格的起重设备，禁止过载使用。

**【解读】**起重设备必须构件齐全，电气与控制系统可靠，安全保护和防护装置(如制动和逆止装置)完好才能正常工作，否则容易发生危险。起重设备过载使用可能会造成人身、设备事故，所以禁止过载使用。

9.3.3　立、撤杆塔过程中基坑内禁止有人工作。除指挥人及指定人员外，其他人员应在处于杆塔高度的 1.2 倍距离以外。

**【解读】**立、撤杆过程中电杆根部在基础中的位置不易固定，容易对基坑内工作人员造成伤害。为防止倒杆后杆塔上的绳索飞出或杆塔与地面撞击移动对附近的作业人员造成伤害，除指挥人及指定人员外，其他人员应在处于杆塔高度的 1.2 倍距离以外。

9.3.4　立杆及修整杆坑时，应有防止杆身倾斜、滚动的措施，如采用拉绳和叉杆控制等。

**【解读】**采用拉绳和叉杆控制可以有效防止立杆及修整杆坑时杆身倾斜、滚动。

9.3.5　顶杆及叉杆只能用于竖立 8m 以下的拔梢杆，不准用铁锹、桩柱等代用。立杆前，应开好“马道”。作业人员要均匀地分配在电杆的两侧。

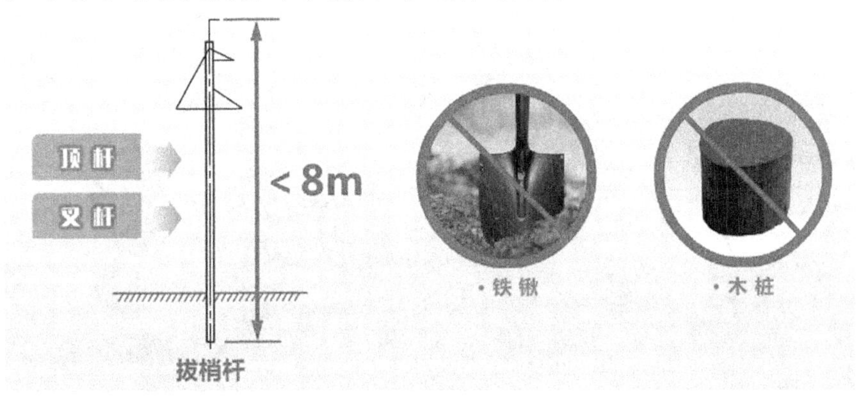

**【解读】**由于顶杆和叉杆的长度和承重能力都有一定限制,因此规定只能立 8m 以下较轻的拔梢杆,才能保证作业过程中的安全。铁锹、桩柱由于强度不足故不能替代顶杆和叉杆。

为了在立杆时能够保证杆根顺利入坑,应在坑口开好“马道”。为防止由于受力不均而导致电杆重量偏向一侧发生人员伤害事故,立杆时作业人员应均匀地分配在电杆两侧。

9.3.6 利用已有杆塔立、撤杆,应先检查杆塔根部及拉线和杆塔的强度,必要时增设临时拉线或其他补强措施。

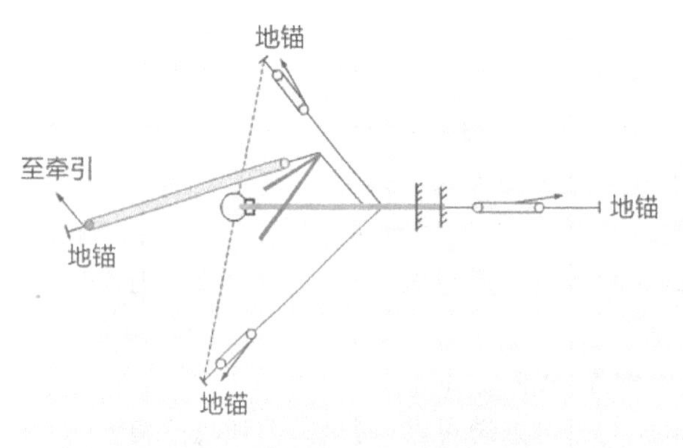

倒落式人字抱杆单点起吊现场布置

**【解读】**如利用已有的杆塔立、撤杆,应先检查杆塔根部及拉线和杆塔的强度,防止旧杆塔由于受力状况改变而发生倾倒,因此,杆塔受力前应检查杆塔根部、拉线和杆塔强度,保证强度满足要求,必要时增设临时拉线或其他补强措施。

9.3.7 使用吊车立、撤杆时,钢丝绳套应挂在电杆的适当位置以防止电杆突然倾倒。吊重和吊车位置应选择适当,吊钩口应封好,并应有防止吊车下沉、倾斜的措施。起、落时应注意周围环境。

撤杆时,应先检查有无卡盘或障碍物并试拔。

**【解读】**为防止电杆吊起后电杆突然倾倒，使用吊车立杆时，吊点应放在电杆的重心以上适当高度。吊车位置应选择适当，保证其安放后平稳。为防止钢丝绳滑出而造成被吊物脱钩，应封好钩口，并注意防止吊臂碰触周围的建筑物、电力线等设施，造成伤害。

撤杆时，为了防止由于卡盘或障碍物造成起重机异常受力而损害甚至倾覆，应先检查有无卡盘或障碍物并试拔。

**四、课程总结**

本课程主要介绍了杆塔施工的相关要求，包括立撤杆组织指挥要求，交通组织实施，起重设备使用，作业人员管控，杆身防倾斜、滚动措施，顶杆及叉杆选用要求，利用已有杆塔立、撤杆的作业要求，使用吊车立、撤杆的作业要求。

## 案例8：抱杆使用不当，导致人员死亡

**一、事故案例**

2006年4月11日上午11时30分左右，××供电公司××客户服务中心所辖××供电营业所所长朱××安排员工吴××、宗××到10kV＃144温河线和10kV＃243河农线环网处组立10m高水泥电杆，吴××为现场工作负责人，没有采用抱杆立杆，组织人员采用两架木梯支撑杆梢，人工立电杆。在立杆过程中，由于用力不均，电杆向左偏移并倒下，吴××躲闪不及，电杆击中其头部，摔倒在电杆下侧石壁上，头部多处出血，经现场抢救无效死亡。

**二、案例分析**

案例中，立杆过程中，抱杆倾斜，吊件下方站人，造成吴××被电杆击中头部死亡，违反了《国家电网公司电力安全工作规程　线路部分》中9.3.8与9.3.9的规定。

**三、安规讲解**

9.3.8　使用倒落式抱杆立、撤杆时，主牵引绳、尾绳、杆塔中心及抱杆顶应在一条直线上。抱杆下部应固定牢固，抱杆顶部应设临时拉线控制，临时拉线应均匀调节并由有经验的人员控制。抱杆应受力均匀，两侧拉绳应拉好，不准左右倾斜。固定临时拉线时，不准固定在有可能移动的物体上，或其他不牢固的物体上。

使用固定式抱杆立、撤杆，抱杆基础应平整坚实，缆风绳应分布合理、受力均匀。

**【解读】**为了防止立、撤杆过程中杆塔受力不平衡而发生侧向受力倒杆，主牵引绳、尾绳、杆塔中心及抱杆顶应在一条直线上。临时拉线如固定在不牢固的物体上，固定物可能在受力后移动或损坏，导致临时拉线失去固定作用。抱杆在立杆过程中承受杆塔的重量及牵引钢丝绳的拉力，抱杆基础应平整坚实，和缆风绳合理分布，均匀受力，以防止起吊过程抱杆不均匀沉降、倾斜、折弯或折断。

9.3.9　整体立、撤杆塔前应进行全面检查，各受力、连接部位全部合格方可起吊。立、撤杆塔过程中，吊件垂直下方、受力钢丝绳的内角侧禁止有人。杆顶起立离地约0.8m时，应对杆塔进行一次冲击试验，对各受力点处做一次全面检查，确无问题，再继续起立；杆塔起立70°后，应减缓速度，注意各侧拉线；起立至80°时，停止牵引，用临时拉线调整杆塔。

**【解读】**整体立、撤杆塔时，各受力、连接部位承载杆塔重量，不合格可能造成杆塔变形损

坏,起吊前应全面检查,合格后方可起吊。吊件垂直下方禁止有人,以防吊件发生意外坠落砸伤作业人员,受力钢丝绳内角侧禁止有人,以防一旦钢丝绳滑脱,会对内侧人员造成伤害。杆顶起立离地约0.8m时,通过冲击试验,检查各起吊受力点和杆塔连接部位是否变形,钢丝绳是否有损伤,防止杆塔起立过程损坏或出现事故;杆塔起立至70°后,为防止过牵引导致杆塔倾倒,应减缓速度,注意各侧拉线;起立至80°时,为防止过牵引应停止牵引,用临时拉线调整杆塔。

9.3.10 立、撤杆作业现场,不准利用树木或外露岩石作受力桩。一个锚桩上的临时拉线不准超过两根,临时拉线不准固定在有可能移动或其他不可靠的物体上。临时拉线绑扎工作应由有经验的人员担任。临时拉线应在永久拉线全部安装完毕承力后方可拆除。

**【解读】**树木、岩石的承载能力不容易判断,可能存在不足的情况,因此禁止用作受力桩,以防脱出使临时拉线失去作用。同一个锚桩上固定两根以上的缆风绳可能会由于受力不平衡而影响杆塔的稳定性。临时拉线绑扎由有经验的人员担任,固定牢固,防止经验不足人员固定不牢固,导致受力后滑跑。永久拉线安装前,杆塔依靠临时拉线保证稳定,在永久拉线全部安装完毕前,不能拆除临时拉线。

9.3.11 杆塔分段吊装时,上下段连接牢固后,方可继续进行吊装工作。分段分片吊装时,应将各主要受力材连接牢固后,方可继续施工。

**【解读】**杆塔分段吊装时,若上下段没有连接牢固或各主要受力材未连接牢固,继续吊装会使受力后的两段或受力材无法继续紧固,可能造成受力不均而倒塔断线。

9.3.12 杆塔分解组立时,塔片就位时应先低侧、后高侧。主材和侧面大斜材未全部连接牢固前,不准在吊件上作业。提升抱杆时应逐节提升,禁止提升过高。单面吊装时,抱杆倾斜不宜超过15°;双面吊装时,抱杆两侧的荷重、提升速度及摇臂的变幅角度应基本一致。

**【解读】**杆塔一般从下往上逐片分解组立安装,以便作业人员逐段向上攀登作业,故应先低侧、后高侧。主要受力的主材和大斜材连接牢固后,作业人员才能在吊件上继续作业。为了防止抱杆倾斜角度过大造成其承重力降低和双面吊装过程中缆风绳受力不均匀，单面吊装时抱杆倾斜不宜超过 15°，抱杆两侧的荷重、提升速度及摇臂的变幅角度应基本一致。

9.3.13 在带电设备附近进行立、撤杆工作，杆塔、拉线与临时拉线应与带电设备保持表 19 所列安全距离，且有防止立、撤杆过程中拉线跳动和杆塔倾斜接近带电导线的措施。

**【解读】**为防止在带电设备附近作业临时拉线控制不稳或张力突然释放而跳动对带电体距离不足，在带电设备附近进行立、撤杆，杆塔、拉线与临时拉线应与带电设备保持表 19 所列安全距离，在带电导线附近使用临时拉线时应采取加装限位装置等措施，防止拉线跳动和杆塔倾斜接近带电导线。

9.3.14 已经立起的杆塔，回填夯实后方可撤去拉绳及叉杆。回填土块直径应不大于 30mm，回填应按规定分层夯实。基础未完全夯实牢固和拉线杆塔在拉线未制作完成前，禁止攀登。

杆塔施工中不宜用临时拉线过夜；需要过夜时，应对临时拉线采取加固措施。

**【解读】**基础未回填夯实的杆塔由于基础不稳定，撤去拉绳和叉杆容易造成杆塔倾斜甚至倒塌。回填土如一次填得过厚或土块直径超过 30mm 将不易夯实。拉线杆塔在拉线未制作完成前或基础未完全夯实牢固前，杆塔不够稳定，此时禁止攀登。杆塔施工中的临时拉线一般采取绳扣固定，长时间容易松开。因此，过夜时应采取加装绳卡等加固措施。

9.3.15 检修杆塔不准随意拆除受力构件，如需要拆除时，应事先做好补强措施。调整杆塔倾斜、弯曲、拉线受力不均或迈步、转向时，应根据需要设置临时拉线及其调节范围，并应有专人统一指挥。

杆塔上有人时，不准调整或拆除拉线。

**【解读】**杆塔的受力部件拆除后会影响杆塔整体受力结构，容易造成杆塔受损或变形。因此，不准随意拆除受力构件，如需要拆除时，应事先做好补强措施。调整杆塔倾斜、弯曲、拉线受力不均或迈步、转向时，应事先设置临时拉线，以保证杆塔的稳固。由于调整工作需要多人配合共同完成，所以应有专人统一指挥。为防止调整过程中发生意外导致杆塔倾斜甚至倒塌对塔上作业人员造成伤害，杆塔上有人作业时，不准调整或拆除拉线。

**四、课程总结**

本课程主要介绍了杆塔施工的相关要求，包括使用抱杆立、撤杆的要求，整体立、撤杆塔前的检查及作业要求，受力桩的选用及要求，杆塔分段吊装的要求，杆塔分解组立的要求，在带电设备附近进行立撤杆工作要求，回填要求，临时拉线要求，拆除受力构件要求，调整杆塔倾斜、弯曲、拉线受力不均或迈步、转向的要求等内容。

## 案例 9：跨越架未设置警示标志，引起车辆误碰倒塌

**一、事故案例**

2016 年 6 月 26 日，由于水泥杆酥裂严重需要更换，××电力建设公司承接××供电公司 35kV 大田至大龙潭线路改造工程，线路班班长文××作为工作负责人，负责 01～11 号区段的工作，04 号为耐张塔，在打好 05 号塔临时拉线后文××决定采用剪断导线的方法拆除

导线,04～05号杆跨越乡村公路,剪断后的导线距地面约20cm。看守人李××临时上厕所时,有村民骑电动车在此经过,4号杆作业人员张××喊话提醒"注意安全,禁止通行",但由于距离较远,行人没能听清,通过时没注意到公路上的导线,导致摔倒,人身受轻伤,电动车摔坏。

**二、案例分析**

案例中,撤线作业过程中,未设置专人指挥,在跨越路口过程中未采取可靠的安全措施,如封路、在路口持信号旗看守等,违反了《国家电网公司电力安全工作规程　线路部分》中9.4.1和9.4.2的规定。

**三、安规讲解**

9.4　放线、紧线与撤线。

9.4.1　放线、紧线与撤线工作均应有专人指挥、统一信号,并做到通信畅通、加强监护。工作前应检查放线、紧线与撤线工具及设备是否良好。

**【解读】**放线、紧线与撤线工作需要多人配合,工作开始前,应指定指挥人员,明确指挥信号,如工作地段内有交叉跨越物,应指定人员监护,确保放线、紧线和撤线工作中的人身、设备安全。

9.4.2　交叉跨越各种线路、铁路、公路、河流等放、撤线时,应先取得主管部门同意,做好安全措施,如搭好可靠的跨越架、封航、封路、在路口设专人持信号旗看守等。

**【解读】**为防止放、撤线过程中由于过牵引或导线松弛等原因接触、接近带电线路放电造成人员触电;防止铁路、公路上车辆和河流中船舶刮碰,强拉导线而造成事故。交叉跨越各种线路、铁路,公路、河流等放撤线前,应与相关主管部门联系并取得同意,并采取搭设跨越架、封路、封航等措施。

9.4.3　放线、紧线前,应检查导线有无障碍物挂住,导线与牵引绳的连接应可靠,线盘架应稳固可靠、转动灵活、制动可靠。放线、紧线时,应检查接线管或接线头以及过滑轮、横担、树枝、房屋等处有无卡住现象。如遇导、地线有卡、挂住现象,应松线后处理。处理时操作人员应站在卡线处外侧,采用工具、大绳等撬、拉导线。禁止用手直接拉、推导线。

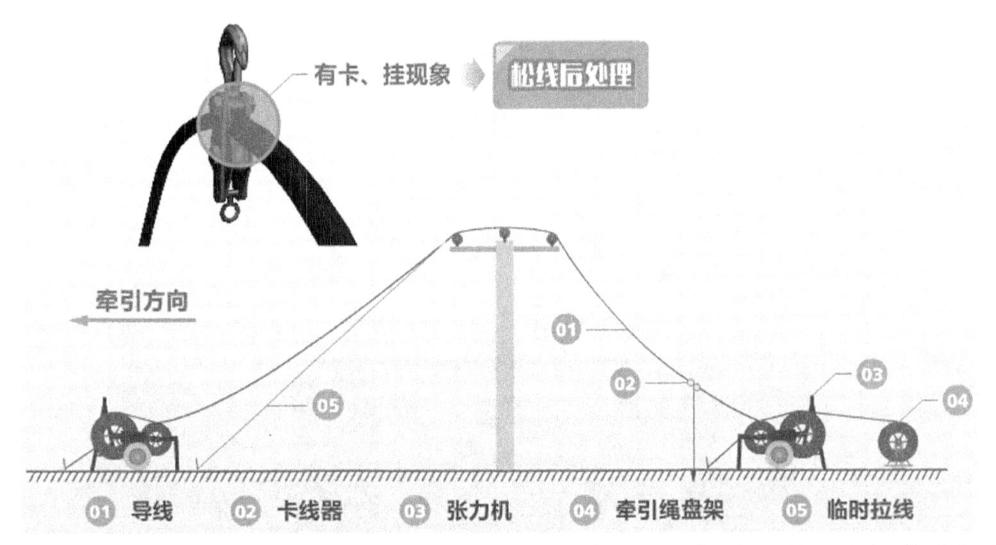


**【解读】**放线、紧线作业中，导线如被障碍物挂住，将造成过牵引，可能造成杆塔受力异常损伤杆塔或导线。导线与牵引绳之间连接如不可靠将会在牵引过程中脱落。为保证导线顺畅展放，线盘架必须稳固可靠、转动灵活、制动可靠。放线、紧线过程中出现导线卡住情形时，在导线受力时处理难度很大，并且受力的导地线极易伤害作业人员，应松线后处理，松线后导线仍会承受重力，因此操作人员应站在卡线处外侧，使用工具、大绳等橇、拉导线，禁止用手直接拉、推导线，防止处理过程中导线在卡线处的张力突然释放伤人。

9.4.4 放线、紧线与撤线工作时，人员不准站在或跨在已受力的牵引绳、导线的内角侧和展放的导、地线圈内以及牵引绳或架空线的垂直下方，防止意外跑线时抽伤。

**【解读】**放线、紧线与撤线时，牵引绳、导线承受张力，一旦由于固定不牢或其他原因意外脱出、断裂，将会对已受力的牵引绳、导线的内角侧和展放的导、地线圈内以及牵引绳或架空线的垂直下方的人员造成伤害。

9.4.5 紧线、撤线前，应检查拉线、桩锚及杆塔。必要时，应加固桩锚或加设临时拉绳。拆除杆上导线前，应先检查杆根，做好防止倒杆措施，在挖坑前应先绑好拉绳。

**【解读】**由于紧线、撤线过程中会改变杆塔的受力。工作前，应对杆塔的拉线、桩锚、杆塔及拉线基础和杆塔螺栓稳固性检查，防止杆塔受力后变形或垮塌。当杆塔不平衡受力和杆塔稳固不符合要求时，在挂线、紧线前应加固锚桩或加装临时拉线进行补强。拆除杆上导线时，由于改变了杆塔的平衡力，应先检查杆根并做好相应的加固措施。检查杆根需要开挖时，在开挖前要打好临时拉线，以防开挖过程中倒杆。

9.4.6 禁止采用突然剪断导、地线的做法松线。

**【解读】**突然剪断导、地线，杆塔的受力突然发生巨大变化，可能对杆塔造成损害，掉落的导、地线也会因为应力突变而弹跳，容易伤及作业人员。

**四、课程总结**

本课程主要介绍了放线、紧线与撤线的相关要求,包括放线、紧线与撤线过程中的人员组织,跨越线路、道路、河流的安全措施,放线、紧线前与放线、紧线时的检查事项及处理措施,人员禁止站立区域,紧线、撤线前的检查事项及措施等内容。

## 案例 10:跨越架倒塌造成人员受伤

**一、事故案例**

2016 年 6 月 26 日,由于水泥杆酥裂严重需要更换,××电力建设公司承接××供电公司 35kV 大田至大龙潭线路改造工程,08~09 号跨越 10kV 重要线路无法停电,需搭设跨越架。当天 15 时 30 分开始进行带电搭设跨越工作,韩××作为工作负责人进行现场监护,张××、宋××和另外两名工人作业。17 时,韩××见进度较慢,也加入施工队伍中,18 时 20 分,跨越架搭设完毕,韩××验收时发现支腿处有一根毛竹断裂弯曲,并未在意,张××提醒是否需要采取加固措施,韩××认为不影响整体受力情况,并未采取加固措施。当天夜间遇到狂风,跨越架倒塌,造成重要用户断电。

**二、案例分析**

案例中,在搭设时使用了受损的木材,违反了《国家电网公司电力安全工作规程　线路部分》中 9.4.7 的规定。

**三、安规讲解**

9.4.7　放线、撤线工作中使用的跨越架,应使用坚固、无伤、相对较直的木杆、竹竿、金属管等,且应具有能够承受跨越物重量的能力,否则可双杆合并或单杆加密使用。搭设跨越架应在专人监护下进行。

**【解读】**放线、撤线过程中使用的跨越架应使用坚固、无伤、相对较直的木杆、竹竿、金属管等有足够强度和牢固结构的材料，才能承受搭设人员和放撤线时导线的重量以及跑线、断线的冲击荷载和大风造成的风压等，必要时可双杆合并或单杆加密使用。高处作业中应由有经验的人员监护。

9.4.8 跨越架的中心应在线路中心线上，宽度应超出所施放或拆除线路的两边各1.5m，架顶两侧应装设外伸羊角。跨越架与被跨电力线路应不小于表4的安全距离，否则应停电搭设。

**【解读】**跨越架的中心在线路中心线上，宽度大于准备放、拆线的线路的宽度，并在两侧装设外伸羊角，才能有效防止牵引过程中导线由于摆动或风偏超出跨越架。如跨越的是带电线路，跨越架搭设中和完成后，均应与电力线路保持安全距离，无法保证时应采取停电措施。

**四、课程总结**

本课程主要介绍了放线、紧线与撤线的相关要求，包括放、撤线过程中跨越架的具体要求及搭设要求，跨越架的中心、宽度、羊角以及安全距离要求。

## 案例11：跨越架未设置警示标志，引起车辆误碰倒塌

**一、事故案例**

2018年8月17日，××电力建设公司承接××供电公司35kV大田至大龙潭线路改造工程，第二施工小组韩×、张××、宋××三人负责21～30号杆塔的旧线路拆除以及新线路建设工作。其中22～23杆跨越乡村公路和沿公路架设的10kV东郭线，10kV东郭线是重要用户线路，无法停电，根据现场勘察结果和施工方案，决定搭设跨越架。当天下午开始进行带电搭设跨越架，完成工作后未采取任何警示措施，人员就撤离了。当天夜间，一辆超高车辆在跨越的公路经过，由于灯光昏暗，未能发现跨越架，碰触到跨越架顶引起跨越架倒塌，造成重要用户断电。

**二、案例分析**

案例中，跨越架跨越公路，夜间没有悬挂警示灯等醒目的警告标识牌，车辆因未注意到而误碰，造成跨越架倒塌，重要用户断电，违反了《国家电网公司电力安全工作规程　线路部分》中9.4.9的规定。

**三、安规讲解**

9.4.9 各类交通道口的跨越架的拉线和路面上部封顶部分，应悬挂醒目的警告标志牌。

**【解读】**跨越交通道路跨越架相当于道路上临时安装的限高装置，如超高车辆通过将造成严重后果，因此需要在跨越架的主要部件上设置交通警告标志牌，尤其是在夜晚或光线较弱时，施工区域应设反光警告标志牌或红灯警示，保证车辆行人及时发现。

9.4.10 跨越架应经验收合格,每次使用前检查合格后方可使用。强风、暴雨过后应对跨越架进行检查,确认合格后方可使用。

**【解读】**跨越架在放线、拆线过程中需要承力,搭设完成后应验收合格。使用前应对跨越架主体结构、承力部件和顶部封网进行检查,符合要求才能使用。强风和暴雨对跨越架稳定性会产生影响,如连接部分可能松动、跨越架可能变形、拉线可能断裂,暴雨冲刷后地锚的埋深度不够、顶部封网可能脱落或松弛等。因此,应对跨越架进行检查,确认合格后方可使用。

9.4.11 借用已有线路做软跨放线时,使用的绳索应符合承重安全系数要求。跨越带电线路时应使用绝缘绳索。

**【解读】**软跨是借助已有电力线路用绳索和放线滑车或在杆塔之间搭设封网的跨越形式,其主要承力部件是绳索,绳索安全系数应不小于3倍,符合《跨越电力线路施工规程》(DL/T5106—2017)要求,展放的导线与带电线路的安全距离应符合《国家电网公司电力安全工作规程 线路部分》表19要求。跨越带电线路时使用绝缘绳索,以防止放线中接触、接近带电线路导致人身触电。

9.4.12 在交通道口使用软跨时,施工地段两侧应设立交通警示标志牌,控制绳索人员应注意交通安全。

**【解读】**用绳索和滑车构成的软跨,需要在道路上根据软跨承受导线与跨越物的距离随时调节绳索的高度。为保证作业人员安全,应按交通提示标志设置标准、在作业区域设置相应的交通警示标志牌。工作中除控制绳索人员外还需要有专人指挥控制导线牵引张力和车辆通行,防止车辆刮碰导线。

9.4.13 张力放线。

9.4.13.1 在邻近或跨越带电线路采取张力放线时,牵引机、张力机本体、牵引绳、导地线滑车、被跨越电力线路两侧的放线滑车应接地。操作人员应站在干燥的绝缘垫上,并不得与未站在绝缘垫上的人员接触。

【解读】采取张力放线能够有效地控制展放的导线与交叉跨越物的距离，在邻近或跨越带电线路时应采用张力放线。为防止在牵引的导线中有感应电，邻近和跨越电力线路处的牵引机、张力机本体、牵引绳、放线滑车等都应接地。

邻近750kV电压等级线路放线时操作人员应站在特制的金属网上，金属网应接地是采用《750kV架空送电线路张力架线施工工艺导则》(Q/GDW 113—2004)5.5.7的规定，该标准升格为行业标准(DL/T5343—2006)时将该条修改成与《电力建设安全工作规程第2部分:架空电力线路》(DL 50092—2004)12.10规定相同的内容，即作业人员应站在干燥的绝缘垫上，并不得与未站在绝缘垫上的人员接触。

9.4.13.2 雷雨天不准进行放线作业。

【解读】为避免雷雨天气时雷电在导线中产生的雷电流对作业人员伤害，雷雨天不准进行放线作业。

9.4.13.3 在张力放线的全过程中，人员不准在牵引绳、导引绳、导线下方通过或逗留。

【解读】张力放线时牵引绳、导引绳、导线中都有一定张力存在，如意外发生导线与牵引绳脱离、导线或牵引绳断裂、跑线等情况，会对下方人员造成伤害。

9.4.13.4 放线作业前应检查导线与牵引绳连接是否可靠牢固。

【解读】放线前检查导线与牵引绳之间的连接，防止牵引过程中连接脱落造成人员伤害。

**四、课程总结**

本课程主要介绍了放线、紧线与撤线的相关要求，包括跨越架的使用要求，借用已有线路做软跨放线时的要求，各类交通道口应悬挂醒目的警告标志牌，张力放线的相关要求。

# 10　高处作业

## 案例1:未体检进行高处作业造成坠落

### 一、事故案例

2015年8月12日,××电力建设公司施工队承接220kV××线路标识牌大修工作,工作负责人张××带领工作班成员冯××、王××、宋××负责01～50号标识牌安装工作,王××与宋××一组,依次进行安装工作。王××在完成了13号杆塔标志牌安装下塔过程中,头晕乏力晕倒,从距地面2m处坠落,宋××在12号塔作业结束后发现王××晕倒,立即拨打急救电话,经医院检查,王××左手手腕扭伤,面部擦伤。经了解,王××送医院后检查发现患有高血压、心脏病,已多年未进行过体检。

### 二、案例分析

案例中,王××未按照安规要求进行体检,患有妨碍工作的病症没有及时发现,造成了高空作业时坠落事故,违反了《国家电网公司电力安全工作规程　线路部分》中10.2与10.3的规定。

### 三、安规讲解

10.1　凡在坠落高度基准面2m及以上的高处进行的作业,都应视作高处作业。

【解读】根据《高处作业分级》(GB/T 3608—2008)规定，在距坠落高度基准面 2m 及以上有可能坠落的高处进行的作业称为高处作业。

10.2 凡参加高处作业的人员，应每年进行一次体检。

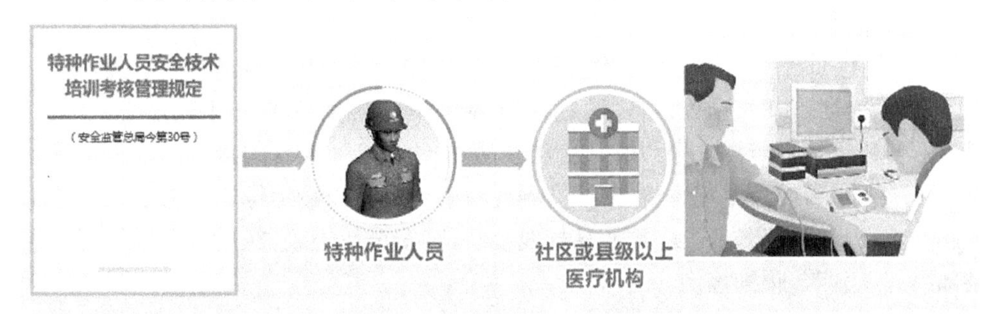


【解读】参加高处作业的人员应确保身体健康。《特种作业人员安全技术培训考核管理规定》(安全监管总局令第 30 号)规定，直接从事特种作业的从业人员应经社区或者县级以上医疗机构体检健康合格，并无妨碍从事相应特种作业的器质性心脏病、癫痫病、美尼尔氏症、眩晕症、癔病、帕金森病、精神病、痴呆症以及其他疾病和生理缺陷。每年进行一次体检的目的就是确保高处作业人员的作业安全。

10.3 高处作业均应先搭设脚手架、使用高空作业车、升降平台或采取其他防止坠落措施，方可进行。

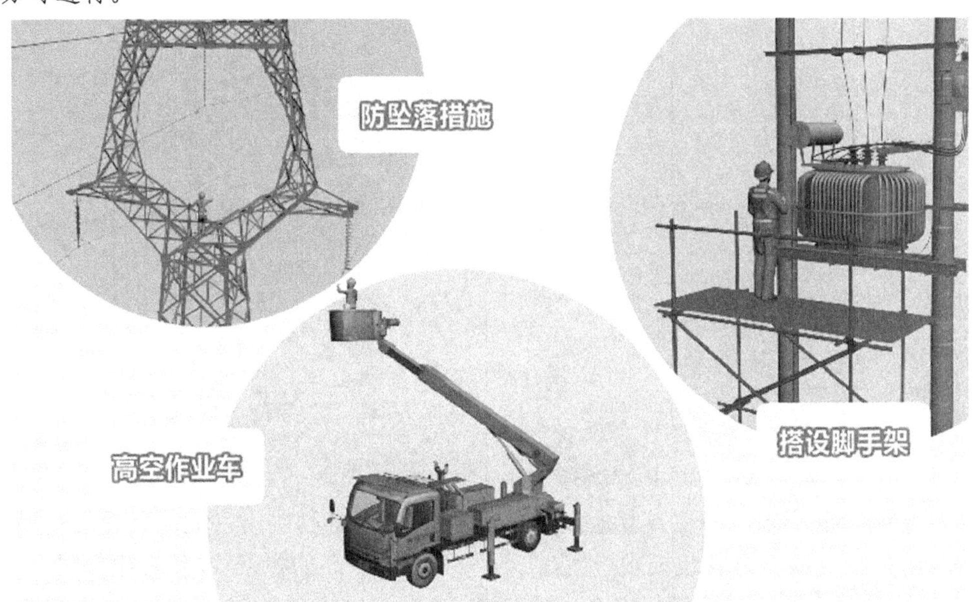


【解读】高处作业均应先搭设脚手架、使用高空作业车、升降平台或采取其他防止坠落措施，方可进行。

**四、课程总结**

本课程主要介绍了高处作业的相关要求，包括高处作业的定义，体检要求以及作业过程中采取的防坠落措施。

# 案例2:未正确使用安全带造成坠落事故

### 一、事故案例

2016年9月26日,××电力建设公司施工队承接110kV××线绝缘子大修工作。在更换12号塔中相绝缘子时,李××将腰绳系在了绝缘子上,然后从横担下到导线,坐在导线上提升导线,使用手扳葫芦提升导线时,发现横担侧挂钩与钢丝绳套连接处的闭锁装置未闭锁好,李××随即从导线上站起调整,未注意到此时安全带腰绳沿绝缘子下滑卡在了悬垂线夹处,在起立到一半时,李××失去重心从导线上滑落,安全带松脱,在后背绳作用下吊在了半空,腰部第三、第四节腰椎挫伤。

### 二、案例分析

案例中,李××在高处作业时,安全带没有采用高挂低用的方式,在作业过程中没有随时检查安全带是否牢固,违反了《国家电网公司电力安全工作规程　线路部分》中10.9与10.10的规定。

### 三、安规讲解

10.4　在坝顶、陡坡、屋顶、悬崖、杆塔、吊桥以及其他危险的边沿进行工作,临空一面应装设安全网或防护栏杆,否则,作业人员应使用安全带。

**【解读】**在屋顶、悬崖、杆塔及其他危险的边沿进行工作时,临空一面应装设安全网或防护栏杆,防护栏杆要符合安装要求(应设1050～1200mm高的栏杆、在栏杆内侧设180mm高的侧板),如安全网或防护栏杆安全设施可靠,没有发生高处坠落的可能,可不使用安全带。否则,工作人员应使用安全带。

10.5　峭壁、陡坡的场地或人行道上的冰雪、碎石、泥土应经常清理,靠外面一侧应设1050～1200mm高的栏杆。在栏杆内侧设180mm高的侧板,以防坠物伤人。

**【解读】**峭壁、陡坡的场地和人行道上的冰雪、碎石、泥土等能造成作业人员滑倒坠落，应经常清理，同时碎石和泥土块等高处坠落还能造成落物伤人。靠外侧设置高度1050～1200mm的栏杆，在栏杆内侧设180mm侧板，既能防止高空坠落，也是防止高空落物的措施。

10.6 在没有脚手架或者在没有栏杆的脚手架上工作，高度超过1.5m时，应使用安全带，或采取其他可靠的安全措施。

**【解读】**在没有脚手架或者在没有栏杆的脚手架上工作，即便高度在2m以下，但高度如超过1.5m，一旦坠落仍会威胁作业人员安全，因此应正确使用安全带，或采取其他可靠的安全措施。

10.7 安全带和专作固定安全带的绳索在使用前应进行外观检查。安全带应定期抽查检验，不合格的不准使用。

**【解读】**现场使用的安全带应符合《安全带》(GB 6095—2009)和《安全带测试方法》(GB/T 6096—2009)的规定。安全带在使用前应进行检查，并应定期进行静荷重试验，试验后检查是否有变形、破裂等情况，并做好试验记录。不合格的安全带应作报废处理，不准再次使用。安全带使用前的外观检查主要包括：①组件完整、无短缺、无伤残破损。②绳索、编带无脆裂、断股或扭结。③金属配件无裂纹、焊接无缺陷、无严重锈蚀。④挂钩的钩舌咬口平整不错位，保险装置完整可靠。⑤铆钉无明显偏位，表面平整等。依据《坠落防护安全绳》(GB 24543—2009)的规定，用作固定安全带的绳索使用前的外观检查主要包括：①末端不应有散丝。②绳体在构件上或使用过程中不应打结。③所有零件顺滑，无尖角或锋利边缘等。

10.8 在电焊作业或其他有火花、熔融源等场所使用的安全带或安全绳应有隔热防磨套。

**【解读】**电焊作业时落下的电焊渣以及其他火花、熔融源落在安全带或安全绳上,使用有隔热防磨套的安全带或安全绳能防止在达到一定温度时,安全带或安全绳意外熔断。同时,防止安全带或安全绳遇尖锐边角磨损、磨断造成的高处坠落伤害事故。

10.9　安全带的挂钩或绳子应挂在结实牢固的构件或专为挂安全带用的钢丝绳上,并应采用高挂低用的方式。禁止系挂在移动或不牢固的物件上[如隔离开关(刀闸)支持绝缘子、瓷横担、未经固定的转动横担、线路支柱绝缘子、避雷器支柱绝缘子等]。

**【解读】**安全带如挂在不牢固的构件上或低挂高用将起不到防护作用,在需要安全带保持平衡时还会威胁作业人员安全,因此应挂在结实牢固的构件或专为挂安全带用的钢丝绳上,禁止系挂在移动或不牢固的物件上[如隔离开关(刀闸)支持绝缘子、瓷横担、未经固定的转动横担、线路支柱绝缘子、避雷器支柱绝缘子等]。

10.10　高处作业人员在作业过程中,应随时检查安全带是否拴牢。高处作业人员在转移作业位置时不准失去安全保护。钢管杆塔、30m 以上杆塔和 220kV 及以上线路杆塔宜设置作业人员上下杆塔和杆塔上水平移动的防坠安全保护装置。

**【解读】**高处作业过程中随时需要转移工作地点，因此应随时检查安全带是否拴牢。尤其在移动作业过程中，应采取双保险安全绳配合使用的“双保险”措施。输电线路杆塔上作业时，在攀登杆塔、横担上水平移动、导地线上等工作过程中，作业人员都需要移动或转位，采取防坠安全保护装置，可以保证在杆塔上移位时不失去安全保护。

**四、课程总结**

本课程主要介绍了高处作业的相关要求，包括危险边沿区作业的防护要求，没有脚手架或者在没有栏杆的脚手架上作业的安全措施，安全带使用要求等内容。

## 案例3:高处作业时坠物造成事故

**一、事故案例**

2014年9月10日，××供电公司输电运检室组织检修三班利用停电机会进行双串绝缘子加装工作，王××为工作负责人，带领工作班成员张××、宋××、邓××进行作业。塔上电工张××在完成了新绝缘子安装后将扳手放在了横担上，在张××取铝包带时，不慎将扳手碰落，张××大喊一声“快闪开”，扳手掉落砸翻了宋××挂在导线上的工具袋，工具袋中的悬垂线夹、螺栓掉落，下线作业人员邓××及地面电工均及时躲开，由于好奇在作业点正下方2m处观看的行人钱××由于反应较慢，看见脱落的螺丝下坠赶紧以手护头，左手无名指骨折。

**二、案例分析**

案例中，作业过程中工具没有固定在牢固构件上，下方有行人逗留，违反了《国家电网公司电力安全工作规程　线路部分》10.12与10.13的规定。

**三、安规讲解**

10.11　高处作业使用的脚手架应经验收合格后方可使用。上下脚手架应走坡道或梯子，作业人员不准沿脚手杆或栏杆等攀爬。

**【解读】**脚手架验收合格的基本要求是:①脚手架选用的材料应符合有关规范、规程、规定。②脚手架应具有稳定的结构和足够的承载力。如:脚手架应整体牢固,无晃动、无变形;脚手架组件无松动、缺损。③脚手架的搭设应符合有关规范、规程、规定,如《建筑施工扣件式钢管脚手架安全技术规范》(JGJ 130—2011)等。④脚手架工作面的脚手板齐全、栏杆完好。⑤三级以上高处作业的脚手架应安装避雷设施。⑥应搭设施工人员上下的专用扶梯、斜道等。⑦脚手架要与邻近的架空线保持安全距离,地面四周应设围栏和警示标志。邻近坎、坑的脚手架应有防止坎、坑边缘崩塌的防护措施。脚手架斜道是施工操作人员的上下通道,并可兼作材料的运输通道,斜道可分为"一"字形和"之"字形,斜道两侧应装栏杆。为确保人身安全,人员上下脚手架应走斜道或梯子。脚手杆或栏杆等攀爬过程中易出现人员脱手坠落,而且攀爬过程中易造成脚手架倾覆,所以禁止攀爬。

10.12　高处作业应一律使用工具袋。较大的工具应用绳拴在牢固的构件上,工件、边角余料应放置在牢靠的地方或用铁丝扣牢并有防止坠落的措施,不准随便乱放,以防止从高空坠落发生事故。

**【解读】**所有有坠落可能的物件应妥善放置或加以固定。高处作业中所用的物料,均应堆放平稳,不妨碍通行和装卸。工具应随手放入工具袋,较大的工具应用绳拴在牢固的构件上。

10.13　在进行高处作业时,除有关人员外,不准他人在工作地点的下面通行或逗留,工作地点下面应有围栏或装设其他保护装置,防止落物伤人。如在格栅式的平台上工作,为了防止工具和器材掉落,应采取有效隔离措施,如铺设木板等。

**【解读】**为防止高空坠物伤害到高处作业地点下面的人员,在工作地点下面应设置围栏或其他保护装置,以阻止无关人员随意通行、逗留,并起到警示作用。格栅式平台因有缝隙,故要求采取有效隔离措施(如铺设木板、竹篱笆等),防止坠物伤人。高处作业工作点下方应设遮栏或其他保护措施。安全遮栏应按照坠落范围半径设置。

**四、课程总结**

本课程主要介绍了高处作业的相关要求,包括脚手架的使用要求,工具、工件、边角余料的防坠落措施，作业区域人员管控及围栏设置要求。

## 案例4：低温作业造成坠落事故

**一、事故案例**

2011年12月23日，××供电公司输电运检室检修三班根据工区安排进行110kV××线停电检修工作，卢××作为第一小组负责人办理了电力线路第一种工作票，组织六名员工对该区域进行绝缘子加装双串工作。当天气温−13℃，在更换完上、中两相后，风力逐渐增大，经测量超过了五级，邓××建议停止作业，工作负责人卢××考虑登到高塔作业位置时间较长且工作即将结束，就安排宋××加快进度，迅速将最后一相绝缘子完成，宋××在连续作业2个小时后下到导线后发现无法保持平衡，从导线上摔落，碰到主材多处骨折。

**二、案例分析**

案例中，长时间低温、恶劣环境下高处作业，造成作业人员高空坠落，违反了《国家电网公司电力安全工作规程　线路部分》中10.16与10.17的规定。

**三、安规讲解**

10.14　当临时高处行走区域不能装设防护栏杆时，应设置1050mm高的安全水平扶绳，且每隔2m应设一个固定支撑点。

**【解读】**在杆塔上水平行走时应不失去安全保护，不能装设防护栏杆时，应在作业移动范围设置高度为1050mm的水平扶绳，确保作业人员移动时的安全，每隔2m设一个支撑点，保证扶绳的稳定。

10.15　高处作业区周围的孔洞、沟道等应设盖板、安全网或围栏，并有固定其位置的措施。同时，应设置安全标志，夜间还应设红灯示警。

**【解读】**高处作业区周围孔洞、沟道采取的一系列防护措施，主要为防止高空坠落。孔洞、沟道上还应设置安全标志，夜间设红灯，以警示无关人员不要靠近。

10.16　低温或高温环境下进行高处作业，应采取保暖和防暑降温措施，作业时间不宜过长。

【解读】根据《低温作业分级》(GB/T 14440—1993)的定义,低温作业指在生产劳动过程中,其工作地点平均气温等于或低于5℃的作业。根据《高温作业分级》(GB/T 4200—2008)的定义,作业和工作场所高温作业(工业场所高温作业)指在生产劳动过程中,工作地点平均湿球黑球温度(WBGT)指数≥25℃的作业。WBGT指数是用来评价高温车间气象条件的。它综合考虑空气温度、风速、空气湿度和辐射热四个因素。WBGT是由黑球、自然湿球、干球三个部分温度构成的。高温天气指地市级以上气象主管部门所属气象台站向公众发布的日最高气温35℃以上的天气。在冬季低温气候下进行露天高处作业,必要时应该在施工地区附近设有取暖的休息处所,取暖设备应有专人管理,注意防火;高温天气下进行露天高处作业时,应注意防暑降温,可采取灵活的作息时间,作业时间不宜过长。

10.17　在5级及以上的大风以及暴雨、雷电、冰雹、大雾、沙尘暴等恶劣天气下,应停止露天高处作业。特殊情况下,确需在恶劣天气进行抢修时,应组织人员充分讨论必要的安全措施,经本单位批准后方可进行。

【解读】根据《高处作业分级》(GB/T 3608—2008)4.2 a)的规定,由于阵风在5级(风速

8.0～10.7m/s)时的大风使高处作业人员的平衡性大大降低，容易造成高处坠落；雷电极易造成高处作业人员遭受雷击伤害；大雾、沙尘暴等使作业人员视线不清，导致作业人员无法作业，并可造成人员意外伤害等。因此，在阵风5级以上的大风以及暴雨、雷电、冰雹、大雾、沙尘暴等恶劣天气下，应停止露天高处作业。同时要做好吊装构件、机械等的稳固工作。特殊情况下，确需在恶劣天气进行抢修时，应采取必要的安全措施，经本单位批准后方可进行。

10.18　梯子应坚固完整，有防滑措施。梯子的支柱应能承受作业人员及所携带的工具、材料攀登时的总重量。

**【解读】**使用中的梯子支柱、梯档及相关附件等结构应完整，梯脚底部应坚实并有防滑套。应根据地面和工作地点情况设置防滑措施，主要包括：在硬地面使用的梯脚底部应有防滑橡胶套或橡胶布，在软质地面使用的梯脚底部应有带尖头的金属物，在管道或钢绞线上使用时的梯子上端应用挂钩钩住。无法采用以上措施时可用绳索将梯子与固定物缚住。若已采用上述方法仍不能使梯子稳固时，可派人扶住，以防梯子下端滑动，但应做好防止落物伤害扶梯人员的安全措施。

10.19　硬质梯子的横档应嵌在支柱上，梯阶的距离不应大于40cm，并在距梯顶1m处设限高标志。使用单梯工作时，梯与地面的斜角度为60°左右。

梯子不宜绑接使用。人字梯应有限制开度的措施。

人在梯子上时，禁止移动梯子。

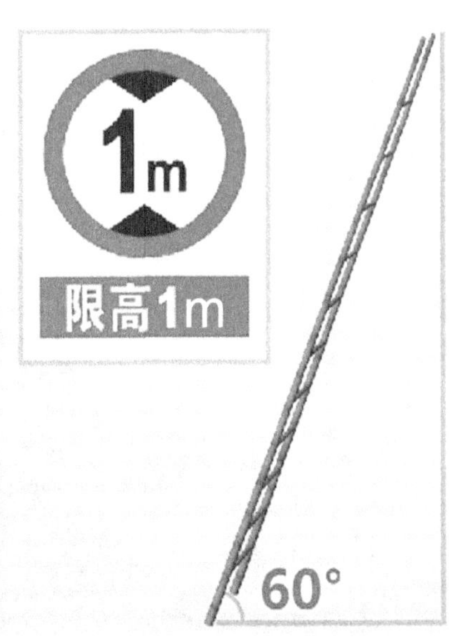


**【解读】**作业人员站立在梯顶处，易发生重心后倾失去平衡而坠落，因此，应在距单梯顶部1m处设限高标志。使用单梯工作时，梯与地面的斜角度为60°左右，其目的是保证人员作业时的平衡、稳定。梯子与地面的夹角太大，人员重心后倾，稳定性相对就差，作业时容易失去平衡而造成高处坠落事故。梯子与地面的斜角度太小，梯脚与地面的摩擦力将减小，人员作业时梯脚与地面产生滑动，梯顶沿支撑面下滑进而造成人身伤害事故。梯子不宜绑接使用。因为如果绑接的强度不够，将会造成梯子使用时变形、折断进而造成人员伤害事故。如果某种情况下需要梯子连接使用时，应用金属卡子接紧，或用铁丝绑接牢固。且接头不得超过 1m 处,连接后梯梁的强度不应低于单梯梯梁的强度。人字梯应有限制开度的措施,即人字梯应具有坚固的铰链和限制开度的拉链。人在梯子上时,禁止移动梯子。因为人在梯子上移动时,重量较重,平衡性也差,稍有偏差、晃动,将会造成人员坠落事故。

10.20 使用软梯、挂梯作业或用梯头进行移动作业时,软梯、挂梯或梯头上只准一人工作。作业人员到达梯头上进行工作和梯头开始移动前,应将梯头的封口可靠封闭,否则应使用保护绳防止梯头脱钩。

**【解读】**软梯、挂梯一般按承载一个作业人员设计,强度不能承载多人,且多人在梯头上工作影响梯头的稳定性,因此规定只准一人工作。使用梯头在导线上移动时,为防止梯头从导线上脱落,应先将梯头封口可靠封闭后方可移动,如无封口钩应采取其他措施进行封闭。

10.21 脚手架的安装、拆除和使用,应执行《国家电网公司电力安全工作规程[火(水)电厂(动力部分)]》中的有关规定及国家相关规程规定。

**【解读】**脚手架的安装、拆除和使用,应执行《国家电网公司电力安全工作规程[火(水)电厂(动力部分)》的有关规定及按照《建筑施工碗扣式钢管脚手架安全技术规范》(JGJ 166—2016)、《建筑施工门式钢管脚手架安全技术规范》(GJ 128—2010)、《建筑施工扣件式钢管脚手架安全技术规范》(JGJ 130—2011)、《建筑施工木脚手架安全技术规范》(JGJ 164—2008)、《变电工程落地式钢管脚手架搭设施工安全技术规范》(Q/GDW 1274—2015)等执行。脚手架在使用过程中要定期进行检查和维护。

10.22 利用高空作业车、带电作业车、叉车、高处作业平台等进行高处作业,高处作业平台应处于稳定状态,需要移动车辆时,作业平台上不准载人。

**【解读】**作业平台不稳定,作业人员易失去平衡,发生高处坠落或无法保持安全距离。因此,高处作业平台应采取固定措施,且作业时要系好安全带。需要移动车辆时,作业平台上不得载人(自行式高空车除外,因自行式高空车操作系统在作业平台上,但需要移动车辆时,应将作业臂收回）。因为人在作业平台上移动时，重量较重，平衡性也差，稍有偏差、晃动，将会造成人员坠落，还有可能造成人员误碰触带电体。

**四、课程总结**

本课程主要介绍了高处作业的相关要求，包括安全水平扶绳的设置要求，孔洞、沟道的安全保护措施，低温或高温环境的作业要求，恶劣天气作业要求，梯子的使用要求，软梯、挂梯作业或用梯头进行移动作业的要求，脚手架的安装、拆除和使用要求，高空作业平台的使用要求。

# 11　起重与运输

## 案例1:立杆施工吊车倾斜,造成吊车损毁

### 一、事故案例

2015年7月18日,由于发生了交通事故,××供电公司所辖线路35kV湖支235线路10号水泥杆被侧翻的大货车撞毁,输电运检室线路二班接到任务后立即组织人员进行抢修。刘××作为工作负责人,根据勘察结果,制定了用吊车拆除旧杆的施工方法,工作期间因吊车司机王××临时有事,指派货车司机吴××操作吊车。吴×误将吊车一支撑脚支在了供水管道的盖板上,在起吊时,盖板因无法承受重量而断裂,吊车侧翻,造成价值70多万元的吊车严重损毁。

### 二、案例分析

案例中,起吊作业时吊车支在了不牢固的地点,违反了《国家电网公司电力安全工作规程　线路部分》中11.1.6的规定。

### 三、安规讲解

11.1　一般注意事项。

11.1.1　起重设备经检验检测机构监督检验合格,并在特种设备安全监督管理部门登记。

【解读】依据《特种设备安全监察条例》规定，起重设备经检验检测机构监督检验合格，并在特种设备安全监督管理部门登记。

11.1.2 起重设备的操作人员和指挥人员应经专业技术培训，并经实际操作及有关安全规程考试合格、取得合格证后方可独立上岗作业，其合格证种类应与所操作（指挥）的起重机类型相符合。起重设备作业人员在作业中应严格执行起重设备的操作规程和有关的安全规章制度。

【解读】起重机械操作复杂，如操作（指挥）不当，将会造成设备损坏甚至人员伤亡事故。依据《特种设备安全监察条例》规定。起重设备的操作人员和指挥人员应经专业技术培训，并经实际操作及有关安全规程考试合格、取得合格证后方可独立上岗作业。

11.1.3 起重设备、吊索具和其他起重工具的工作负荷，不准超过铭牌规定。

【解读】为避免超载作业产生过大应力，使钢丝绳拉断、传动部件损坏、电动机烧毁，或由于制动力矩相对不够，导致制动失效等破坏起重机的整体稳定性，致使起重机发生整机倾覆、倾翻等恶性事故，故做此要求。

11.1.4 一切重大物件的起重、搬运工作应由有经验的专人负责，作业前应向参加工作的全体人员进行技术交底，使全体人员均熟悉起重搬运方案和安全措施。起重搬运时只能由一人统一指挥，必要时可设置中间指挥人员传递信号。起重指挥信号应简明、统一、畅通，分工明确。

【解读】重大物件的起重、搬运是需要多人配合的工作，为保障作业安全，应由有经验的专人负责，避免多人指挥发生指令不明等问题，使全体人员均熟悉起重搬运方案和安全措施，作业前应向参加工作的全体人员进行技术交底。指挥人员不能同时看清司机和负载时，应设置中间指挥人员传递信号，起重指挥信号应简明、统一、畅通，分工明确。

11.1.5 雷雨天时，应停止野外起重作业。

**【解读】**野外进行起重作业时,起重设备容易遭受雷击。

11.1.6　移动式起重设备应安置平稳牢固,并应设有制动和逆止装置。禁止使用制动装置失灵或不灵敏的起重机械。

**【解读】**移动式起重设备如没有安置平稳牢固,承力后可能由于支撑点受力不平衡而倾斜发生事故,故应放置平稳牢固,并设有制动和逆止装置。制动和逆止装置失灵或不灵敏可能造成机械故障甚至威胁人身安全。

11.1.7　起吊物件应绑扎牢固,若物件有棱角或特别光滑的部位时,在棱角和滑面与绳索(吊带)接触处应加以包垫。起重吊钩应挂在物件的重心线上。起吊电杆等长物件应选择合理的吊点,并采取防止突然倾倒的措施。

**【解读】**起吊物件有棱角时加包垫,一方面防止吊索滑脱,另一方面防止棱角伤起重绳索。特别光滑部位加包垫是防止吊索受力后滑脱。起重吊钩挂在重物重心线上是防止起吊受力后突然倾斜导致滑脱。起吊电杆等长物件时应根据起吊目的选择吊点位置,立、撤杆过程中的吊点应选择在重心以上,以防止立、撤杆过程中突然倾斜。

11.1.8　在起吊、牵引过程中,受力钢丝绳的周围、上下方、转向滑车内角侧、吊臂和起吊物的下面,禁止有人逗留和通过。

**【解读】**钢丝绳在受力后，一旦支撑或连接装置发生意外造成弹起或断裂，将对周围、上下方、转向滑车内角侧、吊臂和起吊物下面的人员造成严重伤害，因此禁止有人逗留和通过。

11.1.9 更换绝缘子串和移动导线的作业，当采用单吊(拉)线装置时，应采取防止导线脱落时的后备保护措施。

**【解读】**更换绝缘子串或移动导线时，如采用单吊(拉)线装置，一旦吊线装置发生机械故障，将造成导线脱落，因此应采取防脱落的后备保护措施。

11.1.10 吊物上不许站人，禁止作业人员利用吊钩来上升或下降。

**【解读】**吊物在起吊过程中会有较大幅度晃动，吊物上人员很难保持平衡。吊钩没有专门设计保证作业人员安全的设施、保险装置，故禁止作业人员利用吊钩来上升或下降。

**四、课程总结**

本课程主要介绍了起重和运输的一般注意事项,包括设备需要经过专业机构监督检验合格、相关人员需要经过培训考核、工作负载符合要求、专人指挥、安置要求、起吊物件绑扎要求、作业区域人员管控、防止导线脱落措施等内容。

## 案例2:吊车过载使用,翻车碰触带电线路起火

**一、事故案例**

2016年8月10日,××供电公司所辖线路35kV房山线12号塔被发生交通事故的货车碰撞,杆塔受损,该公司输电运检室根据现场勘察结果制定了停电使用吊车更换塔材的方案。指派王××作为工作负责人,带领工作班成员李××、黄××、苏××、杜××完成此工作。在起吊塔材时,吊车侧翻,倒在了旁边带电运行的10kV线路上,驾驶室着火,吊车司机跳车逃生时腿部骨折,吊车严重损毁。事后调查发现,当时吊车超载使用且没有过负荷限制装置,驾驶室内铺设的塑料地垫被电弧引燃。

**二、案例分析**

案例中,驾驶室没有铺设绝缘垫,吊车没有负荷限制装置,违反了《国家电网公司电力安全工作规程　线路部分》中11.2.2与11.2.6的规定。

**二、安规讲解**

11.2　起重设备一般规定。

11.2.1　没有得到起重司机的同意,任何人不准登上起重机。

**【解读】**起重机作业时,其运行行走、回转的区域较大,起重作业过程中驾驶人员的注意力在吊件和起重指挥的操作指令上,站在起重设备上的任何部位都有可能因未被驾驶人员发现而导致伤害。

11.2.2　起重机上应备有灭火装置,驾驶室内应铺橡胶绝缘垫,禁止存放易燃物品。

**【解读】**起重机上应备有灭火装置,驾驶室内应铺橡胶绝缘垫,禁止存放易燃物品。防止火灾事故及触电事故。

11.2.3　在用起重机械,应当在每次使用前进行一次常规性检查,并做好记录。起重机械每年至少应做一次全面技术检查。

**【解读】**每次使用前的检查应包括:①电气设备外观检查。②检查所有的限制装置或保险装置以及固定手柄或操纵杆的操作状态。③超载限制器的检查。④气动控制系统中的气压是否正常。⑤检查报警装置能否正常操作。⑥吊钩钢丝绳外观检查等。全面技术检查应遵守《起重机械定期检验规则》(TSGQ 7015—2008)的规定。

11.2.4　起吊重物前,应由工作负责人检查悬吊情况及所吊物件的捆绑情况,认为可靠后方准试行起吊。起吊重物稍一离地(或支持物),应再检查悬吊及捆绑,认为可靠后方准继续起吊。

**【解读】**正式起吊重物前的安全措施很重要,只有捆绑牢固、正确以及悬吊情况良好,方能继续起吊。

11.2.5 禁止与工作无关人员在起重工作区域内行走或停留。

**【解读】**起重工作区域如发生绳索断裂、机械损坏等意外情况，可能发生高空落物或起重设备、吊物件碰撞等多种意外情况，会对受力钢丝绳周围、上下方、转向滑车内角侧、吊臂和起吊物下面的人员造成抽伤、砸伤等伤害。因此，上述区域严禁人员逗留和通过，禁止与工作无关人员在起重工作区域内行走或停留。

11.2.6 各式起重机应该根据需要安设过卷扬限制器、过负荷限制器、起重臂俯仰限制器、行程限制器、联锁开关等安全装置；其起升、变幅、运行、旋转机构都应装设制动器，其中起升和变幅机构的制动器应是常闭式的。臂架式起重机应设有力矩限制器和幅度指示器。铁路起重机应安有夹轨钳。

**【解读】**根据《电业安全工作规程》和《起重机械安全规程》的要求，防止起重机超参数运行，便于起重机司机在操作过程中掌握起重机所处的状况，避免超载造成倾覆，故作上述要求。

**四、课程总结**

本课程主要介绍了起重设备一般规定，包括防火要求、相关检查、捆绑检查、人员管控、各式起重机的限制器和联锁开关等内容。

## 案例3：水泥杆散落，搬运人员被砸伤

**一、事故案例**

2008年11月24日22时，××供电公司输电运检室运维的110kV东大线、110kV东平线跳闸，造成重要用户停电。经事故查线发现由于大风暴雨造成了20号、28号、31号等10处水泥杆倒落、杆身损坏需要更换，输电运检室组织班组成员和输电变工程公司施工队伍进行抢修。新水泥杆运抵现场后，负责人段××安排随车人员王××、周××依次就近卸车，在东大线28号，卸下一根水泥杆后，车上其余水泥杆由于固定不牢发生了滚动，车上的工作人员周××躲闪不及时被砸伤脚部，造成左脚骨折。

**二、案例分析**

案例中，工作负责人段××安排随车人员王××、周××卸车时，卸下一根水泥杆后，未对车上其余水泥杆固定，导致周××躲闪不及时被滚下的水泥杆砸成左脚骨折，违反了《国家电网公司电力安全工作规程　线路部分》中11.3.3的规定。

**三、安规讲解**

11.3 人工搬运。

11.3.1 搬运的过道应平坦畅通，如在夜间搬运，应有足够的照明。如需经过山地陡坡或凹凸不平之处，应预先制定运输方案，采取必要的安全措施。

**【解读】**搬运尤其是多人搬运，人员容易由于重心不稳而摔倒，因此过道应平坦畅通。夜间视线不好，没有充足的照明，看不清路况时人员更容易摔倒。如搬运要经过山地陡坡或凹凸不平之处，搬运人员行走更加困难，多人搬运可能由于受力不均造成设备摔坏或人身伤害，所以应预先制定运输方案，采取必要的安全措施。

11.3.2　装运电杆、变压器和线盘应绑扎牢固,并用绳索绞紧。水泥杆、线盘的周围应塞牢,防止滚动、移动伤人。运载超长、超高或重大物件时,物件重心应与车厢承重中心基本一致,超长物件尾部应设标志。禁止客货混装。

**【解读】**采取车辆装运电杆、变压器和线盘时绑扎牢固,是防止由于车辆行驶过程中突然加速或紧急刹车时,由于惯性物体挤压驾驶室或从车辆上脱落等。运载超长、超高或重大物件时,物体重心与车厢承重中心基本一致是防止车辆受力倾斜而导致车辆倾覆事故。

11.3.3　装卸电杆等笨重物件应采取措施,防止散堆伤人。分散卸车时,每卸一根之前,应防止其余杆件滚动;每卸完一处,应将车上其余的杆件绑扎牢固后,方可继续运送。

**【解读】**电杆等圆形物体在装卸时,由于物体的滚动和重力挤压而导致散堆伤人。

11.3.4　使用机械牵引杆件上山时,应将杆身绑牢,钢丝绳不准触磨岩石或坚硬地面,牵引路线两侧5m以内,不准有人逗留或通过。

**【解读】**用钢丝绳牵引重物上山时钢丝绳触磨岩石或坚硬地面容易损伤钢丝绳,牵引过程中重物受力或由于上山通道过程中遇有障碍物,重物会出现偏移,因此牵引路线两侧5m以内不应有人。

11.3.5　多人抬杠,应同肩,步调一致,起放电杆时应相互呼应协调。重大物件不准直接用肩扛运,雨、雪后抬运物件时应有防滑措施。

**【解读】**多人抬杠时要求同肩,是防止抬杠过程中,抬杠人员受干扰后,意外突然卸载,其他人员无法同时卸载而造成伤害。重大物件直接用肩扛运时无法调整和保持受力平衡。雨、雪后抬物件时作业人员脚下滑动导致受力平衡破坏而容易造成事故。

**四、课程总结**

本课程主要介绍了人工搬运的要求,包括搬运通道要求,装运电杆、变压器和线盘的要求,运载超长、超高或重大物件的要求,装卸电杆等笨重物件采取的措施,使用机械牵引杆件上山时的要求,多人抬杠时的要求。

# 12　配电设备上的工作

## 案例1:配电变压器台架上未验电作业,作业人触电死亡

**一、事故案例**

2017年4月12日,××供电公司配电班对其运维的10kV××设备进行特巡时发现变压器台架高压套管渗油,报告工区后,组织配电安装公司配电班进行处理,班长安排工作负责人李××带领赵××去处理此高压套管渗油缺陷。根据现场勘察结果制定了检修方案并办理了工作票后,两人到达现场,李××监护,赵××登上台架对高压侧A相套管渗油缺陷进行处理。赵××作业过程中,触及A相套管上端直接放电,致使赵××从台架上摔下,经抢救无效死亡。

**二、案例分析**

案例中,赵××作业过程中既没有先拉开开关,也没有进行验电接地,最终造成事故的发生,违反了《国家电网公司电力安全工作规程　线路部分》中12.1.2的规定。

**三、安规讲解**

12.1　配电设备上工作的一般规定。

12.1.1　配电设备[包括高压配电室、箱式变电站、配电变压器台架、低压配电室(箱)、环网柜、电缆分支箱]停电检修时,应使用第一种工作票;同一天内几处高压配电室、箱式变电站、配电变压器台架进行同一类型工作,可使用一张工作票。高压线路不停电时,工作负责人应向全体人员说明线路上有电,并加强监护。

**【解读】**停电作业都应使用第一种工作票,同一天内几处高压配电室、箱式变电站、配电变压器台架进行同一类型工作,可使用一张工作票。低压线路停电但高压线路不停电时,由于二者间距较小,为防止人身触电,工作负责人应向全体人员说明线路上有电,并加强监护。

12.1.2　在高压配电室、箱式变电站、配电变压器台架上进行工作,不论线路是否停电,应先拉开低压侧刀闸,后拉开高压侧隔离开关(刀闸)或跌落式熔断器,在停电的高、低压引线上验电、接地。以上操作可不使用操作票,在工作负责人监护下进行。

**【解读】**为防止突然来电和反送电,高压配电室、箱式变电站、配电变压器台架不论线路是否停电,都要先拉开低压侧刀闸,后拉开高压侧隔离开关(刀闸)或跌落式熔断器,并在已停电的高、低压引线上验电、接地以减轻高压弧光短路的危害。

12.1.3　作业前检查双电源和有自备电源的用户已采取机械或电气联锁等防反送电的

强制性技术措施。

在双电源和有自备电源的用户线路的高压系统接入点,应有明显断开点,以防止停电作业时用户设备反送电。

**【解读】**为了防止在用户侧将多路电源合环和向停电区域反送电,多电源用户和有自备电源用户接入处采取机械或电气联锁。在有双电源和有自备电源的用户线路的高压系统接入点设置明显断开点,以防配电网中停电作业多电源用户向停电区域反送电。

12.1.4　环网柜、电缆分支箱等箱式设备宜设置验电、接地装置。

**【解读】**环网柜和电缆分支箱等箱式设备由于多采用电缆进线,采用常规方式很难进行验电,为保证停电后可靠地采取验电接地等措施,该类设备宜设置验电、接地装置。

12.1.5　进行配电设备停电作业前,应断开可能送电到待检修设备、配电变压器各侧的所有线路(包括用户线路)断路器(开关)、隔离开关(刀闸)和熔断器,并验电、接地后,才能进行工作。

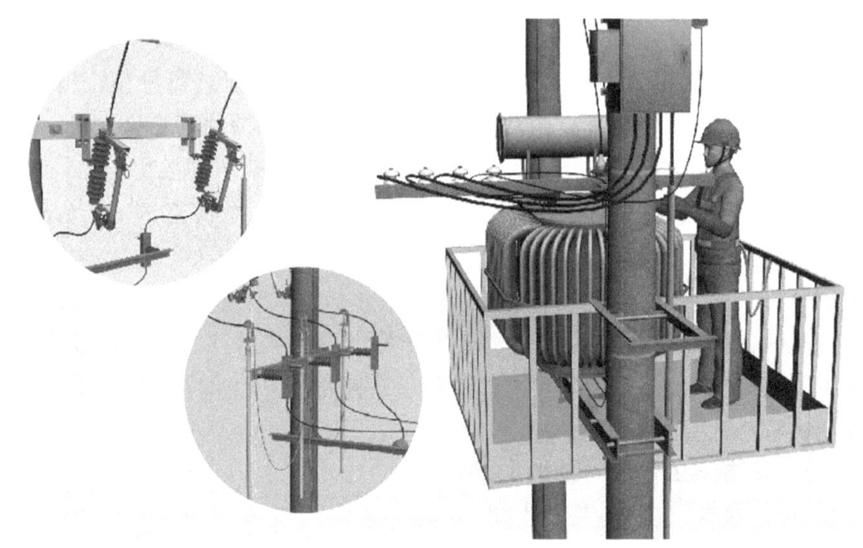

**【解读】**配电网设备电源点多,系统接线方式复杂,应断开所有可能送电到待检修设备、配电变压器各侧的所有线路并验电、接地,以防止由于突然来电和用户向线路反送电发生触电事故。

12.1.6　两台及以上配电变压器低压侧共用一个接地引下线时,其中任一台配电变压器停电检修,其他配电变压器也应停电。

**【解读】**配电变压器中性线与变压器的接地引下线直接相连,为防止多台变压器共用同一个接地体时,配电变电器可能由于中性点漂移使中性线带电,避免发生触电事故保证作业人员安全,其他配电变压器也应停电。

12.1.7　配电设备验电时,应戴绝缘手套。如无法直接验电,可以按6.3.3条的规定进行间接验电。

**【解读】**配电设备间距较小，为了防止作业人员由于验电设备距离较短而造成的净空距离不足，验电应戴绝缘手套。

12.1.8 进行电容器停电工作时，应先断开电源，将电容器充分放电、接地后才能进行工作。

**【解读】**停电工作应先断开设备的电源，但电容器与电源断开后，仍会带有电荷，所以要充分放电、接地，防止携带的电荷对作业人员造成危险。

12.1.9 配电设备接地电阻不合格时，应戴绝缘手套方可接触箱体。

**【解读】**戴绝缘手套可以有效地防止由于配电设备接地电阻不合格箱体带电，接触时对作业人员的触电伤害。

12.1.10 配电设备应有防误闭锁装置，防误闭锁装置不准随意退出运行。倒闸操作过程中禁止解锁。如需解锁，应履行批准手续。解锁工具(钥匙)使用后应及时封存。

**【解读】**防误闭锁装置可以有效地防止配电设备的误操作，因此不准随意退出运行，如特殊情况确需要退出运行或解锁，应履行批准手续。解锁工具(钥匙)使用后应及时封存。

12.1.11 配电设备中使用的普通型电缆接头，禁止带电插拔。可带电插拔的肘型电缆接头，不宜带负荷操作。

**【解读】**带电插拔电缆头会产生电弧，因此禁止带电插拔不具备灭弧能力的普通电缆接头。肘型电缆头有一定的灭弧能力，无负载带电插拔时由于电弧较小，可以防止电弧造成的人身伤害。

12.1.12 杆塔上带电核相时，作业人员与带电部位保持表3的安全距离。核相工作应逐相进行。

**【解读】**在杆塔上核相时，由于是带电进行，作业人员与带电部位安全距离不得小于《国家电网公司电力安全工作规程　线路部分》表3的规定。为防止因核相器造成各相之间安全距离不足引起相间短路，所以配网设备的核相应逐相进行。

**四、课程总结**

本课程主要介绍了配电设备上工作的一般规定，包括配电设备检修时的工作票、操作票使用要求,防止反送电的强制性技术措施,验电、接地要求,共用一个接地引下线的配电变压器检修要求,电容器停电工作要求,防误闭锁装置使用要求,带电插拔电缆接头要求,杆塔上带电核相要求等内容。

## 案例2:穿越架空绝缘地线作业触电

### 一、事故案例

2013年11月22日夜间,××地区突发大范围强对流天气,××供电公司10kV深白线跳闸,李×与靳×一组检查,李×提议,在地面用望远镜检查,人员不要上塔了,靳×发现由于有景观树遮挡,地面无法通过望远镜检查上层线路情况,同杆10kV线路为绝缘导线,而且在大号侧引流线是断开的,判断出此10kV线路并不带电,于是就让李×去下一基检查,靳×独自登塔检查。当李×从73号塔检查完毕后,发现靳×掉落在杆塔下方的绿化带中,身上多处灼伤。经了解,该杆塔在10kV架设处,爬梯少两个梯阶,靳×在攀登过程中脚踩10kV线路,该10kV线路虽然一侧断开,但其支线带有负荷,架空绝缘导线下方树木较高,频繁摩擦导致绝缘外皮破损,靳×在脚踩时距离不足造成放电。

### 二、案例分析

案例中,靳×在作业过程中未将绝缘架空导线视为带电设备,没有与其保持足够的安全距离而发生放电,该案例违反了《国家电网公司电力安全工作规程　线路部分》中12.2.1与12.2.3的规定。

### 三、安规讲解

12.2　架空绝缘导线作业。

12.2.1　架空绝缘导线不应视为绝缘设备,作业人员不准直接接触或接近。架空绝缘线路与裸导线线路停电作业的安全要求相同。

**【解读】**与电缆相比,架空绝缘导线无屏蔽层、无外护套容易造成绝缘损坏,且由于平时不做试验,绝缘损坏后无法及时发现且存在表面感应电。为防止绝缘损坏后带电伤人,架空绝缘导线不应视为绝缘设备,作业人员不准直接接触或接近。架空绝缘线路与裸导线线路停电作业的安全要求相同。

12.2.2　架空绝缘导线应在线路的适当位置设立验电接地环或其他验电接地装置,以满足运行、检修工作的需要。

**【解读】**架空绝缘导线在停电检修时也应采取验电、接地措施,为满足运行、检修的需要,应在线路的适当位置设立验电接地环或其他验电接地装置。

12.2.3　在停电检修作业中,开断或接入绝缘导线前,应做好防感应电的安全措施。

**【解读】**绝缘导线可能由于附近存在平行或交叉跨域的带电设备而带有感应电,感应电达到一定程度时会对作业人员的安全造成威胁,在停电检修作业中,开断或接入绝缘导线前,应做好防感应电的安全措施。

### 四、课程总结

本课程主要介绍了架空绝缘导线上作业需要做的安全措施,包括架空绝缘导线不应视

为绝缘设备，应在线路的适当位置设立验电接地环或其他验电接地装置，禁止作业人员穿越未停电接地或未采取隔离措施的绝缘导线进行工作，开断或接入绝缘导线前应做好防感应电的安全措施。

## 案例3：配网台架上作业相间短路造成触电1

### 一、事故案例

2014年8月18日上午，××供电公司城区供电所临时抄表，配电班成员张××根据工作安排在槐树湾村2＃配变台架上处理低压配电箱刀闸缺陷，张××使用起子接线时，由于起子金属裸露部分未采取绝缘包扎，造成两相短路，产生的弧光导致三相短路。电弧引燃张××身上的T恤衫，左面部、胸部、胳膊和两手灼伤，从配变台架上跌落。

### 二、案例分析

案例中，张××由于起子的金属裸露部分未采取绝缘包扎，导致三相短路，违反了《国家电网公司电力安全工作规程　线路部分》中12.3.1的规定。

### 三、安规讲解

12.3　装表接电。

12.3.1　带电装表接电工作时，应采取防止短路和电弧灼伤的安全措施。

**【解读】**低压设备由于相间距离比较小，容易发生短路并产生电弧，带电装表接电工作时，应采取戴护目镜等安全措施，防止短路和电弧灼伤。

12.3.2　电能表与电流互感器、电压互感器配合安装时，宜停电进行。带电工作时应有防止电流互感器二次开路和电压互感器二次短路的安全措施。

**【解读】**停电可以有效防止因电流互感器二次回路开路和电压互感器二次回路短路可能对作业人员造成的伤害。

12.3.3　所有配电箱、电表箱均应可靠接地且接地电阻应满足要求。作业人员在接触运用中的配电箱、电表箱前，应检查接地装置是否良好，并用验电笔确认其确无电压后，方可接触。

**【解读】**配电箱、电表箱的金属外壳如果带电，一旦作业人员接触，将会发生触电事故，因此接地必须良好，验电后才能接触。

12.3.4　当发现配电箱、电表箱箱体带电时，应断开上一级电源将其停电，查明带电原因，并作相应处理。

**【解读】**为防止处理人员触电，必须从上一级电源侧断开，以确保设备不再带电。

12.3.5　带电接电时作业人员应戴手套。

**【解读】**带电接电时为了避免触电和电弧对作业人员的伤害，应戴手套。

**四、课程总结**

本部分主要讲了装表接电过程中，应采取防止短路和电弧灼伤的安全措施，带电工作时应有防止电流互感器二次开路和电压互感器二次短路的安全措施，配电箱、电表箱均应可靠接地且接地电阻应满足要求，配电箱、电表箱箱体带电时的处理要求等。

## 案例4：配网台架上作业相间短路造成触电2

**一、事故案例**

2010年10月13日下午，××供电公司××供电所运行人员向带电班班长王××报10kV平疃路34支10号杆设备危急缺陷。该缺陷为10kV平疃路34支10号杆中相立铁因紧固螺母脱落，螺栓脱出；中相立铁和绝缘子及导线向东边相倾斜，中相绝缘子搭在东边相绝缘子上，中相绝缘子瓷裙损坏；中相导线距离东边相导线约为20cm。带电班班长安排班内人员于次日进行带电消缺。

2010年10月14日9时40分，工作负责人李××带领带电作业人员樊×(劳务派遣工，2000年3月参加工作，2005年5月进入××劳务公司，2009年4月取得带电作业资格)、刘×、陈××和赵××到达现场处理设备缺陷。到达现场后，工作负责人针对现场工作环境和设备缺陷状况，拟定了施工方案和作业步骤：第一步由陈××在带电作业车主绝缘斗内用绝缘杆将倾斜的中相导线推开，确保中相导线与东边相导线满足实施绝缘遮蔽的工作间距，并由樊×在副绝缘斗内对中相导线放电线夹做绝缘遮蔽；第二步由陈××用绝缘杆推正导线，将中相立铁推至抱箍凸槽正面，协助樊×进行立铁螺栓的对孔工作，由樊×安装、紧固立铁上侧螺母；第三步由陈××对东边相的放电线夹作绝缘防护工作后，由樊×更换中相绝缘子工作。随后填写了电力线路事故应急抢修单。

工作开始，陈××、樊×穿戴好安全防护用具进入绝缘斗内，由陈××用绝缘杆将倾斜的中相导线推开，樊×对中相导线放电线夹做绝缘防护后，陈××继续用绝缘杆推动导线，将中相立铁推至抱箍凸槽正面，由樊×安装、紧固立铁上侧螺母。10时20分，樊×在安装中相立铁上侧螺母时，因螺栓在抱箍凸槽内，戴绝缘手套无法顶出螺栓，便擅自摘下双手绝缘手套作业，左手拿着螺母靠近中相立铁，举起右手时，与遮蔽不严的放电线夹放电，造成人身触电。10时25分，现场工作人员将触电者樊×解救下带电车，并对其做心肺复苏抢救，同时报120急救中心。11时50分，樊×在医院经抢救无效死亡。

**二、案例分析**

案例中，樊×擅自摘下双手绝缘手套，且未与带电设备保持足够的距离，导致触电死亡，违反了《国家电网公司电力安全工作规程 线路部分》中12.4.3与12.4.4的规定。

**三、安规讲解**

12.4 低压带电工作。

12.4.1 不填用工作票的低压电气工作可单人进行。

**【解读】**不填用工作票的低压电气工作，一般是比较简单的工作，如停电的用户终端设备、低压非高处作业的停电更换电表等，可单人进行。高处作业和低压带电工作不得单人进行。

12.4.2 使用有绝缘柄的工具，其外裸的导电部位应采取绝缘措施，防止操作时相间或相对地短路。低压电气带电工作应戴手套、护目镜，并保持对地绝缘。禁止使用锉刀、金属尺和带有金属物的毛刷、毛掸等工具。

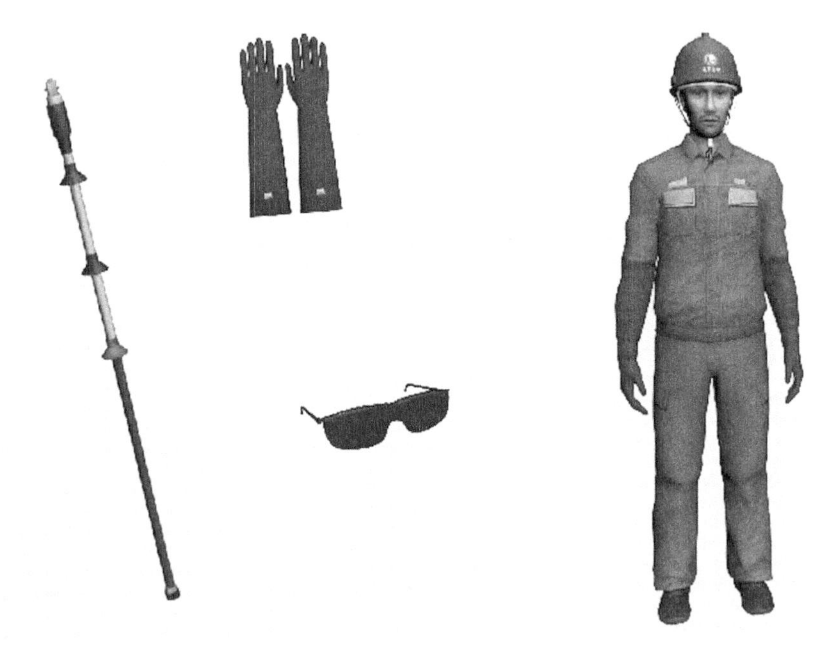

**【解读】**使用有绝缘柄的工具，其外裸的导电部位应采取绝缘措施，防止操作时相间或相对地短路。工作时，应穿绝缘鞋和全棉长袖工作服，并戴手套、安全帽和护目镜，站在干燥的绝缘物上进行。禁止使用锉刀、金属尺和带有金属物的毛刷、毛掸等工具。

12.4.3 高低压同杆架设，在低压带电线路上工作时，应先检查与高压线的距离，采取防止误碰带电高压设备的措施。在下层低压带电导线未采取绝缘措施时，作业人员不准穿越。在带电的低压配电装置上工作时，应采取防止相间短路和单相接地的绝缘隔离措施。

**【解读】**高低压同杆架设，在低压带电线路上工作时，应充分考虑两者距离，高低压线由于弛度不同的偏差以及人员的活动范围，必要时应根据现场实际情况采取绝缘隔离等措施，以免误碰高压线设备。由于低压配电设备对地和相间距离较小，操作过程中容易造成单相接地或相间短路，在不停电的低压配电装置上工作时，应采取防止相间短路和单相接地的绝缘隔离措施。

12.4.4 上杆前，应先分清相、零线，选好工作位置。断开导线时，应先断开相线，后断开零线。搭接导线时,顺序应相反。

人体不准同时接触两根线头。

**【解读】**操作过程中,相线、零线由于操作顺序和方法不同,必须提前分清。如果先断开零线,后断开相线,将造成二次带电断线,增加了触电危险。因此应严格按照操作顺序进行,即断开导线时,应先断开相线,后断开零线。搭接导线时,顺序应相反。人体不准同时接触两根线头。

**四、本章总结**

本课程主要介绍了低压不停电工作,包括该工作应设专人监护,有绝缘柄工具的使用要求,作业人员要求,高低压同杆架设的安全措施,断开、搭接导线的顺序,人体不准同时接触两根线头等内容。

# 13　带电作业

## 案例1:带电作业条件不符合,放电烧伤人员

### 一、事故案例

2001年9月28日,天气阴,上午9:00整,××供电公司输电运检室运维二班工作人员李××,在巡视国庆保电线路220kV××线过程中,发现022号塔大号侧中相防振锤移位5m,通过电话通知运行专责张××,张××联系带电作业班班长王××,要求马上进行处理,王××接到任务后,查看了当天天气,预计下午有暴雨,立马给张××回电,说下午有雨,防振锤移位属于一般缺陷,可以在明天天气良好下进行带电作业处理,今天天气不适合开展带电作业,存在安全隐患。张××说这是保电线路,发现缺陷必须马上处理,如果发生事故你担不起责任。王××随即办理了一张带电作业工作票,到达现场后安排工作班成员吴××和杜××上塔工作,挂好绝缘绳、安装固定好平梯后,杜××通过平梯骑行到中间时解除传递绳,移动到导线附近准备等电位时,天空突下小雨,此时发生"呼"的一声,火花一片,导线对杜××放电,杜××全身烧伤。

### 二、案例分析

案例中,工作负责人王××在天气预报有雨的情况下,安排工作班成员吴××和杜××上塔带电作业,在作业过程中,天空突下小雨,导致带电线路对杜××放电,造成全身烧伤,违反了《国家电网公司电力安全工作规程　线路部分》中13.1.2的规定。

### 三、安规讲解

13.1　一般规定。

13.1.1　本部分适用于在海拔1000m及以下交流10kV～1000kV、直流±500kV～±800kV(750kV为海拔2000m及以下值)的高压架空电力线路、变电站(发电厂)电气设备上,采用等电位、中间电位和地电位方式进行的带电作业。

在海拔1000m以上(750kV为海拔2000m以上)带电作业时,应根据作业区不同海拔高度,修正各类空气与固体绝缘的安全距离和长度、绝缘子片数等,并编制带电作业现场安全规程,经本单位批准后执行。

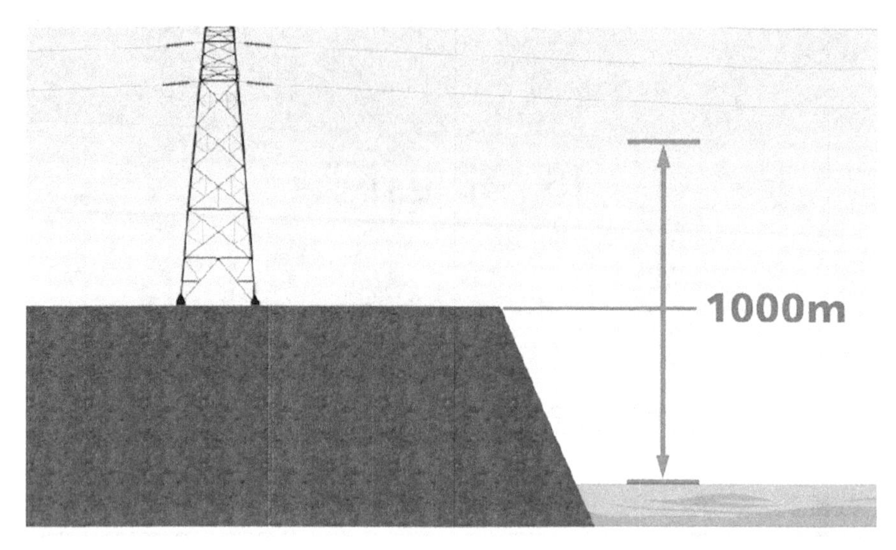


**【解读】**带电作业是指在没有停电的设备或线路上进行的工作,如在带电的电气设备或线路上,用特殊的方法(如用绝缘杆、等电位等操作方法)进行测试、维护、检修和个别零部件的更换工作。带电作业按作业人员是否直接接触带电导体可分为直接作业和间接作业;按作业人员作业时所处的电位高低可分为等电位作业、中间电位作业和地电位作业。

在海拔1000m以上(750kV为海拔2000m以上)带电作业时,随着海拔高度的升高,空气间隙放电电压将降低,从而直接影响到输电线路带电作业的安全距离,也会影响最小组合间隙的确定,所以在海拔1000m以上带电作业时应经过计算,经本单位分管生产的领导(总工程师)批准后执行。

13.1.2　带电作业应在良好天气下进行。如遇雷电(听见雷声、看见闪电)、雪、雹、雨、雾等,不准进行带电作业。风力大于5级,或湿度大于80%时,不宜进行带电作业。

在特殊情况下,必须在恶劣天气进行带电抢修时,应组织有关人员充分讨论并编制必要的安全措施,经本单位批准后方可进行。

**【解读】**雷电引起的过电压（又称大气过电压），会给带电作业带来极大的危害，故在可闻雷声和可见闪电的情况下，均不许进行带电作业。雨、雪、雾对绝缘工具的绝缘性能是有影响的，严重者将引闪络，故在雨、雪、雾条件下不许进行带电作业。风力超过5级（风速大于10.7m/s）会给杆（塔）上作业人员工作带来一定困难，一般不宜进行带电作业。湿度大于80%时，绝缘工具或绝缘绳索潮湿会影响绝缘性能，达到一定负荷时，容易引起发热甚至冒烟着火。综上，带电作业应在良好天气下进行。

遇有特殊情况，必须在恶劣天气进行带电抢修时，应组织有带电作业经验人员充分讨论并编制必要的安全措施，经本单位分管生产的领导（总工程师）批准后方可进行。

**四、课程总结**

本课程重点介绍了带电作业一般规定的相关内容，带电作业的适用海拔高度及作业所需的天气条件，如超过规定海拔高度以及在恶劣天气条件下进行作业，应进行相关研讨，编制相应安全措施并经本单位分管生产的领导（总工程师）批准后方可进行。

## 案例2：带电作业人员无证作业，放电烧伤人员

**一、事故案例**

2013年4月10日，上午11：00，××供电公司输电运检室输电运检四班工作人员赵××，在巡视两会保电线路500kV京南线过程中，发现018号塔大号侧中相间隔棒迈步，通过电话通知运行专责钱××，钱××联系带电作业班班长孙××，要求马上进行处理。孙××接到任务后，办理了一张带电作业工作票，准备好工具后，小组一共5人加上钱××就出发了，此次作业采用平梯法等电位进入电场调整迈步的间隔棒，到达现场准备工具时，孙××让李××（新员工）穿上屏蔽服赶紧开始作业，于是工作班成员李××和周××上塔工作，挂好绝缘绳后，塔下人员将平梯传到作业位置，安装固定好平梯后，李××通过平梯骑行到中间时解除传递绳，移动到导线附近准备等电位时，因安全距离不够，导线对李××放电，李××上半身屏蔽服瞬间全部烧光，从头到肚子全部受伤。

**二、案例分析**

案例中，工作负责人孙××安排新员工李××开展带电作业，在作业过程中，因安全距离不够，导致李××从头到肚子全部被烧伤，违反了《国家电网公司电力安全工作规程　线路部分》中13.1.4的规定。

**三、安规讲解**

13.1.3　对于比较复杂、难度较大的带电作业新项目和研制的新工具，应进行科学试验，确认安全可靠，编出操作工艺方案和安全措施，并经本单位批准后，方可进行和使用。

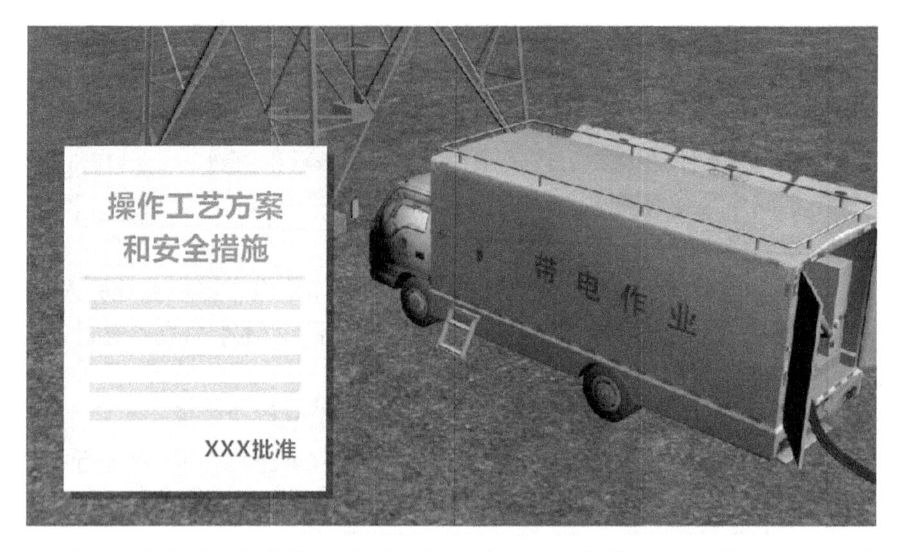


【解读】对于比较复杂、难度较大的带电作业新项目,操作流程和作业方法比较复杂,存在安全风险;研制的新工具,应按《输电线路施工机具设计、试验基本要求》(DL/T 875—2004)的规定由相关权威试验机构进行电气试验和机械试验并出具合格证,确认安全可靠,组织专业技术人员编制出操作工艺方案和安全措施,并经本单位分管生产的领导(总工程师)批准后,方可进行和使用。

13.1.4　参加带电作业的人员,应经专门培训,并经考试合格取得资格、单位批准后,方能参加相应的作业。带电作业工作票签发人和工作负责人、专责监护人应由具有带电作业资格、带电作业实践经验的人员担任。

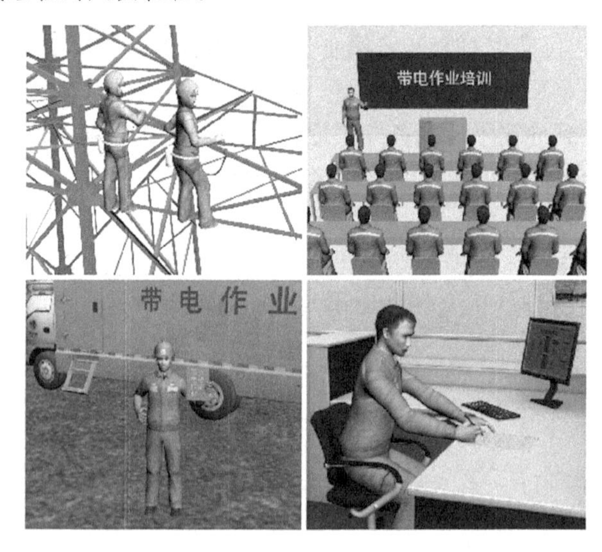


【解读】凡从事带电作业的人员在上岗前,必须通过与本工种相适应的理论知识和实际操作培训考核,取得资格并经单位书面批准后,才能参加带电作业。未经培训或培训考核不合格者不得从事带电作业工作。《带电作业资格证》自取得之日起有效期四年,到期应重新接受理论知识和实际操作培训;考试合格,资格证书有效期顺延四年,以后依次类推;培训考核不合格者,应收回其资格证书,并暂停作业资格。

带电作业工作票签发人和工作负责人、专责监护人同样应取得相应的带电作业资格,并应具有一定的带电作业实践经验,每年参加本单位组织的相关规程理论考试并达到合格标准,由本单位下文公布名单。

**四、课程总结**

本课程重点介绍带电作业一般规定的相关内容,包括比较复杂、难度较大的带电作业新项目、研制的新工具实施要求以及参加带电作业的人员要求。

## 案例3:带电作业专责监护人参加工作,造成放电

**一、事故案例**

2003年8月4日,××供电公司输电运检室带电作业班副班长(专责监护人)金××从事带电作业时间不到一年,带领7名工人在110kV××线012号耐张杆更换靠导线侧第一片零值绝缘子。由金××和国××上杆作业,使用前后卡具、绝缘拉板和托瓶架等工具,采用间接作业法进行,当拔出零值绝缘子前后的弹簧销后,收紧丝杆,使绝缘子串松弛,使用绝缘操作杆取零值绝缘子。由于取瓶器卡不住绝缘子,一时无法用绝缘操作杆取出。站在横担上的金××便直接用手将其取出,导线对金××手放电,击伤。

**二、案例分析**

案例中,在带电更换零值绝缘子时,作业人员取出待更换绝缘子前后弹簧销后,取瓶器卡不住绝缘子,站在横担上的金××直接用手取绝缘子,导线对金××手放电,违反了《国家电网公司电力安全工作规程　线路部分》中13.1.5的规定。

**三、安规讲解**

13.1.5　带电作业应设专责监护人。监护人不准直接操作。监护的范围不准超过一个作业点。复杂或高杆塔作业必要时应增设(塔上)监护人。

**【解读】**带电作业人员在作业过程中，应保持规程中各类安全距离，作业人员的一系列安全和操作流程，需要由地面或近前的专业人员进行监护、指导和协助，纠正其不安全动作。没有监护人，作业安全就得不到保证。因此，带电作业应设置专责监护人。在复杂或高杆塔作业时，若地面监护人员不易看清作业人员的动作、对作业人员与带电体的安全距离不能进行有效监护时，应增设(塔上)监护人。

**四、课程总结**

本课程重点介绍了带电作业的监护要求，包括监护人不准直接操作、监护的范围不准超过一个作业点、复杂或高杆塔作业必要时应增设(塔上)监护人。

## 案例 4:带电作业前未勘察现场，造成工作无法开展

**一、事故案例**

2015 年 6 月 14 日，××供电公司输电运检室带电作业班对 110kV 刚至线 010 号～011 号中间修补导线，工作负责人王××开好带电作业工作票，工作班成员共计 5 人，16:00 到达现场。工作班成员张××和古××将作业需要使用的安全工器具摆放在防潮苫布上，并对使用的安全工器具进行了检测，未发现不合格的带电作业工器具。王××给调度值班员李××申请开展 110kV 刚至线 010 号～011 号中间修补导线作业，天气良好，风速 1m/s，温度 28.5℃，湿度 30%，符合作业条件，申请停用合闸，调度值班员李××同意后，王××开始宣读工作票，进行工作分工，等电位电工为张××，其余人为地面电工，张××穿好全套屏蔽服及阻燃内衣，佩戴好安全带后，顺着软梯向导线爬去，等电位后移位到距修补导线 25m 处时，发现下方有 10kV 线路，通过测量距离达不到要求，如果通过会发生放电，工作负责人王××马上要求张××返回停止工作。由于没有提前进行现场勘察，导致缺陷未及时消除，当天晚上受大风影响，导线损伤处断股数量增加增长，破股导线搭接到 10kV 线路，造成跳闸。

**二、案例分析**

案例中，工作负责人王××在进行带电修补导线作业前，未进行现场勘察，作业过程中，发现修补导线下方有 10kV 线路，不符合作业条件，导致缺陷未及时消除，当天晚上受大风影响，破股导线搭接到 10kV 线路，造成跳闸，违反了《国家电网公司电力安全工作规程　线路部分》中 13.1.6 的规定。

**三、安规讲解**

13.1.6　带电作业工作票签发人或工作负责人认为有必要时，应组织有经验的人员到现场勘察，根据勘察结果作出能否进行带电作业的判断，并确定作业方法和所需工具以及应采取的措施。

**【解读】**现场勘察结果是判定工作必要性和现场装置是否具备带电作业条件的主要依据。由于带电作业在安全方面的特殊要求，即使作业项目内容相同，但由于线路走向、装置结构、环境等因素的不同都会影响带电作业安全，因此工作票签发人、工作负责人应对每项工作任务进行现场勘察。根据勘察结果确定作业方法，选择合适的工作人员，采取相应的安全措施和技术措施。

**四、课程总结**

本课程重点介绍了带电作业现场勘察的条件及要求，根据勘察结果作出能否进行带电作业的判断，并确定作业方法和所需工具以及应采取的措施。

## 案例5：带电作业约时恢复重合闸，对人员造成二次伤害

**一、事故案例**

2001年11月15日，××供电公司输电运检室带电作业班对220kV京王线009号带电修补损伤导线，工作负责人牛××在前一天对现场进行勘察，并开好带电作业工作票，工作班成员共计6人，上午8:00到达现场后，工作班成员王××和李××将带电作业需要使用的安全工器具摆放在防潮苫布上，并对使用的安全工器具进行了检测，未发现不合格的带电作业工器具。牛××给调度值班员金××申请开展220kV京王线009号带电修补损伤导线作业，天气良好，风速3m/s，温度27.5℃，湿度50%，符合作业条件，申请停用合闸，10:00恢复重合闸。金××同意后，牛××开始宣读工作票，进行工作分工，塔上地电位电工分别是王××和新来成员付××，王××辅助安装平梯，付××在塔上传递工具，等电位电工为李××，三人穿好屏蔽服、系好安全带后，先后上塔，塔下人员将平梯传到作业位置，安装固定好平梯后，李××通过平梯移动到导线，进入电场到作业位置，李××打磨好导线，修补好后此时09:58，李××退出电场后，时间是10:00。金××按照预定时间恢复了重合闸，王××在拆除平梯时，绳子断开，瞬间对付××、李××放电，造成线路跳闸，由于重合闸已恢复，线路自动重合，对工作班成员李××造成二次伤害。

**二、案例分析**

案例中，调度值班员金××按照约定的时间恢复了重合闸，而实际上作业尚未结束，导致作业人员王××在拆除平梯时，绳子断开，瞬间对付××、李××放电，造成线路跳闸，由于重合闸已恢复，线路自动重合，对工作班成员李××造成二次伤害，违反了《国家电网公司电力安全工作规程　线路部分》中13.1.7的规定。

**三、安规讲解**

13.1.7　带电作业有下列情况之一者，应停用重合闸或直流线路再启动功能，并不准强送电，禁止约时停用或恢复重合闸及直流线路再启动功能。

**【解读】**停用重合闸是为了防止带电作业引出的故障使断路器跳闸后重合，造成人身和设备损害而扩大事故。据此，凡是带电作业引起的故障可使断路器跳闸的都应向调度部门申请退出重合闸，强调断路器跳闸后，不得强送电。如：中性点直接接地系统可能引起单相接地的作业；中性点不接地或经消弧线圈接地的系统可能引起相间短路的作业；实际工作中存在的工作负责人和监护人认为可能引起断路器跳闸的作业。对可能发生以上情况时的作业均应由工作负责人向调度部门申请停用重合闸。

a)中性点有效接地的系统中有可能引起单相接地的作业。

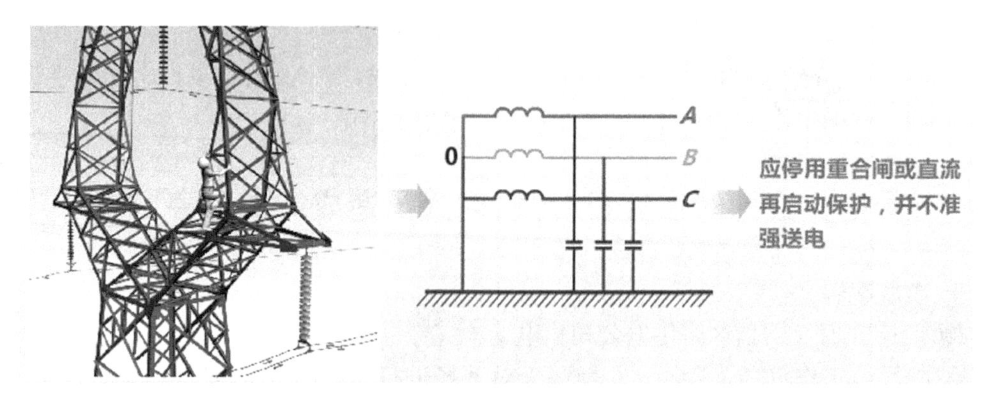


【解读】中性点直接接地系统单相接地会直接跳闸，但若设备上有带电作业人员，跳闸后重合闸时会产生空载合闸过电压，有的系统开关合闸产生的过电压可能高达7～8倍工频电压，二次过电压将严重威胁作业人员人身安全。

b)中性点非有效接地的系统中有可能引起相间短路的作业。

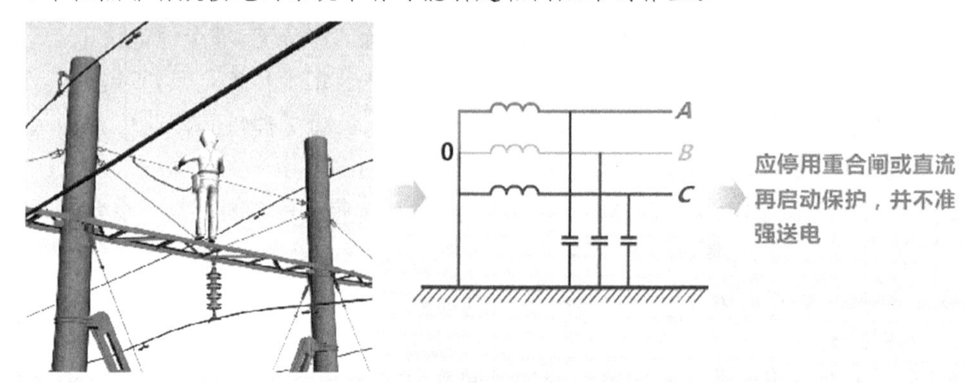


【解读】中性点非有效接地系统，出现相间短路后，自动重合闸动作产生的二次过电压将对作业人员和设备造成严重伤害。

c)直流线路中有可能引起单极接地或极间短路的作业。

【解读】在直流线路中，发生单极接地或极间短路时，再启动功能启动。如果再启动功能不退出，带电作业时发生单极接地或极间短路故障，会造成作业人员和设备的二次过电压伤害。

d)工作票签发人或工作负责人认为需要停用重合闸或直流线路再启动功能的作业。

【解读】工作票签发人或工作负责人应综合考虑现场实际情况、作业方法、作业工器具等因素，在必要时，申请停用重合闸或直流线路再启动功能，有效保障带电作业人员人身安全。

**四、课程总结**

本课程重点介绍了停用重合闸或直流线路再启动功能的情况，包括中性点有效接地的系统中有可能引起单相接地的作业、中性点非有效接地的系统中有可能引起相间短路的作业、直流线路中有可能引起单极接地或极间短路的作业、工作票签发人或工作负责人认为需要停用重合闸或直流线路再启动功能的作业等。

## 案例6：带电作业中停电未联系，继续作业致人死亡

**一、事故案例**

2003年5月11日14:00，××供电公司输电运检室运维一班在看监控时，发现110kV晋一线039号A相防振锤处导线破股，上报后，安排带电作业班对110kV晋一线039号防振锤处修补导线作业，工作负责人高××开好带电作业工作票，查到39号塔塔高60m。工作班成员共计5人，15:00到达现场后，工作班成员唐××和李××将带电作业需要使用的安全工器具摆放在防潮苫布上，高××给调度值班员王××申请开展110kV晋一线039号防振锤处修补导线作业，天气良好，风速1m/s，温度27.8℃，湿度46%，符合作业条件，申请停用合闸，王××同意后，高××开始宣读工作票，进行工作分工，等电位电工唐××，地电位电工李××，其余人为地面配合，唐××穿好全套屏蔽服及安全带后，顺着平梯向导线移去。电位转移后，开始打磨导线，打磨完后发现线路突然停电，就跟高××说线路停电了，赶紧把补修条传上来吧，地面电工认为线路现在没电，随便绑了一下补修条，就传上去了，由于绑得太紧，唐××打不开，就让李××过来给解一下，当李××刚碰到绝缘子时，线路突然来电，造成线路对李××放电，其手臂、头部等多处严重烧伤，抢救无效死亡。

**二、案例分析**

案例中，工作班成员唐××开展带电修补导线，作业过程中，线路突然停电，在解开补修条的绳子时，地电位电工李××过来帮忙，在碰到绝缘子的瞬间，线路突然来电，对李××放电，导致李××触电身亡，违反了《国家电网公司电力安全工作规程　线路部分》13.1.9的规定。

**三、安规讲解**

13.1.8　带电作业工作负责人在带电作业工作开始前，应与值班调控人员联系。需要停用重合闸或直流线路再启动功能的作业和带电断、接引线应由值班调控人员履行许可手续。带电作业结束后应及时向值班调控人员汇报。

**【解读】**带电作业开始前，工作负责人只有得到值班调控人员许可后，方可下令开始工作。带电作业中存在的工作负责人和监护人认为可能引起断路器跳闸的作业以及带电断、接引线作业时，应由工作负责人向调度部门申请将重合闸停用。工作完毕后，工作负责人应及时向值班调控人员汇报，值班调控人员接到工作结束的通知后方可恢复重合闸或直流线路再启动功能。

13.1.9　在带电作业过程中如设备突然停电，作业人员应视设备仍然带电。工作负责人应尽快与调控人员联系，值班调控人员未与工作负责人取得联系前不准强送电。

**【解读】**在带电作业过程中如设备突然停电，因设备随时有来电的可能，故作业人员应视设备仍然带电。工作负责人应告诫全体人员不可掉以轻心，要高度警惕，视作业设备仍然带

电。同时,应对工器具和自身安全措施进行检查,以防出现意外过电压而发生危险,工作负责人马上与值班调控人员联系,值班调控人员未与工作负责人取得联系前不准强送电。

**四、课程总结**

本课程重点介绍了带电作业工作负责人与值班调控人员的联系,包括作业前需要停用重合闸或直流线路再启动功能的作业和带电断、接引线的许可,作业中设备突然停电,作业后工作结束汇报。

## 案例7:带电安全距离不够致操作人死亡

**一、事故案例**

2008年5月15日,××供电公司输电运检室带电作业班班长陈××等7人,在220kV平一线路025号耐张干字塔带电更换内角大号侧整串绝缘子,工作负责人陈××派赵××携带绝缘绳上塔进行地电位操作,钱××登软梯进行等电位工作,自己在地面监护。更换完成,赵××急于下塔,在横担上转移时,忘记上方带电的引流线,由于动作幅度过大,引流线对赵××放电,赵××手臂、颈部等处严重烧伤,经抢救无效死亡。

**二、案例分析**

案例中,赵××更换完耐张塔整串绝缘子后,急于下塔,在横担上转移时,忘记上方带电的引流线,动作幅度过大,引流线对其放电,导致赵××严重烧伤,经抢救无效死亡,违反了《国家电网公司电力安全工作规程　线路部分》中13.2.1的规定。

**三、安规讲解**

13.2　一般安全技术措施。

13.2.1　进行地电位带电作业时,人身与带电体间的安全距离不准小于表5的规定。35kV及以下的带电设备,不能满足表5规定的最小安全距离时,应采取可靠的绝缘隔离措施。

**表5　带电作业时人身与带电体的安全距离**

| 电压等级/kV | 10 | 35 | 66 | 110 | 220 | 330 | 500 | 750 | 1000 | ±400 | ±500 | ±660 | ±800 |
|---|---|---|---|---|---|---|---|---|---|---|---|---|---|
| 距离/m | 0.4 | 0.6 | 0.7 | 1.0 | 1.8(1.6)a | 2.6 | 3.4(3.2)b | 5.2(5.6)c | 6.8(6.0)d | 3.8[e] | 3.4 | 4.5[f] | 6.8 |
| 注:表中数据是根据线路带电作业安全要求提出的。 | | | | | | | | | | | | | |

a　220kV带电作业安全距离因受设备限制达不到1.8m时,经单位批准,并采取必要的措施后,可采用括号内1.6m的数值。

b　海拔500m以下,500kV取值为3.2m,但不适用于500kV紧凑型线路。海拔在500m～1000m时,500kV取值为3.4m。

c　直线塔边相或中相值。5.2m为海拔1000m以下值,5.6m为海拔2000m以下的距离。

d　此为单回输电线路数据,括号中数据6.0m为边相值,6.8m为中相值。表中数值不包括人体占位间隙,作业中需考虑人体占位间隙不得小于0.5m。

e　400kV 数据是按海拔 3000m 校正的，海拔为 3500m、4000m、4500m、5000m、5300m 时最小安全距离依次为 3.90m、4.10m、4.30m、4.40m、4.50m。
f　±660kV 数据是按海拔 500m～1000m 校正的，海拔 1000m～1500m、1500m～2000m 时最小安全距离依次为 4.7m、5.0m。

**【解读】**地电位作业时，人体处于接地的杆塔或构架上，通过绝缘工具带电作业，因而又称绝缘工具法。在不同电压等级电气设备上带电作业时，必须保持空气间隙的最小距离及绝缘工具的最小长度。在确定安全距离及绝缘长度时，应考虑系统操作过电压及远方落雷时的雷电过电压。

35kV 及以下的带电设备，不能满足表 5 规定的最小安全距离时，应采取可靠的绝缘隔离措施。

13.2.2　绝缘操作杆、绝缘承力工具和绝缘绳索的有效绝缘长度不准小于表 6 的规定。

**表 6　绝缘工具最小有效绝缘长度**

| 电压等级/kV | 有效绝缘长度/m | |
|---|---|---|
| | 绝缘操作杆 | 绝缘承力工具、绝缘绳索 |
| 10 | 0.7 | 0.4 |
| 35 | 0.9 | 0.6 |
| 66 | 1.0 | 0.7 |
| 110 | 1.3 | 1.0 |
| 220 | 2.1 | 1.8 |
| 330 | 3.1 | 2.8 |

| 500 | 4.0 | 3.7 |
| --- | --- | --- |
| 750 | 5.3 | 5.3 |
| 绝缘工具最小有效绝缘长度/m | | |
| 1000 | 6.8 | |
| ±400 | 3.75[a] | |
| ±500 | 3.7 | |
| ±660 | 5.3 | |
| ±800 | 6.8 | |
| a ±400kV 数据是按海拔 3000m 校正的，海拔为 3500m、4000m、4500m、5000m、5300m 时最小安全距离依次为 3.90m、4.10m、4.25m、4.40m、4.50m。 | | |

**【解读】**使用绝缘操作杆、绝缘承力工具前必须对绝缘操作杆进行外观的检查，外观上不能有裂纹、划痕等外部损伤。绝缘操作杆、绝缘承力工具和绝缘绳索的有效绝缘长度不准小于表 6 的规定。

**四、课程总结**

本课程重点介绍了带电作业一般安全技术措施的相关要求，包括地电位带电作业时人身与带电体的安全距离以及绝缘工具的有效绝缘长度。

## 案例 8:带电作业使用非绝缘绳，造成线路跳闸

### 一、事故案例

2015 年 5 月 10 日上午 11:00，××供电公司输电运检室运维五班工作人员郑××，在巡视 220kV 南一线过程中，发现 100 号耐张塔 A 相大号侧导线端，防振锤损坏，发现后上报

运行专责,运行专责安排带电作业班下午带电处理,带电作业班班长安排技术员庞××带队处理,庞××开好带电作业工作票,工作班成员 4 人,准备工器具时发现带电绳全部拿去试验了,就拿一条白棕绳,到达现场后,林××上塔到达作业位置之后,挂好绳索,在传递工具至导线时发生放电,白棕绳烧断,导致线路跳闸。

**二、案例分析**

案例中,在开展带电更换防振锤作业过程中,发现带电绳不够,用白棕绳传递工具,导致线路放电跳闸,违反了《国家电网公司电力安全工作规程　线路部分》中 13.2.3 的规定。

**三、安规讲解**

13.2.3　带电作业不准使用非绝缘绳索(如棉纱绳、白棕绳、钢丝绳)。

**【解读】**白棕绳是一种木质产品,即使在干燥的情况下也会有一定量的水分,达不到绝缘的效果,因此带电作业不能使用白棕绳等非绝缘绳索。

13.2.4　带电更换绝缘子或在绝缘子串上作业,应保证作业中良好绝缘子片数不少于表 7 的规定。

**表 7　良好绝缘子最少片数**

| 电压等级 /kV | 35 | 66 | 110 | 220 | 330 | 500 | 750 | 1000 | ±500 | ±660 | ±800 |
|---|---|---|---|---|---|---|---|---|---|---|---|
| 片　数 | 2 | 3 | 5 | 9 | 16 | 23 | 25[a] | 37[b] | 22[c] | 25[d] | 32[e] |

a　海拔 2000m 以下时,750kV 良好绝缘子最少片数,应根据单片绝缘子高度按照良好绝缘子总长度不小于 4.9m 确定,由此确定 xwp300 绝缘子(单片高度为 195mm),良好绝缘子最少片数为 25 片。

b　海拔 1000m 以下时,1000kV 良好绝缘子最少片数,应根据单片绝缘子高度按照良好绝缘子总长度不小于 7.2m 确定,由此确定(单片高度为 195mm)良好绝缘子最少片数为 37 片。表中数值不包括人体占位间隙,作业中需考虑人体占位间隙不得小于 0.5m。

c 单片高度 170mm。
d 海拔 500m～1000m 以下时，±660kV 良好绝缘子最少片数，应根据单片绝缘子高度按照良好绝缘子总长度不小于 4.7m 确定，由此确定(单片绝缘子高度为 195mm)，良好绝缘子最少片数为 25 片。
e 海拔 1000m 以下时，±800kV 良好绝缘子最少片数，应根据单片绝缘子高度按照良好绝缘子总长度不小于 6.2m 确定，由此确定(单片绝缘子高度为 195mm)，良好绝缘子最少片数为 32 片。

【解读】带电更换绝缘子或在绝缘子串上作业时，出现零值绝缘子，说明绝缘子已击穿，起不到绝缘作用，如果失效的绝缘子片数过多，超过一定限度，存在极大的安全隐患，因此必须保证作业中良好绝缘子片数不少于表 7 的规定，确保空气间隙、工具长度与绝缘子串的绝缘水平相适应。

**四、课程总结**

本课程重点介绍了带电作业一般安全技术措施的相关内容，包括带电作业不准使用的绳索和带电更换绝缘子或在绝缘子串上作业时应保证良好绝缘子片数。

## 案例 9:带电更换绝缘子时，未用专用短接线或穿屏蔽服，造成事故

**一、事故案例**

2010 年 3 月 17 日，××供电公司输电运检室带电作业班对市区内 110kV 港路线 036 号带电更换直线绝缘子，工作负责人辛××在前一天对现场进行勘察，并开好带电作业工作票，工作班成员共计 5 人，上午 9:00 到达现场后，工作班成员晋××和古××将带电作业需要使用的安全工器具摆放在防潮苫布上，并对使用的安全工器具进行了检测，未发现不合格的带电作业工器具。辛××给调度值班员李××申请开展 110kV 港路线 036 号更换直线绝

缘子作业,天气良好,风速 3m/s,温度 27.5℃,湿度 50%,符合作业条件,申请停用重合闸,李××同意后,辛××开始宣读工作票,进行工作分工,塔上地电位电工两人分别是晋××和古××,二人穿好安全带后,先后上塔,塔下人员将操作杆传到作业位置,晋××安装好丝杠后,把传递绳拴在第二片绝缘子时,发生放电,晋××当场死亡。

**二、案例分析**

案例中,在开展带电更换直线绝缘子过程中,地电位电工晋××和古××未穿屏蔽服,晋××安装好丝杠后,把传递绳拴在第二片绝缘子时,发生放电,致其当场死亡,违反了《国家电网公司电力安全工作规程　线路部分》中 13.2.5 的规定。

**三、安规讲解**

13.2.5　在绝缘子串未脱离导线前,拆、装靠近横担的第一片绝缘子时,应采用专用短接线或穿屏蔽服方可直接进行操作。

**【解读】**因为拆装靠近横担的第一片绝缘子时,要引起整串绝缘子电容电流的变化。由于绝缘子串电压呈非线性分布,通常第一片绝缘子的等效电容相对较大。作业人员如果直接用手操作,虽然考虑人体电阻,但仍会有较大的电流瞬间流过而对人体产生刺激,出现动作失常而发生危险。接触靠近横担的第一片绝缘子,还会有一个稳定的电流流过人体,电流大小是由绝缘子的表现电阻、分布电容以及瓷表脏污程度决定的,严重时将对人身安全造成危害。因此,在导线未脱离之前,应采用专用短接线可靠短接第一片绝缘子或穿屏蔽服进行操作。

13.2.6　在市区或人口稠密的地区进行带电作业时,工作现场应设置围栏,派专人监护,禁止非工作人员入内。

**【解读】**在市区或人口稠密的地区进行带电作业时，工作现场应设置围栏，派专人进行监护，非工作人员不得入内，并做好防落物伤人的措施。

13.2.7 非特殊需要，不应在跨越处下方或邻近有电力线路或其他弱电线路的档内进行带电架、拆线的工作。如需进行，则应制订可靠的安全技术措施，经本单位批准后，方可进行。

**【解读】**若在跨越处下方或邻近有电力线路或其他弱电线路的档内进行带电架、拆线的工作，要注意导线弛度下落后，弛度最低点对地面跨越物的距离、与带电线路距离、意外跑线等情况，因此一般不进行此类作业。

如需进行，则应组织有经验的人员进行现场勘察，制订可靠的安全技术措施，经本单位分管生产的领导（总工程师）批准后，方可进行。

**四、课程总结**

本课程重点介绍了带电作业一般安全技术措施的相关内容,包括拆、装靠近横担的第一片绝缘子的操作要求、在市区或人口稠密的地区进行带电作业的安全要求、在跨越处下方或邻近有电力线路或其他弱电线路的档内进行带电架、拆线的工作要求。

## 案例 10:零值绝缘子过多导致放电

**一、事故案例**

2015 年 5 月 10 日上午 11:00,××供电公司输电运检室运维五班工作人员陈××,在巡视 220kV 南一线过程中,发现 100 号耐张塔 A 相大号侧导线端,防振锤损坏,发现后上报运行专责,运行专责安排带电作业班下午带电处理,带电作业班班长安排技术员张××带队处理,张××开好带电作业工作票,工作班成员 4 人,准备好工器具后,技术员张××决定采用跨二短三沿绝缘子串进入电场,到达现场后张××数了一下绝缘子片数为 13 片,使用火花间隙法检测绝缘子良好片数,发现有 5 片零值绝缘子,就安排李××上塔处理缺陷,李××穿好屏蔽服、安全带后,上到横担位置,沿着绝缘子串采用跨二短三法进入电场时发生放电,李××安全带烧断,掉落地面死亡。

**二、案例分析**

案例中,在开展带电更换防振锤作业过程中,耐张绝缘子片数为 13 片,零值绝缘子片数为 5 片,李××沿着绝缘子串采用跨二短三法进入电场时发生放电,安全带烧断,掉落地面死亡,违反了《国家电网公司电力安全工作规程　线路部分》中 13.3.5 的规定。

**三、安规讲解**

13.3　等电位作业。

13.3.1　等电位作业一般在 66kV、±125kV 及以上电压等级的电力线路和电气设备上进行。若需在 35kV 电压等级进行等电位作业时,应采取可靠的绝缘隔离措施。20kV 及以下电压等级的电力线路和电气设备上不准进行等电位作业。

**【解读】**等电位作业一般在 66、±125kV 及以上电压等级的电力线路和电气设备上进行。因为电力线路和电气设备的相间和对地电气间隙相对较大。

因 35kV 电压等级的线路及设备相间和对地的电气间隙较小，若需在 35kV 电压等级进行等电位作业时，应采取可靠的绝缘隔离措施。如使用合格的绝缘隔离装置对作业点附近的邻相导线及接地部分进行可靠的绝缘隔离、采用绝缘支撑杆将邻相导线拉（撑）开进行边相作业等。

20kV 及以下电压等级的电力线路和电气设备各类电气间隙过小，配电线路作业距离小，作业人员很难保证相关安全距离，故不准进行等电位作业。

13.3.2　等电位作业人员应在衣服外面穿戴合格的全套屏蔽服（包括帽、衣裤、手套、袜和鞋，750kV、1000kV 等电位作业人员还应戴面罩），且各部分应连接良好。屏蔽服内还应穿着阻燃内衣。

禁止通过屏蔽服断、接接地电流、空载线路和耦合电容器的电容电流。

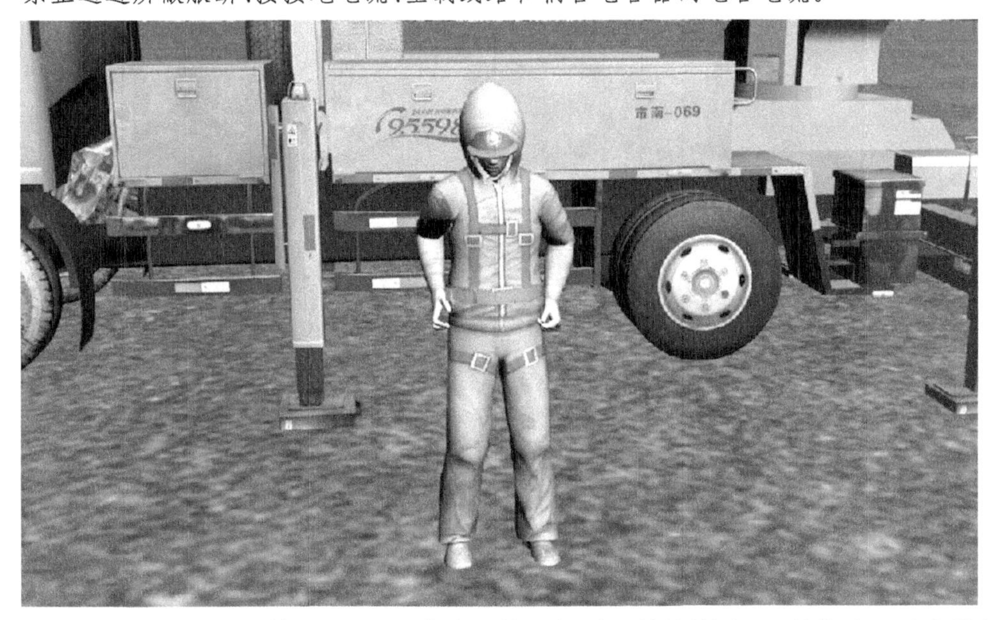


**【解读】**屏蔽服的主要作用：一是屏蔽高压静电场对人体的影响，二是分流通过人体的工频电流。等电位作业人员应在衣服外面穿合格的全套屏蔽服（包括帽、衣裤、手套、袜和鞋，750kV、1000kV 等电位作业人员还应戴面罩），且各部分应连接良好。使用屏蔽服之前应用万用表和专用电极认真测算整套屏蔽服最远端点之间的电阻值，其数值应不大于 20Ω，同时，对屏蔽服外部应进行详细检查，看其有无钩挂、破洞、折损处，发现后应及时用衣料布加以修补，然后才能使用。屏蔽服内还应穿着阻燃内衣，所用屏蔽服的类型应适合所开展作业的线路或设备的电压等级。根据季节不同，屏蔽服内均应有棉衣、夏衣或按规定穿阻燃内衣，冬季应将屏蔽服穿在棉衣外面。

屏蔽服的整体通流容量有限，禁止作业人员通过屏蔽服断、接接地电流及空载线路、耦合电容器的电容电流。

13.3.3　等电位作业人员对接地体的距离应不小于表 5 的规定，对相邻导线的距离应不小于表 8 的规定。

**表 8　等电位作业人员对邻相导线的最小距离**

| 电压等级/kV | 35 | 66 | 110 | 220 | 330 | 500 | 750 |
|---|---|---|---|---|---|---|---|
| 距离/m | 0.8 | 0.9 | 1.4 | 2.5 | 3.5 | 5.0 | 6.9(7.2)[a] |

a　6.9m 为边相值,7.2m 为中相值。表中数值不包括人体活动范围,作业中需考虑人体活动范围不得小于 0.5m。

**【解读】**地电位作业时人身与带电体的安全距离和等电位作业人员对接地体的距离是一致的,为确保等电位作业人员安全,等电位作业人员对接地体的距离应不小于本规程表 5 的规定。由于线电压高于相电压,故等电位作业人员对邻相导线的安全距离(本规程表 8)要大于对地的安全距离(本规程表 5)。

13.3.4　等电位作业人员在绝缘梯上作业或者沿绝缘梯进入强电场时,其与接地体和带电体两部分间隙所组成的组合间隙不准小于表 9 的规定。

**表 9　等电位作业中的最小组合间隙**

| 电压等级/kV | 66 | 110 | 220 | 330 | 500 | 750 | 1000 | ±400 | ±500 | ±660 | ±800 |
|---|---|---|---|---|---|---|---|---|---|---|---|
| 距离/m | 0.8 | 1.2 | 2.1 | 3.1 | 3.9 | 4.9[a] | 6.9(6.7)[b] | 3.9[c] | 3.8 | 4.3[d] | 6.6 |

a　4.9m 为直线塔中相值。表中数值不包括人体占位间隙,作业中需考虑人体占位间隙不得小于 0.5m。

b　6.9m 为中相值,6.7m 为边相值。表中数值不包括人体占位间隙,作业中需考虑人体占位间隙不得小于 0.5m。

c　±400kV 数据是按海拔 3000m 校正的,海拔为 3500m、4000m、4500m、5000m、5300m 时最小组合间隙依次为 4.15m、4.35m、4.55m、4.80m、4.90m。

d　海拔 500m 以下,±660kV 取 4.3m 值;海拔 500m～1000m、1000m～1500m、1500m～2000m 时最小组合间隙依次为 4.6m、4.8m、5.1m。

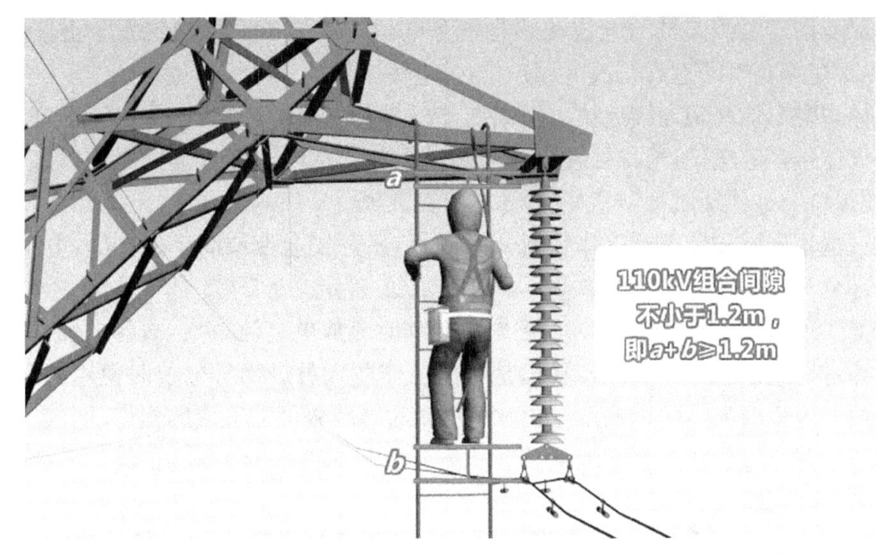


【解读】等电位作业人员在绝缘梯上作业或沿绝缘梯进入强电场时，其与接地体和带电体两部分所组成的间隙叫组合间隙。

最小组合间隙是指为了保证人身安全，在组合间隙中的作业人员处于最低50%操作冲击放电电压位置时，人体对接地体和对带电体两者应保持的最小距离之和。

在作业时，接地体和带电体两部分间隙所组成的组合间隙不准小于表9的规定。

13.3.5 等电位作业人员沿绝缘子串进入强电场的作业，一般在220kV及以上电压等级的绝缘子串上进行。其组合间隙不准小于表9的规定。若不满足表9的规定，应加装保护间隙。扣除人体短接的和零值的绝缘子片数后，良好绝缘子片数不准小于表7的规定。

【解读】等电位作业人员沿绝缘子串进入强电场，一般要短接3片绝缘子，还应考虑可能存在的零值绝缘子以最少一片计，110kV绝缘子串共7片，扣除4片之后，已不符合规程规定的应保持的最少的良好的绝缘子片数；而220kV绝缘子串最少为13片，扣除4片后符合规程规定的良好绝缘子片数；还有人体进入电场后，与导线和接地体的构架之间形成了组合间隙，而试验表明，9片完好绝缘子串的工频放电电压比由其组成的组合间隙的工频放电电压要高得多，因此规程规定组合间隙要达到2.1m的要求。所以沿绝缘子串进入强电场要限于220kV以上电压等级的系统，不仅要保证规定的良好绝缘子片数，而且当组合间隙不能满足规定的距离时，还必须在作业地点附近适当的地方加装保护间隙。

13.3.6 等电位作业人员在电位转移前，应得到工作负责人的许可。转移电位时，人体裸露部分与带电体的距离不应小于表10的规定。750kV、1000kV等电位作业应使用电位转移棒进行电位转移。

**表10 等电位作业转移电位时人体裸露部分与带电体的最小距离**

| 电压等级/kV | 35、66 | 110、220 | 330、500 | ±400、±500 | 750、1000 |
|---|---|---|---|---|---|
| 距离/m | 0.2 | 0.3 | 0.4 | 0.4 | 0.5 |
| 注：750kV、1000kV等电位作业同时执行13.3.2。 | | | | | |

**【解读】**所谓等电位人员的电位转移是指等电位作业人员在绝缘装置上逐渐接近带电体,当达到一定距离时通过火花放电,最后与带电体取得同一电位的过程。

在人体与带电体间距离接近放电距离前,应先用电位转移线或穿着导流良好的屏蔽服将人体与导体迅速等电位,这样可使瞬间过渡阶段的充放电电流分流而不通过人体。在等电位后,应保持与导体接触稳定良好,防止反复充放电。

注意在电位转移前应得到工作负责人的许可,系好安全带或高空保护绳,电位转移时,人体裸露部分与带电体的安全距离应不小于表10的规定。

750kV、1000kV由于场强非常大,在电位转移时充放电电流较大,故等电位作业应使用电位转移棒进行电位转移。电位转移棒是等电位作业人员进出等电位时使用的金属工具,用来减小放电电弧对人体的影响及避免脉冲电流对屏蔽服可能造成的损伤。

13.3.7　等电位作业人员与地电位作业人员传递工具和材料时,应使用绝缘工具或绝缘绳索进行,其有效长度不准小于表6的规定。

**【解读】**等电位作业人员与杆塔构架上作业人员传递物品时严禁采用非绝缘绳索,如棉纱绳、白棕绳、钢丝绳,应采用经权威试验机构试验合格并在有效期内的绝缘工具或绝缘绳索,绝缘传递工具的最小有效绝缘长度应符合规程规定。

**四、课程总结**

本课程重点介绍了带电作业等电位作业的相关内容,包括适用电压等级,作业人员着装要求,作业人员对接地体与相邻导线的距离,进入强电场时作业人员与接地体和带电体两部分间隙所组成的组合间隙大小,沿绝缘子串进入强电场的要求,电位转移要求,传递工具和材料的要求。

# 案例 11:带电作业下方安全距离不够,造成事故

## 一、事故案例

2018 年 4 月 18 日,××供电公司输电运检室带电作业班对 110kV 古胡线 045 号～046 号中间修补导线,孤立档的中间下方有一处通信线路,工作负责人陈××开好带电作业工作票,工作班成员共计 5 人,15 时到达现场后,工作班成员陆××和金××将带电作业需要使用的安全工器具摆放在防潮苫布上,并对使用的安全工器具进行了检测,未发现不合格的带电作业工器具,陈××给调度值班员王××申请开展 110kV 古胡线 045 号～046 号中间修补导线作业,天气良好,风速 2m/s,温度 30.5℃,湿度 40%,符合作业条件,申请停用重合闸,王××同意后,陈××开始宣读工作票,进行工作分工,等电位电工为薛××,其余人为地面电工。薛××穿好安全带后,顺着软梯向导线爬去,等电位后移位到距修补导线 15m 处时,下方在越过通信线时,由于不满足被跨越的通信线路的安全距离,造成放电,由于导线上有两个接口,导线断开,薛××当场摔下,经抢救无效死亡。

## 二、案例分析

案例中,开展带电修补导线工作,等电位电工薛××顺着软梯向导线爬去,等电位后移位到距修补导线 15m 处时,下方在越过通信线时,由于不满足被跨越的通信线路的安全距离,造成放电,由于导线上有两个接口,导线断开,薛××当场摔下死亡,违反了《国家电网公司电力安全工作规程　线路部分》中 13.3.8.2 与 13.3.8.3 的规定。

## 三、安规讲解

13.3.8　沿导、地线上悬挂的软、硬梯或飞车进入强电场的作业应遵守下列规定:

13.3.8.1　在连续档距的导、地线上挂梯(或飞车)时,其导、地线的截面不准小于:钢芯铝绞线和铝合金绞线 $120mm^2$;钢绞线 $50mm^2$(等同 OPGW 光缆和配套的 LGJ－70/40 导线)。

**【解读】**在连续档距的导、地线上挂梯(或飞车)时,其导、地线的截面不准小于:钢芯铝绞线和铝合金绞线 120mm²;钢绞线 50mm²(等同 OPGW 光缆和配套的 LGJ－70/40 导线)。在光缆上进行挂梯(或飞车)作业时,应对光缆强度进行验算,符合要求后方可进行。

13.3.8.2 有下列情况之一者,应经验算合格,并经本单位批准后才能进行:

a)在孤立档的导、地线上的作业。

b)在有断股的导、地线和锈蚀的地线上的作业。

c)在 13.3.8.1 条以外的其他型号导线、地线上的作业。

d)两人以上在同档同一根导、地线上的作业。

**【解读】**有下列情况之一者,应经验算合格,并经本单位批准后才能进行:

a)输电线路铁塔分为耐张塔和非耐张塔。线路正常状态时,非耐张塔两侧导线的拉力相同,仅仅对导线起支撑作用。当塔的一侧导线断开时,塔将立即受到没有断的一侧导线很大的拉力,能承受这个拉力的就是耐张塔,不能承受这个拉力的就是非耐张塔。一条线路全部采用耐张塔,将提高工程造价,因此隔几个非耐张塔设一个耐张塔。当导线在非耐张塔处断的时候,两个耐张塔之间的非耐张塔会将导线释放,以免拉倒非耐张塔,而是由耐张塔来承受导线的拉力。如果两个耐张塔之间没有非耐张塔,这个线路档就称为孤立档。孤立档一般出现在大跨越线路段。在孤立档的导、地线上的作业,导、地线承受较大的拉力,因此在作业前应经过严格计算,并经本单位批准后才能进行。

b)在有断股的导、地线和锈蚀的地线上作业前一定要进行现场勘察,了解导、地线的断股情况和锈蚀情况,然后验算合格,一般情况下作业人员不要直接在断股或锈蚀的导、地线上挂梯、飞车作业。如果必须开展,作业前应组织专业研讨并制定安全措施、组织措施、技术措施及作业方案,并经本单位批准后才能进行。

c)在本规程 13.3.8.1 规定以外的其他型号导、地线上的作业。

d)两人以上在同档同一根导、地线上的作业,需经过计算,弛度最低点对被跨越物的距离能满足有关规程规定,并经本单位批准后才能进行。

13.3.8.3 在导、地线上悬挂梯子、飞车进行等电位作业前,应检查本档两端杆塔处导、地线的紧固情况。挂梯载荷后,应保持地线及人体对下方带电导线的安全间距比表5中的数值增大0.5m;带电导线及人体对被跨越的电力线路、通信线路和其他建筑物的安全距离应比表5中的数值增大1m。

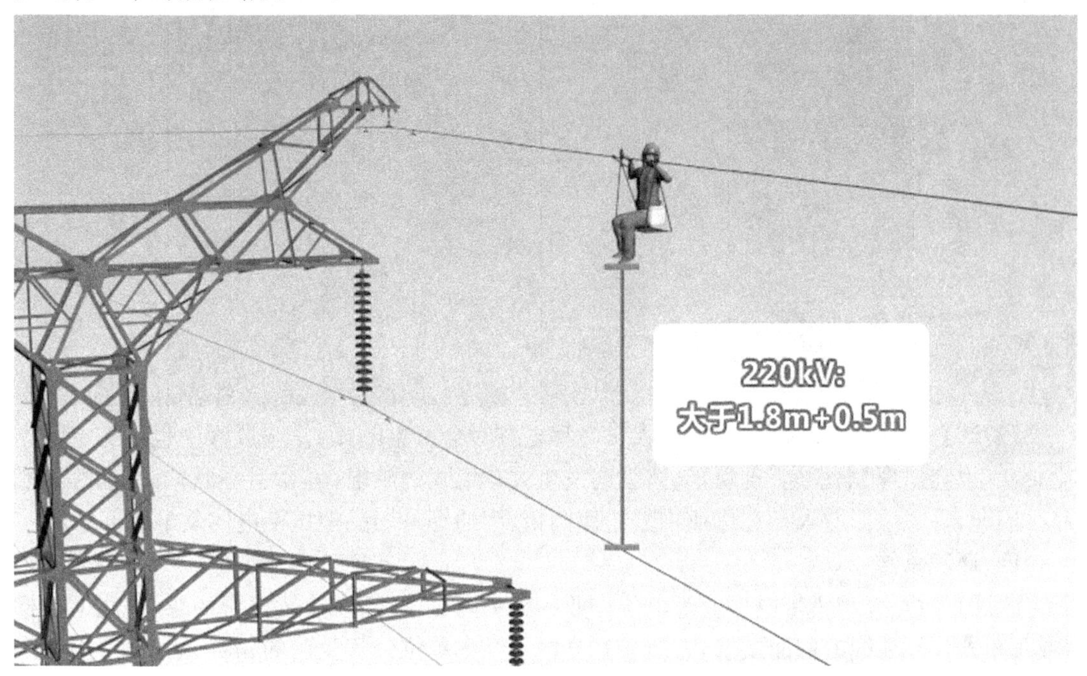


**【解读】**在导、地线上悬挂梯子、飞车进行等电位作业前,应检查挂梯档两端杆塔处导、地线、金具紧固和绝缘子串的连接情况,防止导、地线脱落,确认无误后方可进行作业。

导线上挂飞车或软梯,使导线附加了一个集中荷载,引起了导线运行应力的改变(增加)。所以挂梯载荷后,地线及人体与下方带电导线的安全间距应大于本规程表5中的规定值再加0.5m;带电导线及人体对被跨越的电力线路、通信线路和其他建筑物的安全距离应大于本规程表5中的规定值再加1m。

13.3.8.4 在瓷横担线路上禁止挂梯作业,在转动横担的线路上挂梯前应将横担固定。

**【解读】**由于瓷横担受力强度不够,在瓷横担线路上挂梯作业,可能会造成横担断裂。因此,在瓷横担线路上禁止挂梯作业。

在转动横担的线路上挂梯前,应先将横担固定好,以免挂梯作业时横担转动造成安全距离不够,引发意外事故。

13.3.9 等电位作业人员在作业中禁止用酒精、汽油等易燃品擦拭带电体及绝缘部分,防止起火。

【解读】等电位作业过程中,作业人员转移电位时会产生电弧,作业过程中也会有电弧产生,空气也会出现“电子崩”现象,气体就会发生火花形式的放电,容易引燃酒精、汽油等易燃品。因此,等电位作业人员在作业中禁止用酒精、汽油等易燃品擦拭带电体及绝缘部分。

**四、课程总结**

本课程重点介绍了带电作业等电位作业的相关内容,包括在连续档距的导、地线上挂梯(或飞车)时导、地线的截面要求,需要验算合格并经本单位分管生产的领导(总工程师)批准后进行的作业情况,在导、地线上悬挂梯子、飞车进行等电位作业的要求,在横担处挂梯要求,等电位作业的防火要求。

## 案例 12:带电作业未进行绝缘遮蔽,引线掉落横担,造成事故

**一、事故案例**

2014 年 5 月 13 日,××供电公司配电带电作业班开展 10kV 六胡线 12 号杆变台进行更换避雷器工作,工作负责人张××开好带电作业工作票,工作班成员共计 5 人,上午 10:00 到达现场后,张××宣读工作票,进行人员分工。工作班成员签字确认后,工作班成员李××和卢××将带电作业需要使用的安全工器具摆放在防潮苫布上,采用绝缘杆作业法对 10kV 线路六胡线 12 号杆变台进行避雷器更换工作,作业人员李××登杆后,用断线剪在避雷器上桩头接点处直接将引线剪断,导致引线掉落横担,造成线路单相接地事故。

**二、案例分析**

案例中,采用绝缘杆作业法更换避雷器,作业人员李××登杆后,用断线剪在避雷器上桩头接点处直接将引线剪断,导致引线掉落横担,造成线路单相接地事故,违反了《国家电网公司电力安全工作规程　线路部分》中 13.4.4 的规定。

## 三、安规讲解

13.4 带电断、接引线。

13.4.1 带电断、接空载线路，应遵守下列规定：

a)带电断、接空载线路时，应确认线路的另一端断路器(开关)和隔离开关(刀闸)确已断开，接入线路侧的变压器、电压互感器确已退出运行后，方可进行。

禁止带负荷断、接引线。

**【解读】**带电断、接空载线路时，必须确认线路的另一端断路器(开关)和隔离开关(刀闸)确已断开，接入线路侧的变压器、电压互感器确已退出运行后，方可进行。按照上述规定，线路的首端与电源相连、线路的终端及线路上均不接任何负载、线路完全处于空载状态时，才可进行带电断、接空载线路。

在线路带负荷电流情况下断、接引线，相当于带负荷拉合隔离开关，无法切断负荷较大的电流。因此，禁止带负荷断、接引线。

b)带电断、接空载线路时，作业人员应戴护目镜，并应采取消弧措施。消弧工具的断流能力应与被断、接的空载线路电压等级及电容电流相适应。如使用消弧绳，则其断、接的空载线路的长度不应大于表11规定，且作业人员与断开点应保持4m以上的距离。

**表11 使用消弧绳断、接空载线路的最大长度**

| 电压等级/kV | 10 | 35 | 66 | 110 | 220 |
|---|---|---|---|---|---|
| 长度/km | 50 | 30 | 20 | 10 | 3 |
| 注：线路长度包括分支在内，但不包括电缆线路。 | | | | | |

**【解读】**当线路空载时,电源仍向线路输送电容电流,线路越长,电容电流越大。当带电断、接空载线路时,在断、接点会产生电容电流电弧,产生的弧光对人的眼睛会造成伤害,故作业人员作业时,应戴护目镜,并采取消弧措施,消弧工具应能断开相应电压等级、相应长度空载线路的电容电流。如使用消弧绳,则其断、接的空载线路的长度不应大于本规程表11的规定,且作业人员与断开点应保持4m以上的距离,以免危及作业人员人身安全。

c)在查明线路确无接地、绝缘良好、线路上无人工作且相位确定无误后,方可进行带电断、接引线。

**【解读】**如果线路存在接地、绝缘不符合要求或者线路上有人工作,则带电断、接引线存在极大安全隐患,可能出现带接地刀闸送电、绝缘不良区域放电、线路上作业人员触电等情况。因此规程要求,要查明线路确实无人工作才能带电断、接引线。

d)带电接引线时未接通相的导线及带电断引线时已断开相的导线将因感应而带电。为防止电击,应采取措施后才能触及。

**【解读】**带电接引线时未接通相的导线、带电断引线时已断开相的导线上都会因感应而带电，如果被接引的空载线路绝缘不良或存在接地，若线路为中性点直接接地系统，则带电接引时，将会引起或发生单相接地短路、在引接点会产生很大单相短路电弧，危及作业人员的安全；若线路为中性点不接地或经消弧线圈接地系统，一相接地后，虽可继续运行 2h，非接地相电压升高至线电压，线路绝缘受线电压作用，若在薄弱部位发生另一点接地，会形成相间短路，影响系统正常运行。如果出现电容电流很大的接地，则断接引线时使用的消弧管容量有限，可能超过其容量而爆炸。未接通相的导线及已断开相的导线均处于断开不带电状态，此时，因感应电压存在而不能随便触摸，必须采取相应安全措施（导线接地或穿屏蔽服）后才能触及，否则会遭受电击。

e）禁止同时接触未接通的或已断开的导线两个断头，以防人体串入电路。

**【解读】**在未接通的或已断开的导线两个断头之间存在电位差，严禁同时接触两个断头，以防人体串入电路，使人体流过感应电流而遭受电击。

13.4.2　禁止用断、接空载线路的方法使两电源解列或并列。

**【解读】**两个电源的并列或解列,是在电网中规定的同期点,用同期装置判定两电源的频率、电压、相角完全接近,具备同期条件时,操作断路器合闸来实现。在两电源并列的瞬间,将引起系统中潮流的重新分布而后又趋于平衡。并列点将流过很大的负荷电流。如果并列时两电源参数相差较大,此时并列会造成强烈的电流冲击,因此非同期并列后果相当严重。而用断、接空载线路的方法,不可能对同期并列的条件进行判断,会引起电流分布改变,并列瞬间同样会在连接处产生电弧,造成严重后果。

13.4.3　带电断、接耦合电容器时,应将其接地刀闸合上、停用高频保护和信号回路。被断开的电容器应立即对地放电。

**【解读】**耦合电容器的断、接将影响线路高频保护通道的正常工作。线路正常运行时,对于按发信方式工作的保护装置,断开耦合电容器将造成中断,对端发信机收不到闭锁就可能引起跳闸。对于按故障时起动发信方式工作的保护装置,在耦合电容器接上时,也可能发出异常冲击,引起保护误动作。因此,在带电断、接耦合电容器时,应将其接地,并停用高频保护。为起到安全保护作用,还应合上接地闸刀(很多为跌落式熔断器),将被断开的耦合电容器立即对地放电,防止工作人员触电。

13.4.4　带电断、接空载线路、耦合电容器、避雷器、阻波器等设备引线时,应采取防止引流线摆动的措施。

**【解读】**在带电断、接空载线路，耦合电容器，避雷器等设备引流线时，应采取防止其摆动的切实措施。因为对这些设备引流线进行断、接操作时，由于其线上电场集中，工作人员应及早准备好绑扎线，将其妥善地与带电侧导线捆扎在一起，带电接引以后亦应调整好引线与周围设备的距离，注意引线不可太长，防止摆动幅度过大导致相间、相地短路或者人身触电。

**四、课程总结**

本课程重点介绍了带电断、接引线的相关要求，包括带电断、接空载线路应遵守的规定，禁止用断、接空载线路的方法使两电源解列或并列，带电断、接空载线路、耦合电容器、避雷器、阻波器等设备及其引线的要求。

## 案例 13：带电作业未将线夹紧固，造成事故

**一、事故案例**

2001 年 9 月 9 日，××供电公司配电带电作业班接到任务，需要在 10kV 正石线 23 号进行带电更换引流线线夹工作，工作负责人邓××开好带电作业工作票，工作班成员共计 3 人，上午 8：00 司机高××驾驶高架绝缘斗臂车到达现场后，邓××宣读工作票，进行人员分工。工作班成员签字确认后，开始准备作业工具，江××系好安全带操作绝缘斗到达 10kV 正石线 23 号中相，做好措施后，开始工作，直接用手安装分流线线夹，装好后，准备更换引流线线夹时，发现没有带线夹，向邓××汇报后，邓××要求江××先下来，回去取来后再进行工作。在取回过程中由于分流线线夹未紧固牢靠，受到风力影响，分流线线夹掉落，造成线路停电。

**二、案例分析**

案例中，开展带电更换引流线线夹工作，江××准备更换引流线夹时，发现没有带线夹，在取回过程中由于分流线线夹未紧固牢靠，受到风力影响，分流线线夹掉落，造成线路停电，

违反了《国家电网公司电力安全工作规程　线路部分》中13.5.1—b)的规定。

**三、安规讲解**

13.5　带电短接设备。

13.5.1　用分流线短接断路器(开关)、隔离开关(刀闸)、跌落式熔断器等载流设备,应遵守下列规定:

a)短接前一定要核对相位。

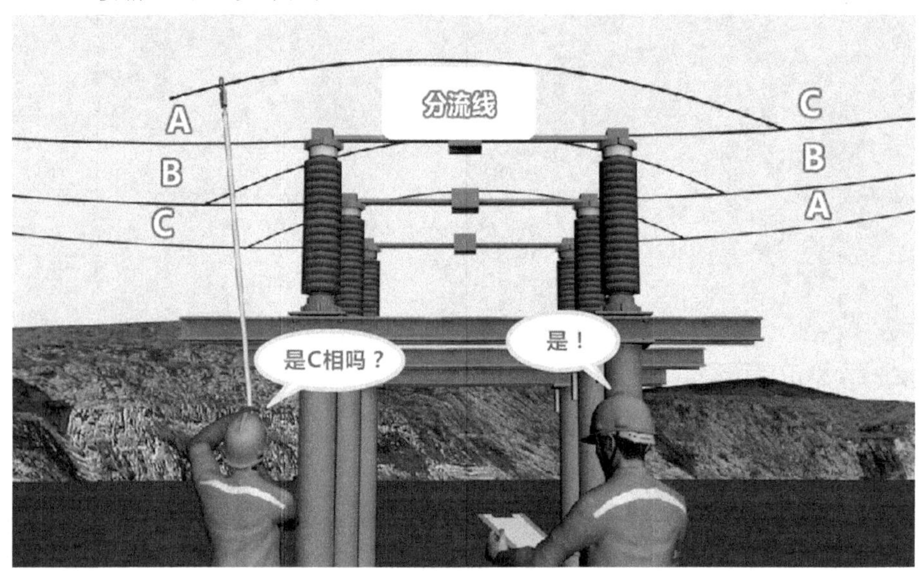


**【解读】**带电接引线之前,必须核实线路的相别,操作时严禁出现把a相当成b相或c相。未经核实相别即开始接引线,出现相别错误,操作接入电网时发生相间短路。如果直接接引两端带电设备,则会发生相间短路,造成人身及设备重大事故。

b)组装分流线的导线处应清除氧化层,且线夹接触应牢固可靠。

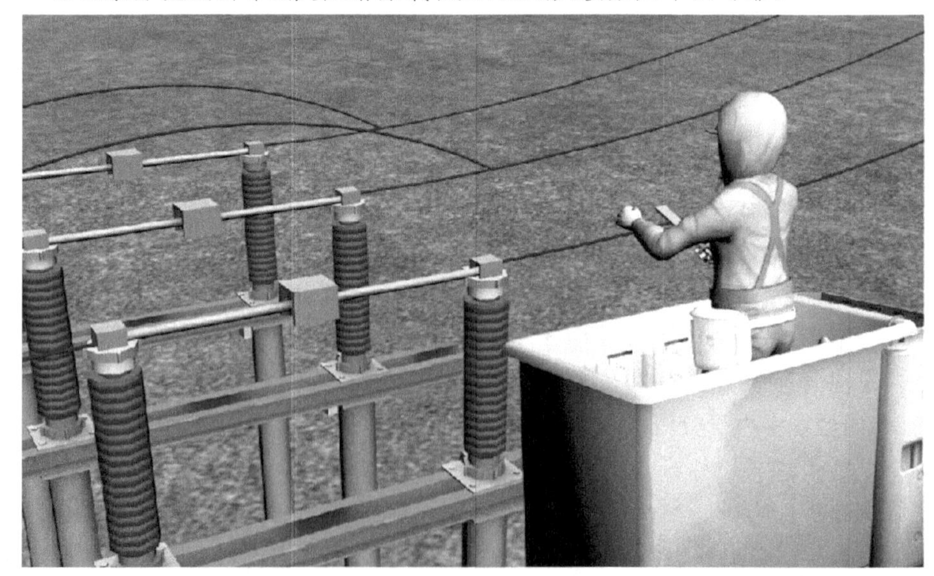

**【解读】**导线氧化后或接触不良处电阻将增大,产生热量远大于正常运行水平,容易烧断

导线，或者引起火灾，清除氧化层后且线夹接触牢固可以减小接触电阻，减少线夹发热量。

c)35kV 及以下设备使用的绝缘分流线的绝缘水平应符合表 15 的规定。

**【解读】**35kV 及以下设备使用的绝缘分流线，其绝缘水平应合格并符合表 15 的规定。

d)断路器(开关)应处于合闸位置，并取下跳闸回路熔断器，锁死跳闸机构后，方可短接。

**【解读】**在短接断路器(开关)过程中，如发生断路器(开关)跳闸，相电压加在等电位作业的断开点开口端，可能产生强烈的电弧而危及人身安全。因此，短接前，断路器(开关)应处于合闸位置，并取下跳闸回路熔断器并锁住跳闸机构。

e)分流线应支撑好，以防摆动造成接地或短路。

**【解读】**分流线如果没有支撑固定,随意摆动,容易造成接地或短路,因此应将分流线支撑好,避免出现摆动造成接地或短路。

13.5.2　阻波器被短接前,严防等电位作业人员人体短接阻波器。

**【解读】**如人体短接阻波器,相当于人体与阻波器并联,会有部分负荷电流通过作业人员的屏蔽服,此时将会瞬间出现电弧,造成人身伤害。因此,短接阻波器前,等电位作业要防止人体短接阻波器。

13.5.3　短接开关设备或阻波器的分流线截面和两端线夹的载流容量,应满足最大负荷电流的要求。

**【解读】**短接开关设备或阻波器的分流线截面和两端线夹的载流容量,如果不能满足最大负荷电流的要求,则会发生过热,超过规定最大值则会造成事故。

**四、课程总结**

本课程重点介绍了带电短接设备的相关要求,包括用分流线短接断路器(开关)、隔离开关(刀闸)、跌落式熔断器等载流设备的要求,短接阻波器的要求以及短接开关设备或阻波器的分流线截面和两端线夹的载流容量要求。

## 案例 14:带电作业人员手部超越了绝缘杆的限制标志,造成事故

**一、事故案例**

2002 年 4 月 16 日,××供电公司输电运检室带电作业班白××11:00 接到属地巡视人员电话,10kV 北进线 39 号边相绝缘子污垢严重,有放电“嗞嗞”声,需要进行清扫处理。白××向班长田××汇报后,田××随即向工区汇报,工区要求马上进行处理。田××办理好带电作业工作票后,带领工作班成员共计 2 人,11:20 到达现场后,此时为阴雨天气。作业人员在刘××穿戴绝缘防护用具的情况下,登杆至距带电体 0.4m 处系好安全带,使用绝缘操作杆开始清除绝缘子污垢。作业过程中,由于需要用力使用绝缘杆清扫,刘××手部超越了绝缘杆的限制标志,被泄漏电流击伤,在安全带的保护下作业人员身体摆动,手臂碰触另一边相引流,造成二次电击。

**二、案例分析**

案例中,开展带电清扫绝缘子工作,作业过程中,由于需要用力使用绝缘杆清扫,作业人员刘××手部超越了绝缘杆的限制标志,被泄漏电流击伤,在安全带的保护下作业人员身体摆动,手臂碰触另一边相引流,造成二次电击,违反了《国家电网公司电力安全工作规程　线路部分》中 13.6.1 的规定。

**三、安规讲解**

13.6　带电清扫机械作业。

13.6.1　进行带电清扫工作时,绝缘操作杆的有效长度不准小于表 6 的规定。

【解读】进行带电清扫工作时，绝缘操作杆的规格必须符合被操作设备的电压等级，切忌任意取用，绝缘操作杆的有效长度不准小于表6的规定。

13.6.2 在使用带电清扫机械进行清扫前，应确认：清扫机械工况（电机及控制部分、软轴及传动部分等）完好，绝缘部件无变形、脏污和损伤，毛刷转向正确，清扫机械已可靠接地。

【解读】在使用带电清扫机械进行清扫前，应对清扫机械的机械部分进行全面检查和测试，避免机械部件损坏造成人身伤害事故；检查绝缘部件是否变形、脏污和损伤，并对其进行绝缘检测，防止绝缘降低，进而伤害作业人员；测试毛刷转向是否正确；确保其各项性能完好、合格后，方可使用。开始清扫作业前，应将清扫机械可靠接地。

13.6.3 带电清扫作业人员应站在上风侧位置作业，应戴口罩、护目镜。

【解读】清扫时灰尘会从上风口，就是风的起点口吹向下风口，就是终点口，为了避免清扫下来的灰尘进入作业人员的眼睛和呼吸系统，带电清扫作业人员应站在上风侧位置作业，并应戴口罩、护目镜。

13.6.4 作业时，作业人的双手应始终握持绝缘杆保护环以下部位，并保持带电清扫有关绝缘部件的清洁和干燥。

【解读】为了确保绝缘操作杆的有效绝缘长度，作业人员的双手应始终握持绝缘杆保护环以下部位。

作业过程中，清扫下来的大量灰尘会堆积在绝缘部件上，降低绝缘性能，每清扫一处，应停下用干燥的毛巾对操作杆进行擦拭，并保持带电清扫有关绝缘部件的清洁和干燥。

**四、课程总结**

本课程重点介绍了带电清扫机械作业的要求，包括绝缘操作杆的有效长度不准小于规定值，清扫前的检查确认内容，作业人员的站位、保护用品，作业过程中的操作要求。

## 案例15:带电作业人员不熟悉斗臂车操作,导致线路跳闸

### 一、事故案例

2005年7月9日,××供电公司输电运检室带电作业班在110kV保金线051号耐张塔处理导线异物(塑料布),工作负责人常××开好带电作业工作票,工作班成员共计1人,15:00驾驶高架绝缘斗臂车到达现场后,工作班成员吴××(没有使用过斗臂车),检查好操作杆后,常××把高架绝缘斗臂车支撑稳固可靠后开始宣读工作票,工作班成员签字确认后,安排让吴××进入斗臂内。吴××简单试验操作后,就向缺陷处移动,到达位置后,拿操作杆去挑开塑料布,工作进行到一半时,由于操作杆长度较短,接触不到远处的塑料布,吴××就操作斗臂车往近处移动,由于其不熟悉斗臂车操作,向上移动时误碰向带电侧玻璃绝缘子串,碰爆6片玻璃绝缘子片,导致线路跳闸。

### 二、案例分析

案例中,工作班成员吴××不熟悉斗臂车操作,向上移动作业斗时,误碰向带电侧玻璃绝缘子串,碰爆6片玻璃绝缘子片,导致线路跳闸,违反了《国家电网公司电力安全工作规程　线路部分》的13.7.1的规定。

### 三、安规讲解

13.7　高架绝缘斗臂车作业。

13.7.1　高架绝缘斗臂车应经检验合格。斗臂车操作人员应熟悉带电作业的有关规定,并经专门培训,考试合格、持证上岗。

**【解读】**高架绝缘斗臂车属于特种设备,应检验合格,要求操作高架绝缘斗臂车的人员应熟悉带电作业的有关规定,熟练掌握斗臂车的操作技术。由于操作斗臂车直接关系到高空作业人员的安全,因此,操作斗臂车的人员应经专门培训,考试合格、持证上岗。

高架绝缘斗臂车各项试验和检查应符合《带电作业用绝缘斗臂车的保养维护及在使用

中的试验》(DL/T 854—2004)的规定。

13.7.2 高架绝缘斗臂车的工作位置应选择适当,支撑应稳固可靠,并有防倾覆措施。使用前应在预定位置空斗试操作一次,确认液压传动、回转、升降、伸缩系统工作正常、操作灵活,制动装置可靠。

**【解读】**高架绝缘斗臂车的工作位置应选择适当,支撑应稳固可靠,在四个转换杆中,选出欲操作垂直支腿的转换杆,切换至“垂直”位置,再将伸缩操作杆扳到“伸出”位置,使垂直支腿伸出。先确认支腿和支腿垫板之间没有异物后,再放下支腿。使用前应认真检查,并在预定位置空斗试操作一次,以确认液压传动、回转、升降、伸缩系统工作正常、操作灵活,制动装置可靠。如有异常现象,应禁止使用。

13.7.3 绝缘斗中的作业人员应正确使用安全带和绝缘工具。

**【解读】**绝缘斗中作业人员的安全带应系在绝缘斗的牢固构件上,并正确使用检测合格的绝缘工具。

**四、课程总结**

本课程重点介绍了高架绝缘斗臂车作业的相关要求,包括斗臂车应经检验合格,操作人员应考核合格持证上岗,作业前的车辆工作位置、检查内容,斗中作业人员应正确使用安全带和绝缘工具。

## 案例16:斗臂车熄火后突然启动,导致人员骨折

**一、事故案例**

2005年7月9日,××供电公司输电运检室带电作业班在110kV杭山线001号耐张塔引流线处理螺栓缺失,工作负责人梁××在查看缺陷后,经过班组讨论后决定采用斗臂车进入等电位处理,这样只需一名工作班成员即可。梁××开好带电作业工作票,上午10时驾驶高架绝缘斗臂车到达现场,工作班成员邢××把高架绝缘斗臂车停靠到适当位置,支撑稳固可靠后,穿好全套合格的屏蔽服,梁××为其检查了连接部位,确认都已穿戴好后,工作班成员邢××进入斗臂车内操作升降到达指定位置,等电位进入电场,此时工作负责人梁××看到邢××进入电场后关掉了高架绝缘斗臂车的发动机。邢××需要移动时,发现操控不动作,以为遥杆失效,使劲推动摇杆。工作负责人梁××看到后,马上启动高架绝缘斗臂车的发动机,突然斗臂车猛烈摆动,邢××一下失稳从斗臂车内翻出,造成其小腿骨折。

**二、案例分析**

案例中,开展耐张塔引流线螺栓缺失修补工作,等电位电工邢××进入电场后,工作负责人梁××关掉了高架绝缘斗臂车的发动机,邢××需要移动时,发现操控不动作,以为遥杆失效,使劲推动摇杆,梁××看到后,立即启动发动机,导致斗臂车猛烈摆动,邢××从斗臂车内翻出,造成其小腿骨折,违反了《国家电网公司电力安全工作规程　线路部分》中13.7.4的规定。

**三、安规讲解**

13.7.4　高架绝缘斗臂车操作人员应服从工作负责人的指挥,作业时应注意周围环境及操作速度。在工作过程中,高架绝缘斗臂车的发动机不准熄火。接近和离开带电部位时,应由斗臂中人员操作,但下部操作人员不准离开操作台。

【解读】高架绝缘斗臂车操作人员作业时，由于其所处位置、角度关系，无法顾及周边情况，所以要服从工作负责人的指挥。高架绝缘斗臂车在道路边、人员密集等区域作业时，应派人监护，设置交通警告标志和安全围栏。在工作进程中斗臂车的发动机不得熄火，以防出现意外情况可以及时处理。

车斗几何尺寸与活动范围均较大，操动控制仰起回转角度难以准确掌握，存在状态失控的可能，因此在接近和离开带电部位时，应由斗臂中人员操作，确保带电作业的安全进行，但下部操作人员不准离开操作台。

13.7.5 绝缘臂的有效绝缘长度应大于表12的规定。且应在下端装设泄漏电流监视装置。

表12 绝缘臂的最小有效绝缘长度

| 电压等级/kV | 10 | 35 | 66 | 110 | 220 | 330 |
| --- | --- | --- | --- | --- | --- | --- |
| 长度/m | 1.0 | 1.5 | 1.5 | 2.0 | 3.0 | 3.8 |

【解读】绝缘臂伸出作业时有效绝缘长度应大于本规程表12的规定，由于绝缘臂在荷重作业状态下，绝缘臂铰接处结构容易损伤，出现不易被发现的细微裂纹，虽然对机械强度影响较小，但会引起绝缘强度下降，其表面在带电作业时会出现绝缘斗臂绝缘电阻下降、泄漏电流增加。因此，带电作业时，在绝缘臂下端应装设泄漏电流监视装置。

13.7.6 绝缘臂下节的金属部分，在仰起回转过程中，对带电体的距离应按表5的规定值增加0.5m。工作中车体应良好接地。

【解读】由于设备及作业环境的原因，在作业过程中操作人员很难把握绝缘臂下节的金属部分与带电体的安全距离，为了保证作业安全机械能，在仰起回转等过程中，对带电体的距离应按本规程表5的规定值增加0.5m。工作中车体应良好接地，避免出现感应电伤人。

**四、课程总结**

本课程重点介绍了高架绝缘斗臂车作业的相关要求，包括斗臂车操作人员应服从指挥，作业时的注意事项，绝缘臂的有效绝缘长度，绝缘臂下端应装设泄漏电流监视装置，绝缘臂下节的金属部分对带电体的距离，工作中车体应良好接地。

## 案例17:装保护间隙作业未穿屏蔽服，导致放电死亡

**一、事故案例**

2009年9月9日，××供电公司输电运检室带电作业班在220kV留金线010号杆塔更换损坏均压环，工作负责人李××在前一天对现场进行勘察，并开好带电作业工作票，工作班成员共计6人，上午9:00到达现场，王××宣读工作票后，安排李××和耿××在009号和011号悬挂保护间隙。耿××穿好安全带后，上塔到横担位置挂保护间隙，刚接触到导线时，由于没有任何保护措施，造成带电导线对耿××放电，导致耿××当场休克至死亡。

**二、案例分析**

案例中，开展带电更换损坏均压环工作，工作班成员耿××穿好安全带后，上塔到横担

位置安装保护间隙，因未穿屏蔽服，带电线路对耿××放电，导致其当场休克至死亡，违反了《国家电网公司电力安全工作规程　线路部分》中13.8.3-d)的规定。

**三、安规讲解**

13.8　保护间隙。

13.8.1　保护间隙的接地线应用多股软铜线。其截面应满足接地短路容量的要求，但不准小于25mm²。

**【解读】**保护间隙的接地线与普通的短路接地线要求大体上是一致的，但必须满足输电线路短路电流热容量的要求，保证可靠短路接地，至少在线路断路器设备的保护未动作跳闸之前不能熔断，因此接地线截面不得小于25mm²。

13.8.2　保护间隙的距离应按表13的规定进行整定。

**表13　保护间隙整定值**

| 电压等级/kV | 220 | 330 | 500 | 750 | 1000 |
|---|---|---|---|---|---|
| 间隙距离/m | 0.7～0.8 | 1.0～1.1 | 1.3 | 2.3 | 3.6 |
| 注：330kV及以下保护间隙提供的数据是圆弧形，500kV及以上保护间隙提供的数据是球形。 | | | | | |

**【解读】**保护间隙的距离应按表13的规定进行整定。

13.8.3　使用保护间隙时，应遵守下列规定：

a)悬挂保护间隙前，应与调控人员联系停用重合闸或直流线路再启动功能。

**【解读】**将安装保护间隙及调整其距离的过程中，可能会造成线路接地跳闸，为防止作业人员发生二次伤害，悬挂保护间隙前，工作负责人应与调控人员联系停用重合闸或直流线路再启动功能。

b)悬挂保护间隙应先将其与接地网可靠接地，再将保护间隙挂在导线上，并使其接触良好。拆除的程序与其相反。

**【解读】**安装顺序是先将保护间隙接地端可靠接地,再将另一端用绝缘操作杆(或绝缘绳)挂在导线上,并使其接触良好。拆除顺序相反,先拆导线端,后拆接地端。

c)保护间隙应挂在相邻杆塔的导线上,悬挂后,应派专人看守,在有人、畜通过的地区,还应增设围栏。

**【解读】**为了防止保护间隙放电时电弧伤及作业人员,保护间隙应安装在工作点的相邻杆塔上。保护间隙的保护范围约为1.7km。由于保护间隙悬挂点离作业点有一定距离,所以悬挂后应派专人看守,在有人、畜通过的地区,还应增设围栏。

d)装、拆保护间隙的人员应穿全套屏蔽服。

**【解读】**装、拆保护间隙的人员应穿全套屏蔽服,各部连接要可靠并且穿在最外层,严禁用屏蔽服接触电位差较大的设备的两端。

**四、课程总结**

本课程重点介绍了使用保护间隙的相关要求,包括保护间隙接地线的材料规格,保护间隙的距离,使用保护间隙时应遵守的相关规定(悬挂前应停用重合闸或直流线路再启动功能、装拆顺序,悬挂位置、装拆人员着装要求)。

## 案例18:带电检测绝缘子,检测器未安装牢固,造成线路跳闸

**一、事故案例**

2001年6月10日,××供电公司输电运检室测试班开展110kV五金线带电检测绝缘子工作,由工作负责人李××开好工作票后,带领工作班3人进行操作,2个小时测量了21串绝缘子,没有发现不合格绝缘子。到达023号杆塔时,王××登塔到工作位置后,塔下金××把火花间隙检测器用手连接好后,未用专用工具将连接处紧固,就传给塔上作业人员王

××,王××拿到后开始检测,连续检测3片发现全部是零值,准备检测第4片时,火花间隙检测器连接部分脱落,王××直接将操作杆触到第4片绝缘子边缘处,瓷绝缘子破损,发生放电造成线路跳闸。

**二、案例分析**

案例中,开展带电检测绝缘子工作,地面电工金××在将火花间隙检测器传给塔上作业人员王××前,未用专用工具对连接处紧固,王××在连续检测3片发现全部是零值后,准备检测第4片时,火花间隙检测器连接部分脱落,王××直接将操作杆触到第4片绝缘子边缘处,造成瓷绝缘子破损,发生放电造成线路跳闸,违反了《国家电网公司电力安全工作规程　线路部分》中13.9.1-a)的规定。

**三、安规讲解**

13.9　带电检测绝缘子。

13.9.1　使用火花间隙检测器检测绝缘子时,应遵守下列规定:

a)检测前,应对检测器进行检测,保证操作灵活,测量准确。

**【解读】**火花间隙检测器是根据绝缘子两端存在电压差的原理研制而成的,操作杆顶端装有可调角度测量头。检测绝缘子时,叉的一侧与绝缘子钢帽接触,另一侧跨过被测绝缘子与相邻绝缘子钢帽或金属接触,间隙整定电压放电产生火花放电。因此检测前,应对检测器进行检测,保证操作灵活,测量准确,如果测量不准确,把绝缘子误判为良好,则在带电作业过程中会引起事故。

b)针式绝缘子及少于3片的悬式绝缘子不准使用火花间隙检测器进行检测。

**【解读】**如使用火花间隙检测器对针式绝缘子进行测零,将造成线路直接接地故障。少于3片的悬式绝缘子,如果其中1片为零值,在使用火花间隙检测器检测另1片时,也将造成线路接地故障。故针式绝缘子及少于3片的悬式绝缘子不准使用火花间隙检测器进行检测。

c)检测35kV及以上电压等级的绝缘子串时,当发现同一串中的零值绝缘子片数达到表14的规定时,应立即停止检测。

**表14 一串中允许零值绝缘子片数**

| 电压等级/kV | 35 | 66 | 110 | 220 | 330 | 500 | 750 | 1000 | ±500 | ±660 | ±800 |
|---|---|---|---|---|---|---|---|---|---|---|---|
| 绝缘子串片数 | 3 | 5 | 7 | 13 | 19 | 28 | 29 | 54 | 37 | 50 | 58 |
| 零值片数 | 1 | 2 | 3 | 5 | 4 | 6 | 5 | 18 | 16 | 26 | 27 |
| 注:如绝缘子串的片数超过表中规定时,零值绝缘子允许片数可相应增加。 | | | | | | | | | | | |

**【解读】**检测 35kV 及以上电压等级的绝缘子串时，当发现同一串中的零值绝缘子片数达到本规程表 14 的规定时，如继续测试，将可能造成绝缘子串闪络而引起线路跳闸。因此，检测中发现零值的片数达到本规程表 14 规定时，应立即停止检测。

d)直流线路不采用带电检测绝缘子的检测方法。

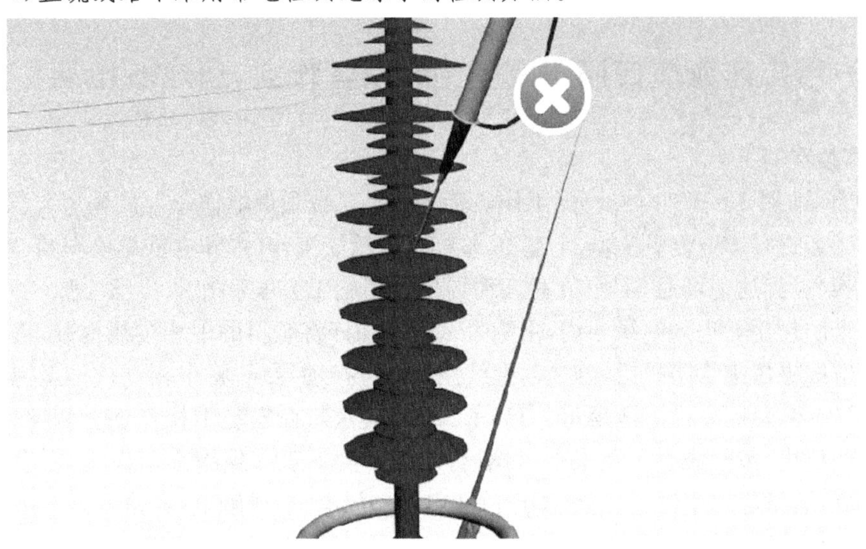

**【解读】**由于检测直流线路的绝缘子时，受绝缘子周围空间离子流和绝缘子表面电阻的影响很大，为保证作业人员的人身和设备安全，直流线路不采用带电检测绝缘子的检测方法。

e)应在干燥天气进行。

**【解读】**在空气湿度太大时，由于空气绝缘的下降及空气分子在电场下电离现象的不同，绝缘子本身泄漏电流增大，使火花放电现象减弱，将造成误判。同时，绝缘操作杆的绝缘性能也将降低，甚至发生绝缘击穿。故带电检测绝缘子应在干燥天气下进行。

**四、课程总结**

本课程重点介绍了带电检测绝缘子应遵守的相关规定,包括检测前的工具检测,不准检测的绝缘子类型,停止检测规定的零值绝缘子片数,不适用直流线路检测,应在干燥天气下进行。

## 案例 19:带电作业擅自摘下双手绝缘手套作业,造成触电死亡

**一、事故案例**

2010 年 10 月 14 日 9 时 40 分,工作负责人李××带领带电作业人员樊××、刘××、陈××和赵××进行 10kV 平疃线 34 支 10 号杆带电消缺工作(中相立铁螺栓安装、紧固;中相绝缘子更换)。到达现场后,工作负责人现场拟定了施工方案和作业步骤。陈××、樊××穿戴好安全防护用具进入绝缘斗内,由陈××用绝缘杆将倾斜的中相导线推开,樊××对中相导线放电线夹做绝缘防护后,陈××继续用绝缘杆推动导线,将中相立铁推至抱箍凸槽正面,樊××安装、紧固立铁上侧螺母。10 时 20 分,樊××在安装中相立铁上侧螺母时,因螺栓在抱箍凸槽内,戴绝缘手套无法顶出螺栓,便擅自摘下双手绝缘手套作业,左手拿着螺母靠近中相立铁,举起右手时,与遮蔽不严的放电线夹放电,造成触电,经抢救无效死亡。

**二、案例分析**

案例中,开展带电消缺工作,樊××在安装中相立铁上侧螺母时,因螺栓在抱箍凸槽内,戴绝缘手套无法顶出螺栓,便擅自摘下双手绝缘手套作业,左手拿着螺母靠近中相立铁,举起右手时,与遮蔽不严的放电线夹放电,造成触电,经抢救无效死亡,违反了《国家电网公司电力安全工作规程　线路部分》中 13.10.1 的规定。

**三、安规讲解**

13.10　配电带电作业。

13.10.1　进行直接接触 20kV 及以下电压等级带电设备的作业时,应穿着合格的绝缘防护用具(绝缘服或绝缘披肩、绝缘手套、绝缘鞋);使用的安全带、安全帽应有良好的绝缘性能,必要时戴护目镜。使用前应对绝缘防护用具进行外观检查。作业过程中禁止摘下绝缘防护用具。

【解读】在配电线路带电作业中，由于设备密集，在人体活动范围内很容易触及不同电位的电力设备。故进行直接接触20kV及以下电压等级带电设备的作业时，应注意以下事项：

(1)配电线路带电作业人员应正确穿着绝缘服或绝缘披肩、绝缘手套、绝缘鞋等绝缘防护用具，应使用绝缘安全带和安全帽。

(2)在作业过程中，人体裸露部分与带电体的最小安全距离、绝缘绳索工具最小有效绝缘长度等均应满足本规程的相关规定。

(3)为防止作业人员误碰带电设备，禁止在作业过程中摘下绝缘防护用具。为防止作业人员在作业过程中由于电弧而灼伤眼睛，必要时应戴护目镜。

(4)各类绝缘防护用具使用前应对其进行外观检查和绝缘检测。

13.10.2　作业时，作业区域带电导线、绝缘子等应采取相间、相对地的绝缘隔离措施。绝缘隔离措施的范围应比作业人员活动范围增加0.4m以上。实施绝缘隔离措施时，应按先近后远、先下后上的顺序进行，拆除时顺序相反。装、拆绝缘隔离措施时应逐相进行。

禁止同时拆除带电导线和地电位的绝缘隔离措施；禁止同时接触两个非连通的带电导体或带电导体与接地导体。

【解读】作业时，由于作业范围窄小，电气设备布置密集处，为保证作业人员对邻相带电体或接地体的有效间隔，作业人员除穿戴绝缘防护用具，对作业区域带电导线、绝缘子等采取相间、相对地的必要遮蔽措施外，还应在适当位置装设绝缘隔板或隔离罩等限制，应比作业者的活动范围增加0.4m以上。

在实施绝缘隔离措施时，应按先近后远、先下后上的顺序进行，拆除时顺序相反。

装、拆绝缘隔离措施时应逐相进行，应按顺序依次拆除带电导线和地电位的绝缘隔离措施。禁止同时拆除带电导线和地电位的绝缘隔离措施，禁止同时接触两个非连通的带电导体或带电导体与接地导体，以防止人体串入其中发生短路触电。

13.10.3　作业人员进行换相工作转移前，应得到工作监护人的同意。

**【解读】**在配电线路带电作业中，由于设备密集，在人体活动范围内很容易触及不同电位的电力设备，为防止作业人员在进行换相转移过程中，人体意外碰触相邻带电导线或接地而发生触电伤亡，在进行换相工作转移前，应得到工作监护人的同意。

**四、课程总结**

本课程重点介绍了配电带电作业的相关要求，包括作业人员的防护用具要求，绝缘隔离措施及要求，换相工作转移前应得到工作监护人的同意。

## 案例 20：带电作业使用有缺陷的操作杆，造成放电

**一、事故案例**

20××年 6 月 10 日下午 3 点，110kV 鲁五线发生线路跳闸，重合成功，属地人员在特巡中发现 021 号 A 相因鸟窝铁丝距离不够发生绝缘子击穿，上报输电运检室后，安排带电作业班更换损坏的绝缘子。副班长王××接到任务后，开完带电作业工作票，带领人员去带电库房准备工具，进入库房后发现库房东南角有漏水现象，造成一部分工具进水，王××说："准备工具，用手摸一下，工具不湿的用，湿的放到一边。"准备好后，开车到达工作现场，王××让李××和金××上塔作业，其余人地面配合，上塔前对带电作业工具进行检测符合要求，李××上塔后到达指定位置，地面人员将绝缘操作杆传递给李××，在带电取 W 销时，操作杆因内部缺陷导致绝缘被击穿，刚碰到导线就发生放电，造成李××手臂受伤。

**二、案例分析**

案例中，开展带电更换绝缘子工作，工作班成员李××，在带电取 W 销时，因操作杆内部缺陷绝缘被击穿，刚碰到导线就发生放电，造成李××手臂受伤，违反了《国家电网公司电力安全工作规程　线路部分》中 13.11.1.4 与 13.11.1.5 的规定。

**三、安规讲解**

13.11　带电作业工具的保管、使用和试验。

13.11.1 带电作业工具的保管。

13.11.1.1 带电作业工具应存放于通风良好，清洁干燥的专用工具房内。工具房门窗应密闭严实，地面、墙面及顶面应采用不起尘、阻燃材料制作。室内的相对湿度应保持在50%～70%。室内温度应略高于室外，且不宜低于0℃。

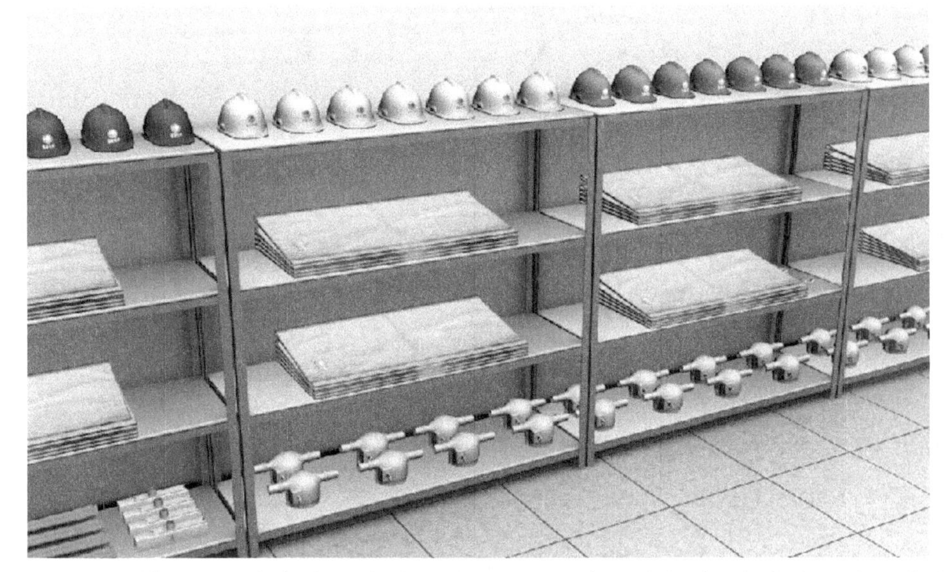

**【解读】**带电作业工具应存放在清洁、干燥、通风的专用房间内，房内应设有红外线干燥设备；冬季取暖设备应关闭，防止温差使绝缘工具结露受潮。绝缘工具的电气和机械性能良好与否，直接影响到带电作业时的人身及设备安全。因此，需做好带电作业工具的维护和保管。带电作业库房的基本条件按照电力行业标准《带电作业用工具库房》(DL/T974－2005)的规定执行。

13.11.1.2 带电作业工具房进行室内通风时，应在干燥的天气进行，并且室外的相对湿度不准高于75%。通风结束后，应立即检查室内的相对湿度，并加以调控。

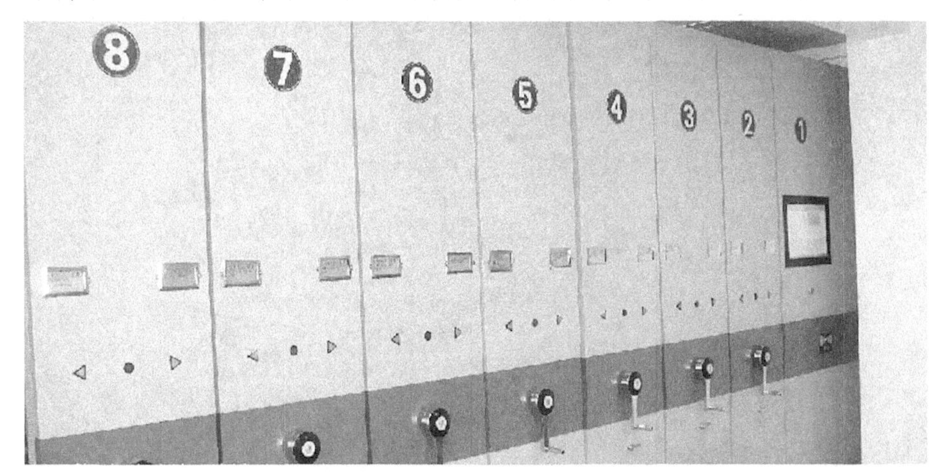


**【解读】**带电作业工具房进行室内通风时，应在天气干燥下进行，并且室外的相对湿度不准高于75%，避免造成室内湿度的提高。通风结束后，应立即检测湿度，如不能满足，应立即

打开智能管控系统进行除湿，直至满足要求为止。

13.11.1.3　带电作业工具房应配备湿度计、温度计，抽湿机(数量以满足要求为准)，辐射均匀的加热器，足够的工具摆放架、吊架和灭火器等。

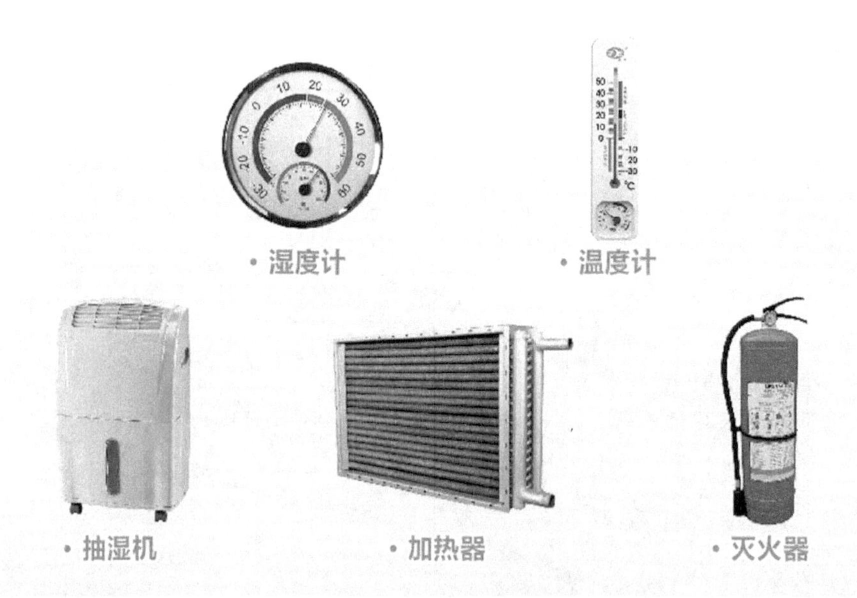


**【解读】**带电作业工具房应符合《带电作业用工具库房》DL/T974－2005 的规定，配备相应的附属设备。

13.11.1.4　带电作业工具应统一编号、专人保管、登记造册，并建立试验、检修、使用记录。

**【解读】**为防止作业工具混乱、丢失、遗漏，带电作业工具应统一编号、专人保管、登记造册，并建立试验、检修、使用记录。

13.11.1.5 有缺陷的带电作业工具应及时修复，不合格的应予报废，禁止继续使用。

【解读】有缺陷及不合格的带电作业工具在作业过程中，存在极大的安全隐患，可能会引起人身伤亡及设备事故，因此，有缺陷的带电作业工具应及时处理并经试验合格后方可使用，不合格的带电作业工具应及时检修或报废，不得继续使用。

13.11.1.6 高架绝缘斗臂车应存放在干燥通风的车库内，其绝缘部分应有防潮措施。

【解读】高架绝缘斗臂车的存放应符合《带电作业用工具库房》(DL/T 974－2005)和《带电作业用绝缘斗臂车的保养维护及在使用中的试验》(DL/T 854－2004)的规定。

**四、课程总结**

本课程重点介绍了带电作业工具的保管，包括带电作业工具房温度、湿度、通风、防火要求及配备的附属设备，带电作业工具的保管及记录，有缺陷及不合格的带电作业工具使用要求，高架绝缘斗臂车存放要求。

## 案例 21：带电作业使用绝缘受潮的平梯，造成放电

**一、事故案例**

2005 年 6 月 10 日，××供电公司输电运检室带电班带电修补 220kV 秦三线 60 号导线断股。工作负责人朱××在前一天对现场进行勘察，并开好带电作业工作票，工作班成员共计 6 人，准备完工具，上午 11 时到达现场后，工作班成员王××和柯××将带电作业需要使用的安全工器具摆放在潮湿的地面上(未进行外观检测及绝缘检测)。朱××给调度值班员沈××申请 110kV 秦三线 60 号带电修补损伤导线作业，天气良好，风速 3m/s，温度 27.5℃，湿度 50%，符合作业条件，朱××开始宣读工作票，进行工作分工，塔上地电位电工为张××，等电位电工为金××，采用平梯法进入电场修补导线，到达位置后，张××挂好平梯，金××沿平梯至导线，在转移电位时，因工器具受潮绝缘降低，发生放电，造成金××后备绳烧断，坠落至地面死亡。

**二、案例分析**

案例中,开展带电修补导线工作,等电位电工金××采用平梯法进入电场修补导线,到达位置后,地电位电工张××挂好平梯,金××沿平梯至导线,在转移电位时,因工器具受潮绝缘降低,发生放电,造成金××后背绳烧断,高空坠落死亡,违反了《国家电网公司电力安全工作规程　线路部分》中13.11.2.4及13.11.2.5的规定。

**三、安规讲解**

13.11.2　带电作业工具的使用。

13.11.2.1　带电作业工具应绝缘良好、连接牢固、转动灵活,并按厂家使用说明书、现场操作规程正确使用。

**【解读】**带电作业工具使用前应检查绝缘是否良好、连接是否牢固、转动是否灵活,并按厂家使用说明书、现场操作规程正确使用。

13.11.2.2　带电作业工具使用前应根据工作负荷校核机械强度,并满足规定的安全系数。

**【解读】**带电作业工具机械强度应按下式校核:

机械强度=实际工作中的负荷×安全系数。

其中,安全系数具体参照相关的带电作业技术规程而定。

13.11.2.3　带电作业工具在运输过程中,带电绝缘工具应装在专用工具袋、工具箱或专用工具车内,以防受潮和损伤。发现绝缘工具受潮或表面损伤、脏污时,应及时处理并经试验或检测合格后方可使用。

**【解读】**带电作业工具在运输过程中,为了防止绝缘工具受潮和损伤,应将其装在专用工具袋或工具箱内。带电作业工具在现场使用时应放在防水的帆布上,并备有防雨用具。发现绝缘工具受潮或表面损伤、脏污时,应及时处理,经有资质的试验单位试验合格后方可继续使用。

13.11.2.4　进入作业现场应将使用的带电作业工具放置在防潮的帆布或绝缘垫上,防止绝缘工具在使用中脏污和受潮。

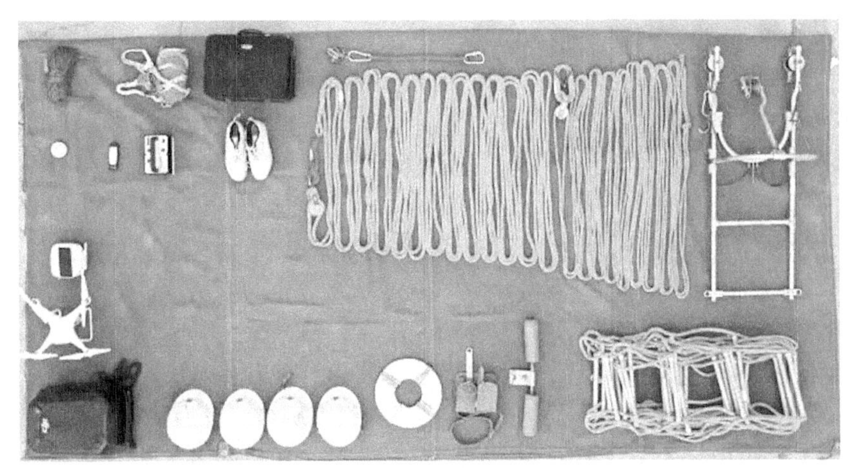

【解读】进入作业现场应对带电作业工具进行外观检查及检测，整个过程，应始终确保其在防潮的帆布或绝缘垫上。在工作过程中，要防止绝缘绳索落到防潮的帆布或绝缘垫以外的区域。特别需要注意的是，为避免绝缘绳索脏污和受潮，在转位或移动作业时，应将其装入专用的工具袋内。

13.11.2.5 带电作业工具使用前，仔细检查确认没有损坏、受潮、变形、失灵，否则禁止使用。并使2500V及以上绝缘电阻表或绝缘检测仪进行分段绝缘检测（电极宽2cm，极间宽2cm），阻值应不低于700MΩ。操作绝缘工具时应戴清洁、干燥的手套。

【解读】带电作业工器具在工作状态下，具有承受电气和机械双重荷载的作用。工器具质量的好坏直接关系到作业人员和设备的安全。因此，带电作业工具使用前，应仔细检查确认没有损坏、受潮、变形、失灵，否则禁止使用。

使用2500V及以上绝缘电阻表或绝缘检测仪进行分段绝缘检测时，检测的电极宽为2cm、极间宽为2cm，阻值应不低于700MΩ。操作绝缘工具时，操作人员应戴清洁、干燥的手套，以免绝缘工具脏污、受潮。

**四、课程总结**

本课程重点介绍了带电作业工具的使用,包括带电作业工具的要求,校核机械强度,运输过程中防止受潮和损伤的要求,现场使用中防止脏污和受潮的要求,使用前的检查及要求。

## 案例 22:带电作业使用未经试验的不合格平梯,造成放电

**一、事故案例**

2003 年 4 月 11 日,××供电公司输电运检室带电作业班在 110kV 景九线 005 号耐张塔处理引流线夹损坏,工作负责人吴××查看缺陷,组织班组讨论后决定采用斗臂车进行处理。开好带电作业工作票后,工作负责人吴××让斗臂车司机张××去开斗臂车,张××将斗臂车开到了现场,安排李××为斗内电工,王××为塔上电工,两人配合使用专用工具将专用短接线代替引流线。在安装完铁塔端后,李××在用绝缘操作杆(因费用原因绝缘操作杆 2 年没进行过试验)安装导线端时,操作杆连接工具卡到导线上,怎么转动都下不来,李××在移动斗臂时,由于距离较近发生放电,导致其当场死亡。

**二、案例分析**

案例中,采用斗臂车开展带电处理耐张塔损坏引流线夹工作,斗内电工李××在用两年未进行试验的绝缘操作杆安装导线端时,操作杆连接工具卡到导线上,李××在移动斗臂时,因距离较近发生放电,导致其当场死亡,违反了《国家电网公司电力安全工作规程　线路部分》中 13.11.3.1 的规定。

**三、安规讲解**

13.11.3　带电作业工具的试验。

13.11.3.1　带电作业工具应定期进行电气试验及机械试验,其试验周期为:

电气试验:预防性试验每年一次,检查性试验每年一次,两次试验间隔半年。

机械试验:绝缘工具每年一次,金属工具两年一次。

**【解读】**带电作业工具经过一段时间的使用和储存后，无论在电气性能还是机械性能方面，都可能出现一定程度的损伤或劣化。为了及时发现和处理这些问题，要定期进行试验。定期试验分电气试验、机械试验两种。电气试验周期为每 6 个月试验 1 次；机械试验周期为每年进行 1 次；金属工具的机械试验每 2 年进行 1 次。

13.11.3.2　绝缘工具电气预防性试验项目及标准见表 15。

**表 15　绝缘工具的试验项目及标准**

| 额定电压/kV | 试验长度/m | 1min 工频耐压/kV | | 3min 工频耐压/kV | | 15 次操作冲击耐压/kV | |
|---|---|---|---|---|---|---|---|
| | | 出厂及型式试验 | 预防性试验 | 出厂及型式试验 | 预防性试验 | 出厂及型式试验 | 预防性试验 |
| 10 | 0.4 | 100 | 45 | — | — | — | — |
| 35 | 0.6 | 150 | 95 | — | — | — | — |
| 66 | 0.7 | 175 | 175 | — | — | — | — |
| 110 | 1.0 | 250 | 220 | — | — | — | — |
| 220 | 1.8 | 450 | 440 | — | — | — | — |
| 330 | 2.8 | — | — | 420 | 380 | 900 | 800 |
| 500 | 3.7 | — | — | 640 | 580 | 1175 | 1050 |
| 750 | 4.7 | — | — | — | 780 | — | 1300 |
| 1000 | 6.3 | — | — | 1270 | 1150 | 1865 | 1695 |
| ±500 | 3.2 | — | — | — | 565 | — | 970 |
| ±660 | 4.8 | — | — | 820 | 745 | 1480 | 1345 |
| ±800 | 6.6 | — | — | 985 | 895 | 1685 | 1530 |
| 注：±500kV、±660kV、±800kV 预防性试验采用 3min 直流耐压。 | | | | | | | |

操作冲击耐压试验宜采用 250/2500μs 的标准波，以无一次击穿、闪络为合格。

工频耐压试验以无击穿、无闪络及过热为合格。

高压电极应使用直径不小于 30mm 的金属管，被试品应垂直悬挂，接地极的对地距离为 1.0～1.2m。

接地极及接高压的电极（无金具时）处，以 50mm 宽金属铂缠绕。试品间距不小于 500mm，单导线两侧均压球直径不小于 200mm，均压球距试品不小于 1.5m。

试品应整根进行试验，不准分段。

**【解读】**绝缘工具电气预防性试验项目及标准按照表 15 规定执行。带电作业工具预防性试验规程，按照《带电作业工具、装置和设备预防性试验规程》(DL/T 976－2005)进行试验。

13.11.3.3　绝缘工具的检查性试验条件是：将绝缘工具分成若干段进行工频耐压试验，每 300mm 耐压 75kV，时间为 1min，以无击穿、闪络及过热为合格。

**【解读】**检查性试验是一种分部试验的方法,因为试验设备少、操作简单,基层单位比较容易实施。而且,检查性试验对发现绝缘工具部件的绝缘缺陷效果明显。在进行绝缘工具的检查性试验时,须注意将工具分成若干段,以段为单位,定时间、定电压、按周期进行,每300mm 耐压 75kV,时间为 1min,以无击穿、闪络及过热为合格。

13.11.3.4　带电作业高架绝缘斗臂车电气试验标准见《国家电网公司电力安全工作规程　线路部分》附录 K。

**【解读】**带电作业高架绝缘斗臂车电气试验按《国家电网公司电力安全工作规程　线路部分》附录 K 进行试验。

13.11.3.5　整套屏蔽服装各最远端点之间的电阻值均不得大于 20Ω。

【解读】全套屏蔽服的整体电阻应控制在 20Ω 以内，确保作业人员穿上屏蔽服后流经人体的电流不大于 50μA。

13.11.3.6 带电作业工具的机械预防性试验标准。

静荷重试验：1.2 倍额定工作负荷下持续 1min，工具无变形及损伤者为合格。动荷重试验：1.0 倍额定工作负荷下操作 3 次，工具灵活、轻便、无卡住现象为合格。

【解读】静荷重试验：将工具组装成工作状态，加上 1.2 倍的使用荷重，持续时间为 1min 时的试验称为静荷载试验。如果在这个时间内各部构件均未发生永久变形和破坏、裂纹等情况，则认为试验合格。

动荷重试验：将工具组装成工作状态，加上 1.0 倍的使用荷重，然后按工作情况进行操作，该试验称为动荷载试验。连续动作 3 次，如果操作轻便灵活，连接部分未发生卡住现象，则认为试验合格。

## 四、课程总结

本课程重点介绍了带电作业工具的试验,包括电气试验及机械试验的试验周期,绝缘工具的检查性试验条件,带电作业高架绝缘斗臂车的电气试验标准,屏蔽服装的电阻要求,带电作业工具的机械预防性试验标准。

# 14　施工机具和安全工器具

## 案例1:作业使用不符合要求的绳子,导致导线脱落人员坠亡

### 一、事故案例

2003年3月23日,××供电公司输电运检室停电更换110kV千陇Ⅱ线路合成绝缘子。输电运检三班在99号杆作业时,工作班没有加装防导线脱落的保险绳,即用长期使用的棕绳组三滑轮起吊导线,导线侧作业人员安××将安全带绕挂在组三滑车的绳索上。起吊过程中棕绳拉断,作业人员安××因安全带套挂在组三滑车绳索上,安全带与组三滑轮绞在一起,随同导线一同坠落,后备保护绳被拉断,使安××从20.7米高处坠落死亡。

### 二、案例分析

案例中,开展停电更换110kV千陇Ⅱ线路合成绝缘子工作,未对起重绳索进行检查和验算,用长期使用的棕绳组三滑轮起吊导线,起吊过程中棕绳断裂,作业人员安××后备保护绳被拉断,从20.7米高处坠落死亡,违反《国家电网公司电力安全工作规程　线路部分》中14.1.1的规定。

### 三、安规讲解

14.1　一般规定。

14.1.1　施工机具和安全工器具应统一编号,专人保管。入库、出库、使用前应进行检查。禁止使用损坏、变形、有故障等不合格的施工机具和安全工器具。机具的各种监测仪表以及制动器、限位器、安全阀、闭锁机构等安全装置应齐全、完好。

【解读】施工机具包括施工机械设备和施工工器具两部分。安全工器具包括基本安全工器具、辅助安全工器具和防护安全工器具。对施工机具和安全工器具执行统一编号，以便及时发现工作中的遗漏或丢失，同时也便于取用和区分。专人保管是为进一步明确工器具管理职责，能够及时对工器具进行维护、保养。对不合格或应报废的施工机具和安全工器具应及时清理，不得与合格品混放。施工机具和安全工器具应有专用库房存放，并为安全工器具设立专用的保管柜、架。库房要经常保持干燥、通风。入库、出库、使用前，应对机具的各种监测仪表以及制动器、限位器、安全阀、闭锁机构等安全装置进行相关检查试验，确保无损坏、受潮、变形、失灵等问题，转动、传动等部位充分润滑，安全装置齐全、完好。不合格者严禁使用，防止造成人员伤害或设备损坏。

14.1.2　自制或改装和主要部件更换或检修后的机具，应按 DL/T 875 的规定进行试验，经鉴定合格后方可使用。

【解读】为满足现场施工和技术进步的要求，电力施工企业自制或改装、主要部件更换或检修后的机具，必须经具备资格的鉴定机构，按照《输电线路施工机具设计、试验基本要求》(DL/T 875—2004)的要求进行相关试验鉴定，保证安全系数(即断裂安全系数，是指强度极限与额定荷载应力之比)、稳定安全系数(是指屈服极限与容许稳定荷载的应力之比)、制动安全系数(是指制动装置的制动力矩与额定荷载的工作力矩之比)合格后方可使用，否则性能无法保障，若贸然使用会造成人员伤害或机具损坏。

14.1.3　机具应由了解其性能并熟悉使用知识的人员操作和使用。机具应按出厂说明书和铭牌的规定使用，不准超负荷使用。

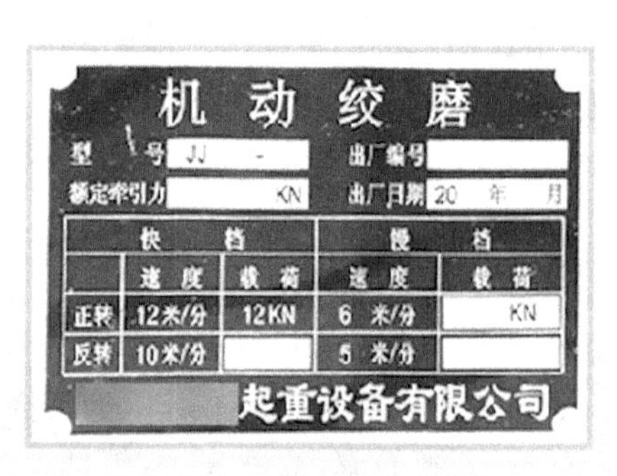


【解读】操作和使用机具的人员应了解该机具的性能并熟悉使用知识，主要包括该机具的技术参数和使用方法，并经培训、考核后持证上岗操作。非操作人员禁止擅自使用机具，避免造成人身伤害或设备损坏。机具应按出厂说明书和铭牌的规定使用，不准超负荷使用，避免造成机具性能降低或损坏，引发危险。固定式机械应随同机械设置安全操作牌，标明机械名称、规格及操作注意事项。

14.1.4　起重机械的操作和维护应遵守 GB6067。

GB

中华人民共和国国家标准

起重机械安全规程 第1部分：总则

【解读】起重机械一般包括桥式起重机、汽车起重机、履带起重机及简易起重设备和辅具等，起重机械作业性质特殊(操作复杂、控制烦琐等)，发生事故后危害非常严重。为避免造成人身伤害和设备损坏，起重机械的操作和维护应遵守《起重机械安全规程》(GB 6067.1—2010)的规定。该规程对起重机械的设计、制造、检验、报废、使用和管理等方面的安全要求做了基本的规定。

**四、课程总结**

本课程重点介绍了施工机具和安全工器具的使用、保管、检查和试验的一般规定，包括作业工器具的使用、检查、保管、检修及使用人员的相关要求，自制或改装和主要部件更换或检修后的机具使用要求，起重机械的操作和维护要求，确保作业现场使用的施工机具和安全工器具的合格、完整、有效。

## 案例2：施工人员处于导线内侧，突发桩锚飞出致2人死亡

**一、事故案例**

××检修公司输电运检中心负责运维的500kV元一线线下新建××高速，原耐张段为N468～N475，非独立耐张段跨越，不满足国网公司十八项反措中三跨的相关要求，需在N470大号侧和N473小号侧各新建一基耐张塔，改造后由XN470+1(新建耐张塔)、N471(原直线塔)、N472(原直线塔)、XN472+1(新建耐张塔)形成独立耐张段跨越高速，检修公司计划于2018年9月12日～9月17日停电检修期间进行线路改造，并对三相导线进行更换。9月12日，工作按计划时间开展。许××为本次作业的工作负责人，刘××、杨××为塔上作业人员，侯×、杜××、严××、刘××为地面配合人员。展放导线作业开始前，现场作业人员将绞磨布置在平整的基面上，但牵引绳在卷筒上缠绕了3圈，牵引机受力开始放线后，桩锚飞出，撞击处于桩锚前方的作业人员，同时牵引绳抽打到处于导向滑轮内侧的工作负责人，两人经抢救无效死亡，固定桩锚露出地面的位置左侧1.5m处有一个未发现的空洞。

**二、案例分析**

案例中,开展铁塔改建工作,展放导线作业时,牵引绳在卷筒上缠绕了 3 圈,牵引机受力开始放线后,桩锚飞出,撞击处于桩锚前方的作业人员,同时牵引绳抽打到处于导向滑轮内侧的工作负责人,两人经抢救无效死亡,违反《国家电网公司电力安全工作规程 线路部分》中 14.2.1.5 的规定。

**三、安规讲解**

14.2 施工机具的使用要求。

14.2.1 各类绞磨和卷扬机。

14.2.1.1 绞磨应放置平稳,锚固可靠,受力前方不准有人。锚固绳应有防滑动措施。在必要时宜搭设防护工作棚,操作位置应有良好的视野。

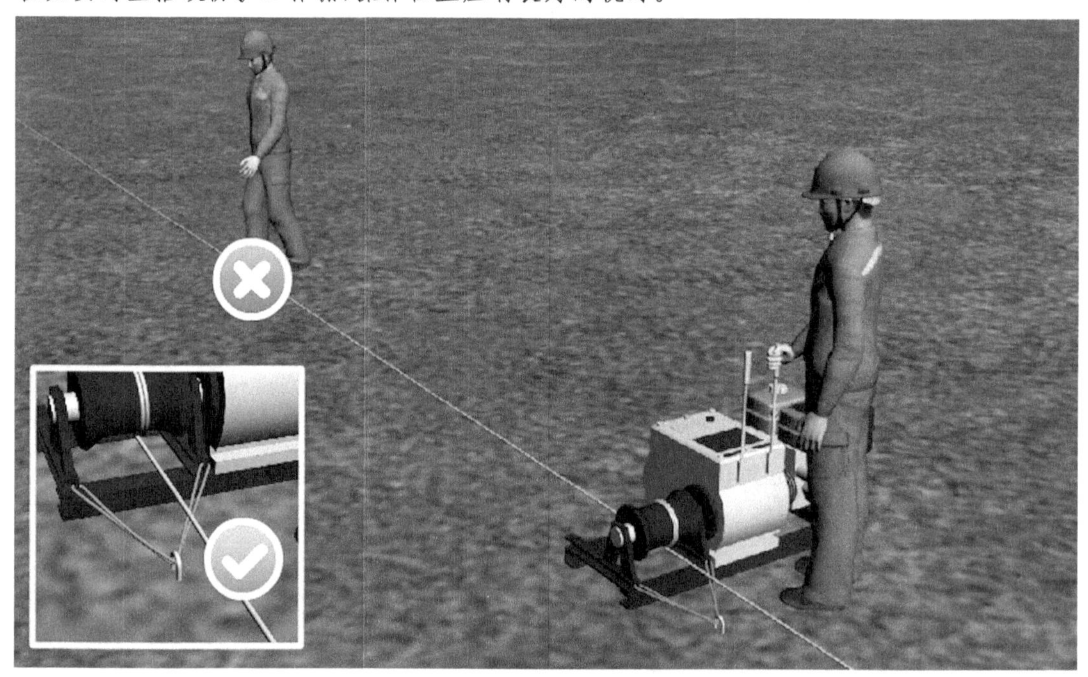

**【解读】**绞磨主要是由磨芯、变速器和动力源组成,通过缠绕在磨芯上一定圈数的钢丝绳来实现牵引、提升和下降的功能。绞磨应放置在平坦且土质坚硬的地面上,锚固必须牢固,保证机械稳定,不致摇晃或移动。若土质较软时可采取铺设垫木等加固措施。绞磨锚固绳应用专用卡具固定。防止绞磨在移动或提升重物时,在较大牵引力的作用下沿受力方向滑移,且绞磨受力前方不准有人,避免绞磨滑移伤人。在恶劣天气或人员密集区等应搭设防护棚,一是避免外界因素干扰;二是防止绞磨性能下降。操作位置应有良好的视野,便于操作人员对作业现场的设备运行情况及指挥信号进行观察。

14.2.1.2 牵引绳应从卷筒下方卷入,排列整齐,并与卷筒垂直,在卷筒上不准少于 5 圈(卷扬机:不准少于 3 圈)。钢绞线不准进入卷筒。导向滑车应对正卷筒中心。滑车与卷筒的距离:光面卷筒不应小于卷筒长度的 20 倍,有槽卷筒不应小于卷筒长度的 15 倍。

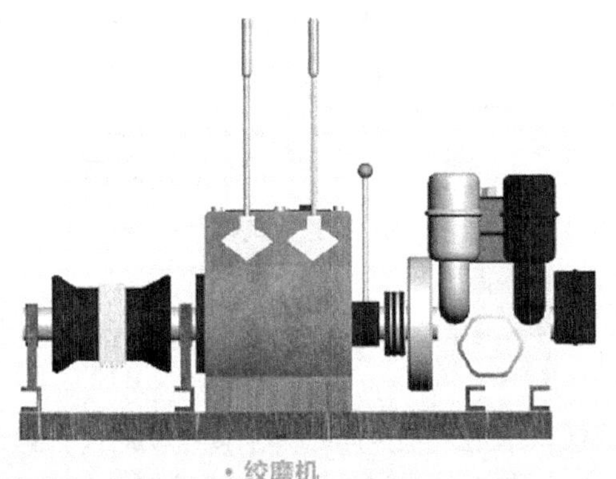

• 绞磨机

• 卷扬机

**【解读】**卷扬机是由动力驱动的卷筒通过钢丝绳起升、移动重物的起重装置。牵引绳应从下方卷入，减小对机械的倾覆力矩；排列整齐，防止绳与绳压叠。牵引绳应与卷筒垂直。《机动绞磨技术条件》(DL/T 733—2000)规定夹角在90°±5°范围内，绞磨或卷扬机的转动部分才能灵活运转，卷筒受力均匀，磨损也最小。缠绕圈数是保证摩擦力的关键指标，根据试验和经验所得，牵引绳绕在卷筒上的圈数不准少于5圈(卷扬机：不准少于3圈)，否则可能导致牵引绳从卷筒上拉脱而造成事故。一般情况下卷扬机牵引绳的尾端是固定在卷筒上的，因此不需要人员控制尾绳。因钢绞线与卷筒的摩擦力小，不利于进行牵引操作，同时钢绞线的弯曲半径远大于卷筒的半径，如直接进入卷筒，钢绞线将严重受损，所以不准进入卷筒。牵引力对牵引机产生的横向分力会造成牵引机左右摆动，所以导向滑车应对正卷筒中心，避免产生横向分力。为确保牵引绳通过导向滑车顺利进入卷筒，有效调整入线角度，使牵引绳在卷筒上有序排列，规定滑车与卷筒的距离一般为：光面卷筒不应小于卷筒长度的20倍，有槽卷筒不应小于卷筒长度的15倍。如不能保证该距离，将使钢丝绳进入卷筒的倾斜角度过大，不能按顺序整齐排列，导致乱绳、挤压，从而损坏钢丝绳。还可能使外层钢丝绳跳至内层缺绳的沟槽内，引起极大动载荷，严重时钢丝绳会突然断裂，造成人员伤害、设备损坏。

14.2.1.3 作业前应进行检查和试车，确认卷扬机设置稳固，防护设施、电气绝缘、离合器、制动装置、保险棘轮、导向滑轮、索具等合格后方可使用。

**【解读】**卷扬机应安装牢固稳定,防止受力时发生位移、倾斜或摇摆。工作前应先进行试车,检查固定装置、防护设施、电气绝缘、离合器、制动装置、保险棘轮、导向滑轮、索具等是否安全可靠。例如检查电气绝缘是否破损、带电部分是否外漏;防护设施是否齐全完备;制动装置是否灵活可靠;索具是否存在断股、灼伤等。试车检查合格后才能正式使用。

14.2.1.4　人力绞磨架上固定磨轴的活动挡板应装在不受力的一侧,禁止反装。人力推磨时,推磨人员应同时用力。绞磨受力时人员不准离开磨杠,防止飞磨伤人。作业完毕应取出磨杠。拉磨尾绳不应少于 2 人,应站在锚桩后面,且不准在绳圈内。绞磨受力时,不准用松尾绳的方法卸荷。

**【解读】**人力绞磨架上固定磨轴的活动挡板应装在不受力的一侧,防止因活动挡板损坏,磨轴在受力情况下飞出伤人,故禁止反装。人力推磨时,推磨人员应同时用力,确保磨杠受力均衡且合力最大。在磨杠受力且磨绳未可靠锚固状态下,作业人员严禁未经允许离开磨杠,防止受力状况下的磨杠失去控制,飞磨伤人。作业完毕,在确认人力绞磨所受载荷完全卸除后,应及时取出磨杠,防止人员碰撞。为保证受力牵引绳不跑绳,在工作中拉磨尾绳不得少于两人。作业人员应站在锚桩后面,防止锚桩受力拔出伤人,且不得在绳圈内逗留,避免因跑绳、缠绕、抽击对人身造成伤害。绞磨受力时,不准用松尾绳的方法卸荷,否则将造成两种不利后果:一是未及时松出尾绳,手来不及放开而被卷进卷筒内造成人身伤害;二是牵引绳受力较大时,尾绳失去控制,造成被吊重物突然坠落。

14.2.1.5　作业时禁止向滑轮上套钢丝绳,禁止在卷筒、滑轮附近用手扶运行中的钢丝绳,不准跨越行走中的钢丝绳,不准在各导向滑轮的内侧逗留或通过。吊起的重物必须在空中短时间停留时,应用棘爪锁住。

**【解读】**向滑轮上套钢丝绳需打开滑轮侧板,如果在作业中进行该项操作,则可能改变滑轮受力状态,导致滑轮内绳索脱落,引发事故,故作业时禁止向滑轮上套钢丝绳。若在卷筒、

滑轮附近用手扶运行中的钢丝绳，会因作业人员麻痹大意、精神不集中，其手、衣物等可能随运行的钢丝绳卷进卷筒、滑轮内而造成人身伤害，故禁止在卷筒、滑轮附近用手扶运行中的钢丝绳。行走中的钢丝绳会因受力不均衡产生跳跃、摇摆甚至断裂等情况。若人员在其上方跨越，会对人员造成抽击、磕绊等伤害，故禁止跨越行走中的钢丝绳。工作中导向滑轮由于挂接不牢固、荷载过大等原因，存在由锚固位置脱落、弹出导致其牵引钢丝绳伤及内角侧作业人员的可能，故不准在各导向滑轮的内侧逗留或通过。吊起的重物必须在空中短时间停留时，应用棘爪锁住可靠制动，防止绞磨、卷扬机因机械故障或作业人员误操作发生跑磨、跑绳等造成重物坠落，危及作业人员安全。

14.2.1.6 拖拉机绞磨两轮胎应在同一水平面上，前后支架应受力平衡。绞磨卷筒应与牵引绳的最近转向点保持5m以上的距离。

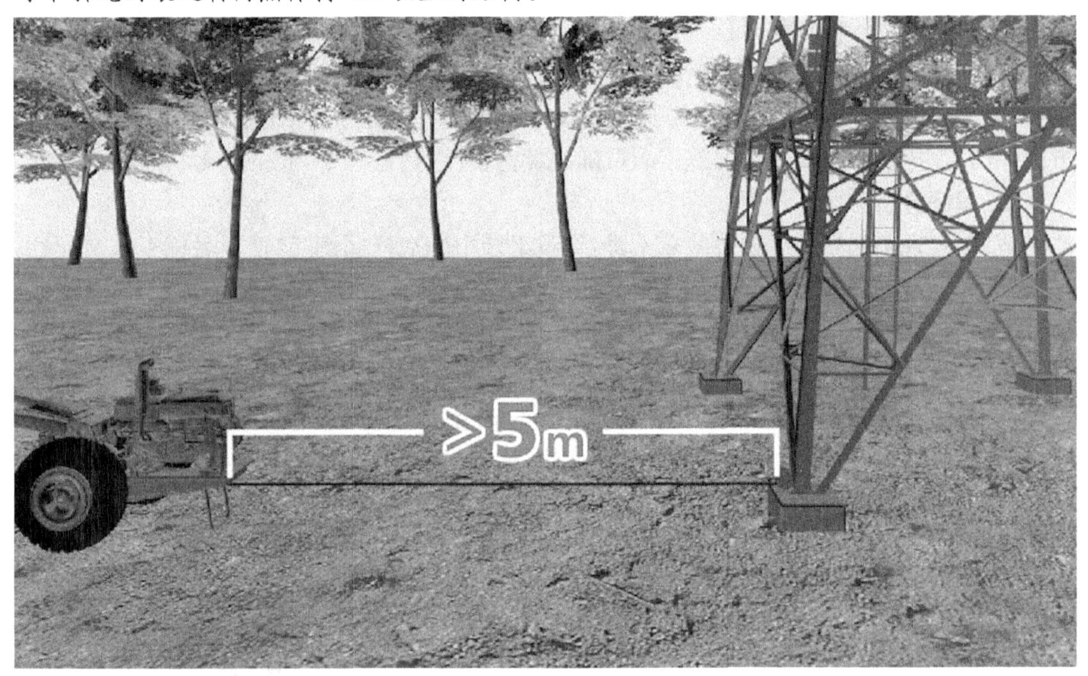


**【解读】**拖拉机绞磨两轮胎应在同一水平面上，前后支架应受力平衡，是保证拖拉机绞磨稳定和卷筒受力均衡的必要条件，否则将导致绞磨滑移或转向。绞磨卷筒与牵引绳最近转向点的距离小于5m时，在合力作用下，会因距转向点距离过短，导致牵引绳回卷进入绞磨卷筒的垂直角度偏移，而使牵引绳乱绳、挤压，不能按顺序整齐排列，甚至造成绞磨滑移或倾覆。

**四、课程总结**

本课程重点介绍了各类绞磨和卷扬机的使用要求，包括绞磨的放置要求，锚固绳应有防滑动措施，卷筒的使用规定，卷扬机使用前的检查要求，人力绞磨的使用要求，作业时的禁止性事项，拖拉机绞磨的使用要求，确保作业现场不发生由于设备问题引起的事故。

## 案例3:抱杆违章使用,导致3人死亡

### 一、事故案例

2015年5月3日,××送变电工程公司承建的特高压××直流输电线路工程发生一起因分包单位组立抱杆倾倒,造成分包单位3人死亡的人身事故。5月3日,分包施工队负责人王××未经施工项目部允许,擅自更改施工计划,转运抱杆(抱杆为圆木抱杆且腐蚀较为严重)进入计划外的2833#塔现场,进行抱杆组立。组立抱杆时,未按照施工方案要求执行先整体组立抱杆上段,然后利用组装好的下段塔材提升抱杆的施工方法,而错误采取了整体组立抱杆下段,再利用抱杆顶部的小抱杆(角钢)接长主抱杆的施工方法,且没有落实施工方法的安全技术措施,抱杆临时拉线数量不够,也未使用已埋设完成的地锚,在水田里违规设置钻桩。5月3日上午,拉起在地面组装完成的23.6m抱杆后,继续组立剩下的4节抱杆,16时左右,在吊装第3节抱杆时,B腿(上述水田中的实际钻桩点)钻桩被拔出,抱杆向D腿方向倾倒,在抱杆上作业的3名施工人员随之摔落,并被抱杆砸中,经抢救无效死亡。

### 二、案例分析

案例中,现场抱杆临时拉线数量不够,导致组装中的抱杆倾倒,致使3名施工人员死亡,违反《国家电网公司电力安全工作规程　线路部分》中14.2.2.1的规定。

### 三、安规讲解

14.2.2　抱杆。

14.2.2.1　选用抱杆应经过计算或负荷校核。独立抱杆至少应有四根拉绳,人字抱杆至少应有两根拉绳并有限制腿部开度的控制绳,所有拉绳均应固定在牢固的地锚上,必要时经校验合格。

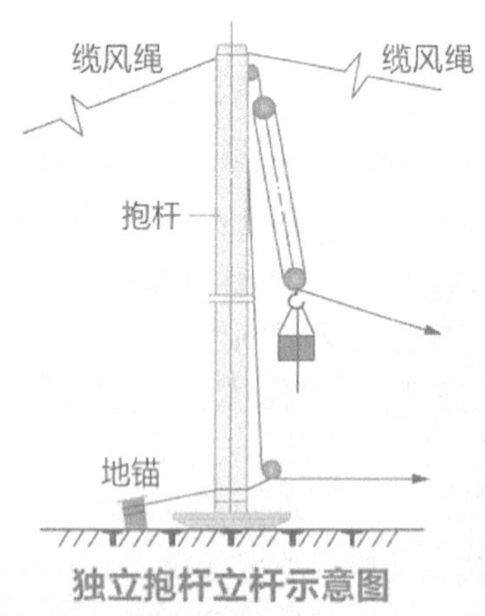

独立抱杆立杆示意图

**【解读】**抱杆是杆塔组立的重要工具之一,主要包括倒落式人字抱杆、独立抱杆等。计算或负荷校核,确定起吊负荷不超过抱杆额定工作负荷,是防止超重后发生抱杆变形断裂的必要措施。进行计算或负荷校核时,倒落式人字抱杆需要确定的参数一般包括:抱杆高度、抱杆根部与杆塔支点间的距离、抱杆的起始角等;独立抱杆需要确定的参数主要为抱杆长度、

吊装铁塔的分段长度及被吊装物件就位时所应采取的系数，独立抱杆的组合须保证抱杆的直度，组合后的整体弯曲度≤0.1%，且不允许有明显的折弯。拉绳是用以控制抱杆倾斜角度的工具，应以抱杆达到最佳受力状态、所有拉绳受力均衡为准。为保证抱杆使用中的稳定性，独立抱杆至少应有四根拉绳，人字抱杆至少应有两根拉绳。为有效控制抱杆倾斜角度，可根据实际工作情况适当增加拉绳数量。为确保人字抱杆的有效使用高度，防止其受力倾覆，还应使用限制腿部开度的控制绳。所有拉绳均应固定在牢固的地锚上，必要时应校验地锚上拔力，视情况采取挡土板、增加埋深等措施，避免地锚脱出。

14.2.2.2 抱杆的基础应平整坚实、不积水。在土质疏松的地方，抱杆脚应用垫木垫牢。

**【解读】**使用中的抱杆基础受起重物下压力和抱杆自重影响，有积水、土质疏松的地方，抱杆易下沉或滑移而导致抱杆倾覆。因此抱杆基础应平整坚实。土质疏松的地方抱杆脚应加垫木以防沉陷。

14.2.2.3 抱杆有下列情况之一者禁止使用。

a)圆木抱杆：木质腐朽、损伤严重或弯曲过大。

b)金属抱杆：整体弯曲超过杆长的1/600。局部弯曲严重、磕瘪变形、表面严重腐蚀、缺少构件或螺栓、裂纹或脱焊。

c)抱杆脱帽环表面有裂纹或螺纹变形。

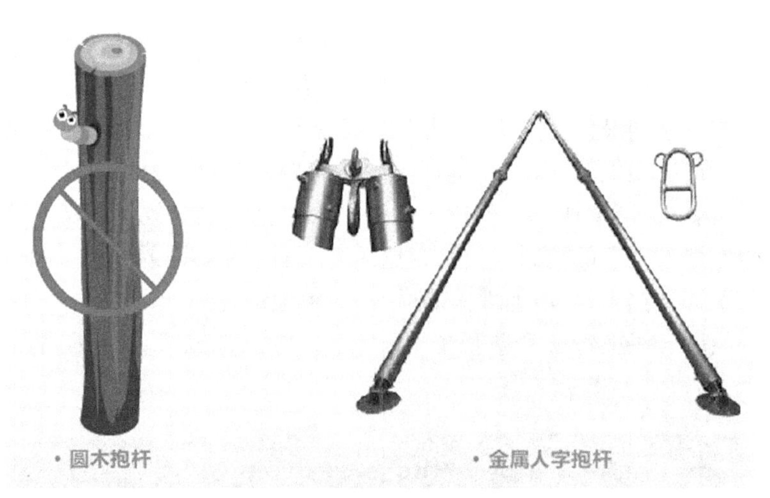


**【解读】**抱杆起重受力时承受弯曲力,当木抱杆出现腐朽、损伤严重时,容易发生折断。木抱杆弯曲过大承受弯曲力时偏心弯矩增大而降低抱杆的许用吊重,金属抱杆整体弯曲超过杆长的 1/600 时,弯曲增大,将使抱杆承受较大偏心弯矩,影响抱杆强度,并可能损坏抱杆。当金属抱杆出现局部磕瘪变形、表面严重腐蚀时,抱杆承受弯曲力能力下降,甚至导致抱杆折断。缺少构件、螺栓、裂纹或脱焊等均属于抱杆结构性隐患,容易造成抱杆折断导致意外发生。抱杆脱帽环表面有裂纹,起重过程容易发生脱帽断裂。脱帽螺纹变形在起重过程中会出现与抱杆卡涩,不能正常脱帽。

14.2.2.4　抱杆的金属结构、连接板、抱杆头部和回转部分等,应每年对其变形、腐蚀、铆、焊或螺栓连接进行一次全面检查。每次使用前,也应进行检查。

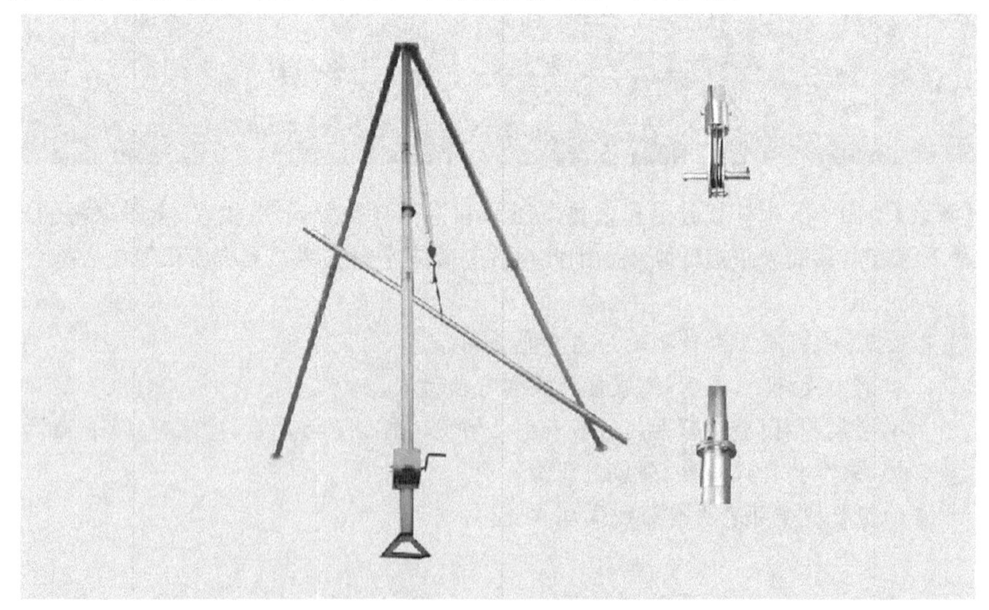

**【解读】**抱杆的金属结构、连接板、抱杆头部和回转部分等是作业中的主要受力部位。每年应进行一次变形、腐蚀、铆、焊或螺栓连接等情况的全面检查,防止在作业中因其受力及承重能力下降而无法正常使用。抱杆的周期性维护和每次使用存在时间间隔,其部件可能出

现变形、破损等问题，故每次使用前作业人员应对抱杆进行全面检查，及时了解抱杆各个部件的性能是否完好，确保抱杆处于良好的使用状态。

14.2.2.5　缆风绳与抱杆顶部及地锚的连接应牢固可靠。缆风绳与地面的夹角一般不大于45°。缆风绳与架空输电线及其他带电体的安全距离应不小于表19的规定。

**【解读】**缆风绳又称拖拉绳或缆绳，是连接抱杆顶部支撑件与地锚间的拉索，用以保持抱杆的直立和稳定。为使抱杆在作业过程中不发生倾倒或扭转，缆风绳与抱杆顶部及地锚的连接应牢固可靠，并设专人看护。缆风绳与地面的夹角一般不大于45°，若大于45°，其水平分力就会减小，不易控制抱杆的稳定。作业中缆风绳与架空输电线及其他带电体的距离应不小于规定值，防止带电体对缆风绳放电。必要时，可用绝缘绳作为缆风绳。

14.2.2.6　地锚的分布及埋设深度应根据地锚的受力情况及土质情况确定。地锚坑在引出线露出地面的位置，其前面及两侧的2m范围内不准有沟、洞、地下管道或地下电缆等。地锚埋设后应进行详细检查，试吊时应指定专人看守。

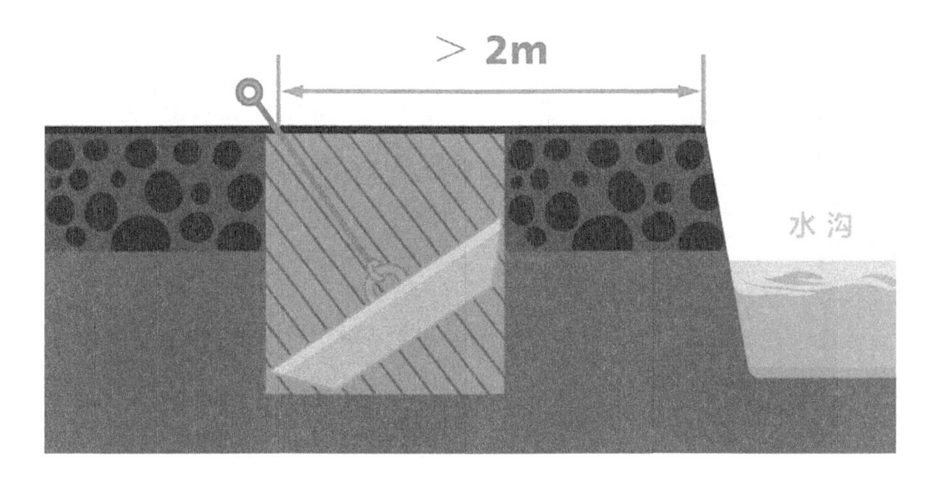

【解读】地锚是埋在地下用来承受上拔力的临时锚固装置或拉线杆塔拉线的承力拉盘。多用于固定绞磨、杆塔拉线等。地锚主要依靠土壤阻力和重量达到抗拔要求，土质不同，摩擦系数也不同。作业现场应正确划分土体类别(碎石土、黏性土、砂土等)，经计算确定地锚合理分布及有效埋深。在地锚坑引出线露出地面的前面及两侧2m范围内，不能存在沟洞、地下管道或地下电缆等，否则因上述地下设施的存在，会降低承重土壤总量，从而减少地锚的抗拔力，破坏地锚的牢固性。故地锚埋设过程中应详细检查，确保地锚坑深度、地锚规格等符合设计要求。试吊时应设专人看守，观察地锚牢固情况，若发现异常应立即停止试吊作业，重新设置地锚。

**四、课程总结**

本课程重点介绍了抱杆的使用要求，包括抱杆在使用前的计算，拉绳配置，抱杆的基础要求，禁止使用情况，抱杆使用前的外观检查和每年的全面检查，缆风绳及地锚的使用要求。

## 案例4:丝杠有效长度不够，导致1人高空坠落死亡

**一、事故案例**

××检修公司输电运检室负责运维的500kV××线运行时间年限较长，线路悬挂的复合绝缘子年限已久且不满足国网公司反措要求，检修公司计划于2019年10月14日～10月19日停电检修期间对500kV××线全线路更换合成绝缘子并加装双串，本次作业由输电运检室检修四班进行作业。出发前，由杨××领取工器具和材料，选取的钢丝绳插接的环绳插接长度小于300mm，班长许××为本次作业的工作负责人，刘××、杨××为塔上作业人员，侯×、杜××、严××、刘××为地面配合人员，10月14日上午10点30分，作业人员到达现场。高空作业人员开始登塔，地面人员随即利用传递绳索上传工器具，由于塔型比较特殊，塔上作业人员无法采取先加装一支新合成绝缘子然后在更换旧合成绝缘子的施工方案，只能采取加装防止导线脱落的后备保护措施后直接进行更换，地面人员没有对链条葫芦的链条进行捋顺，而是由两人对链条葫芦的拉链进行猛拉(链条葫芦为3t)，确认牢固后直接上传，当拆掉旧的合成绝缘子装新的合成绝缘子时，发现新的合成绝缘子长度较长，需松提线器，由于线上作业人员刘××用力过猛，导致有效长度不足的丝杆松脱、导线脱落，刘××随导线一起从50m高空坠落，经抢救无效死亡。

**二、案例分析**

案例中，松丝杆时，有效丝杠长度小于1/5，由于链条葫芦传动装置卡顿且链条轻微缠绕，线上作业人员刘××用力过猛，导致丝杆松脱导线脱落，刘××从高空坠落死亡，违反《国家电网公司电力安全工作规程　线路部分》中14.2.4的规定。

**三、安规讲解**

14.2.3　导线联结网套。

导线穿入联结网套应到位，网套夹持导线的长度不准少于导线直径的30倍。网套末端应以铁丝绑扎不少于20圈。

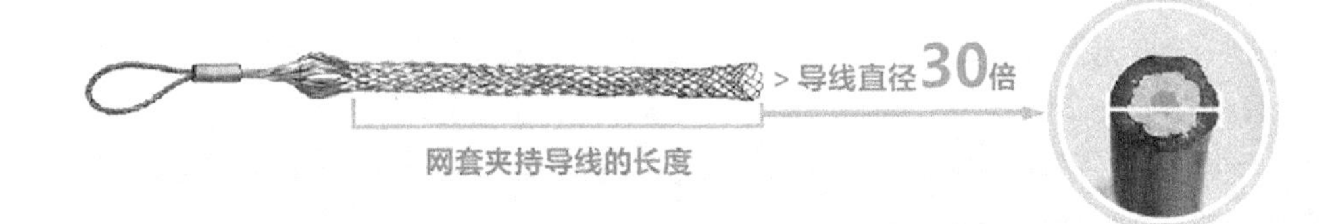


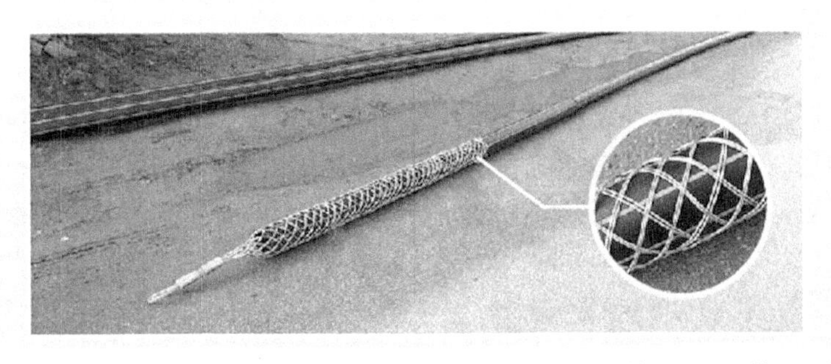

**【解读】**导线联结网套是由成束的细钢丝编织成网状的联结工具。使用时将钢芯铝绞线(导线)插入网套内,在其尾部用直径 14mm 的镀锌铁线绑扎 20 圈,受力后网套收紧握住导线,不使其滑跑。网套夹持导线长度是保证网套握着力的关键指标,根据不同的导线规格,插入网套内的导线长度不同,只有导线穿入网套到位才能保证其牵引握着力和架线的安全。经试验得出,网套夹持导线的长度不得少于导线直径的 30 倍。导线和网套在受力时可能未完全握紧,导线易从网套内滑出,故导线联结网套末端绑扎镀锌铁线的圈数不少于 20 圈。只有将导线联结网套尾部绑紧,其整体才能缩紧,起到夹紧导线作用。使用导线联结网套之前,应查明导线的型号、规格,选用与导线规格相匹配的网套连接器规格,只有这样才能保证其握着力,既不能以小代大,也不能以大代小。网套连接器的压接管至网套连接部分的钢丝必须用薄壁金属管保护,避免钢丝受弯折而损伤。

14.2.4 双钩紧线器。

该器材需经常润滑保养。换向爪失灵、螺杆无保险螺丝、表面裂纹或变形等禁止使用。紧线器受力后应至少保留 1/5 有效丝杆长度。

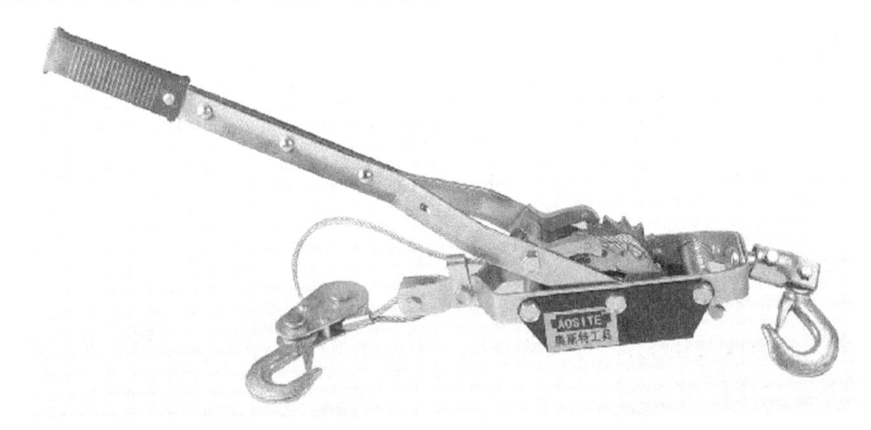


**【解读】**双钩紧线器简称双钩,是通过收紧丝杆从而达到提升重物的一种起重工具。双钩靠两端的丝杆同时向杆套内收进而收紧,或同时向杆套外旋出而放松。因此保持丝杆和杆套的润滑是保证双钩处于良好状态的前提。若缺少保养,双钩会因生锈以致无法使用。换向爪失灵、螺杆无保险螺丝、表面裂纹或变形等对于双钩都是严重损伤,会影响其使用性能。例如,螺杆无保险螺丝,松出时可能会突然从杆套内抽出,使受力的绳索滑脱而导致事故,故应禁止使用。双钩紧线器受力后应至少保留有1/5有效丝杆长度在杆套内,防止丝杆在杆套内长度过短,受力后被拔出。

**四、课程总结**

本课程重点介绍了导线联结网套和双钩紧线器的使用要求,包括网套夹持导线的长度不准少于导线直径的30倍,网套末端应以铁丝绑扎不少于20圈,双钩紧线器日常维护、保养规定及使用时的相关规定,着重提到双钩紧线器使用时禁线器受力后应至少保留1/5有效丝杆长度这一要求,防止由于疏忽大意造成恶劣后果,确保作业现场的安全。

## 案例5:卡线器不合规致人死亡

**一、事故案例**

××检修公司输电运检室负责运维的500kV××线线下新建京张高速,原耐张段为N430～N436,非独立耐张段跨越,不满足国网公司十八项反措中三跨的相关要求,需在N431大号侧和N436小号侧各新建一基耐张塔,改造后由XN431+1(新建耐张塔)、N432(原直线塔)、N433(原直线塔)、N434(原直线塔)、XN435+1(新建耐张塔)形成独立耐张段跨越高速,并对三相导地线进行更换。检修工期为2017年10月11日～10月23日,××外委单位为本次作业的施工单位,施工单位段××为本次作业的现场负责人,郑××、刘××、赵××、高××、林××为塔上作业人员,张×、李×、陈×、吴××为地面配合人员,10月14日,在XN435+1作业现场,现场作业人员在完成了铁塔组立工作之后,进行平衡挂线作业,作业人员林××在完成了左相和右相平衡挂线工作之后,到右相小号侧进行平衡挂线,作业前未对使用的卡线器进行检查(卡线器钳口斜纹磨平),并且将安全带悬挂在瓷瓶串上,当塔下人员拉动滑车组时,导致卡线器从固定的导线上滑脱,而作业人员林××由于安全带系在瓷瓶串上,导致随瓷瓶串一块荡落砸到铁塔塔身上,经抢救无效死亡。

**二、案例分析**

案例中,作业人员林××使用的卡线器钳口斜纹已经磨平,塔下人员拉动滑车组时,导致卡线器从固定的导线上滑脱,而林××由于安全带系在瓷瓶串上,导致随瓷瓶串一块荡落砸到铁塔塔身上,致其死亡,违反《国家电网公司电力安全工作规程　线路部分》中14.2.5的规定。

**三、安规讲解**

14.2.5　卡线器。

规格、材质应与线材的规格、材质相匹配。卡线器有裂纹、弯曲、转轴不灵活或钳口斜纹磨平等缺陷时应予报废。

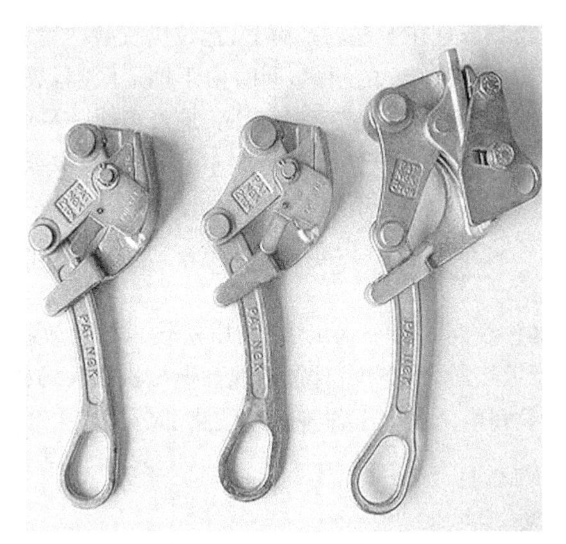

【解读】卡线器是架线中套在线索上受拉力即夹紧的一种夹线工具，也称紧线夹具。作业前应对卡线器进行试验，根据《输电线路施工机具设计、试验基本要求》(DL/T 875－2009)：在额定荷载下，经卡线器夹过的导线表面应无压痕；在 1.25 倍额定荷载作用下，卡线器夹嘴与线体在纵横方向均无相对滑移，且线体表面压痕及毛刺不超过验收规范规定的打光处理标准，直径无压扁等现象。卡线器的夹嘴要有足够的长度，要求 $L \geqslant 6.5d-20$(其中，$L$ 为夹嘴长度，$d$ 为导线直径，单位是 mm)，使用规格、材质与线材不匹配的卡线器，会导致握着力不足引起导线滑脱或线材受损。卡线器使用前应由专人进行外观检查，有裂纹、弯曲、转轴不灵活或钳口斜纹磨平等缺陷将导致卡线器卡涩，影响卡线器的强度和握着力，发现以上情况严禁使用并应报废。卡线器从线体上拆下及装卸车时严禁抛掷。卡线器用后应注意维护保养。

**四、课程总结**

本课程重点介绍了卡线器的相关要求，包括使用前的外观检查，卡线器的材质及各个部位磨损要求等，确保现场使用时选取正确合格的设备，并明确不符合要求的设备应予以报废，确保作业现场的正确使用。

## 案例 6：放线架放置不牢固致人死亡

**一、事故案例**

××检修公司输电运检室负责运维的 500kV××线线下新建××高速，原耐张段为 N390～N397，非独立耐张段跨越，不满足国网公司十八项反措中三跨的相关要求，需在 N393 大号侧新建一基耐张塔，改造后由 XN393＋1(新建耐张塔)、N394(原直线塔)、N395(原直线塔)、N396(原直线塔)、N397(原耐张塔)形成独立耐张段跨越高速，并对三相导线进行更换。检修工期为 2014 年 6 月 25 日～7 月 5 日，××外委单位为本次作业的施工单位，施工单位贺××为本次作业的现场负责人，马××、郝××、赵××、李××、宋××为塔上作业人员，陈×、何××、杨××、苗××为地面配合人员，作业班组按要求展放导线作业。

开始前现场作业人员将绞磨布置在平整的基面上,拖拉机绞磨两轮胎在同一水平面上,绞磨卷筒与牵引绳的最近转向点大于 5m 的距离,同时由于地形限制,放线架只能放在干水田中(土质松软),放线人员未随时观察放线架受力情况(是否在同一平面上),6 月 25 日下午 15 时 34 分,现场开始展放导线作业,由于放线架放置不牢固,造成放线架翻倒,损伤导线;牵引机受力开始放线后,将拖拉机掀翻,轧到拖拉机侧面的作业人员马××头部(作业人员的安全帽未系紧),致使马××安全帽飞出,头部受到撞击重伤,送医院后经抢救无效死亡。

**二、案例分析**

案例中,现场使用的放线架放在干水田中(土质松软),导致放线过程中放线架翻倒,损伤导线,牵引机受力开始放线后,将拖拉机掀翻,轧到拖拉机侧面的作业人员马××头部,致其死亡,违反《国家电网公司电力安全工作规程　线路部分》中 14.2.6 的规定。

**三、安规讲解**

14.2.6　放线架。

支撑在坚实的地面上,松软地面应采取加固措施。放线轴应与导线伸展方向应形成垂直角度。

**【解读】**放线架应支撑在坚实地面上,否则受力时易发生下陷、倾斜及造成导线盘拖地,损伤导线。如需在松软地面使用放线架时,则应采用加装垫木加强地面支撑、串联使用地锚钻增强稳定性等加固措施。放线轴与导线伸展方向应形成垂直角度,否则会在导线展放过程中造成放线架位移、倾斜,严重时可能导致导线磨损、放线架变形损坏。

**四、课程总结**

本课程重点介绍了放线架的使用要求,放线架应支撑在坚实的地面上,松软地面应采取加固措施。放线轴应与导线伸展方向应形成垂直角度。

## 案例7:钢质地锚变形致人摔落死亡

**一、事故案例**

2011年9月7日,××送变电工程公司承建的500kV××线输电线路工程发生一起因分包单位组立抱杆倾倒,造成分包单位1人死亡的人身事故。9月7日,分包施工队负责人蒋××未经施工项目部允许,擅自更改施工计划,转运抱杆(抱杆金属部分柳钉缺失严重)进入计划外的5#塔现场,进行抱杆组立。组立抱杆时,按照施工方案要求执行施工方法,严格落实施工方法的安全技术措施,在布置抱杆时缆风绳与地面的夹角小于60°,现场使用的钢质地锚变形较为严重,9月7日下午,拉起在地面组装完成的21.3m抱杆后,继续组立剩下的4节抱杆,16时左右,在吊装第3节抱杆时,A腿(破损地锚打的点)地锚被拔出,抱杆向C腿方向倾倒,在抱杆上作业的1名施工人员随之摔落,并被抱杆砸中,经抢救无效死亡。

**二、案例分析**

案例中,现场使用的钢质地锚变形较为严重,在吊装第3节抱杆时,地锚被拔出,抱杆倾倒,在抱杆上作业的1名施工人员随之摔落,并被抱杆砸中,经抢救无效死亡,违反《国家电网公司电力安全工作规程　线路部分》中14.2.7.2的规定。

**三、安规讲解**

14.2.7　地锚。

14.2.7.1　分布和埋设深度应根据其作用和现场的土质设置。

**【解读】**地锚是进行锚固工作中常用的工具,主要依靠使用容许拉力来进行选择,使用容许拉力是根据实地土壤特性及地锚埋深,按地锚带动的斜向倒截锥体土块重量来确定的。工作中应根据地锚埋设地点的土质、地形等实际情况,对其埋设深度进行验算,并应考虑一定的抗拔裕度,同时根据地锚在作业中的用途进行合理布置。

14.2.7.2　弯曲和变形严重的钢质地锚禁止使用。

**【解读】**钢质地锚发生弯曲和变形,下旋时对地锚周边的土壤造成松动而影响地锚的受

力,使相关的缆绳、起重设备不能使用。弯曲和变形严重的钢质地锚能够承受的容许拉力下降,无法满足设计及使用要求。若继续使用,作业中地锚不能承受其容许拉力,会造成安全隐患。

14.2.7.3　木质桩锚应使用木质较硬的木料,有严重损伤、纵向裂纹和出现横向裂纹时禁止使用。

**【解读】**较软的木料在受力时易发生变形、断裂,故木质锚桩应使用质地细致坚硬的木料(如松木)。木质地锚有严重损伤、纵向裂纹和横向裂纹时抗弯曲强度降低,受力时易断裂。若继续使用,绳索就会从被损坏的地锚中脱出,造成事故。

**四、课程总结**

本课程重点介绍了地锚的使用要求,包括地锚在埋设时应根据现场的具体情况进行充分的计算验证,钢质地锚和木质地锚在使用前的外观检查,不符合条文规定要求的地锚要禁止使用,确保地锚在使用过程中的安全可靠。

## 案例8:链条葫芦不合规致人高空坠落死亡

**一、事故案例**

××检修公司输电运检室负责运维的500kV××线运行时间年限较长,线路悬挂的复合绝缘子年限已久且不满足国网公司反措要求,检修公司计划于2018年6月14日～6月19日停电检修期间对500kV××线全线路更换合成绝缘子并加装双串,本次作业由输电运检室检修一班进行作业。出发前,由岳××领取工器具和材料,班长许××为本次作业的工作负责人,刘××、杨××为塔上作业人员,侯×、杜××、严××为地面配合人员,6月14日下午4点30分,作业人员到达现场,高空作业人员开始登塔,地面人员随即利用传递绳索上传工器具,由于塔型比较特殊,塔上作业人员无法采取先加装一支新合成绝缘子然后再更换旧合成绝缘子的施工方案,只能采取加装防止导线脱落的后备保护措施后直接进行更换,当拆掉旧的合成绝缘子装新的合成绝缘子时,需松提线器,由于链条葫芦传动装置卡顿,线上作业人员杨××用力过猛,导致丝杆松脱导线脱落,刘××随导线一起从35m高空坠落,经抢救无效死亡。

**二、案例分析**

案例中，使用前没有检查链条葫芦的传动装置是否良好，因链条葫芦传动装置卡顿，线上作业人员杨××用力过猛，导致丝杆松脱导线脱落，刘××随导线从35m高空坠落死亡，违反《国家电网公司电力安全工作规程　线路部分》中14.2.8.1的规定。

**三、安规讲解**

14.2.8　链条葫芦。

14.2.8.1　使用前应检查吊钩、链条、传动装置及刹车装置是否良好。吊钩、链轮、倒卡等有变形时，以及链条直径磨损量达10%时，禁止使用。

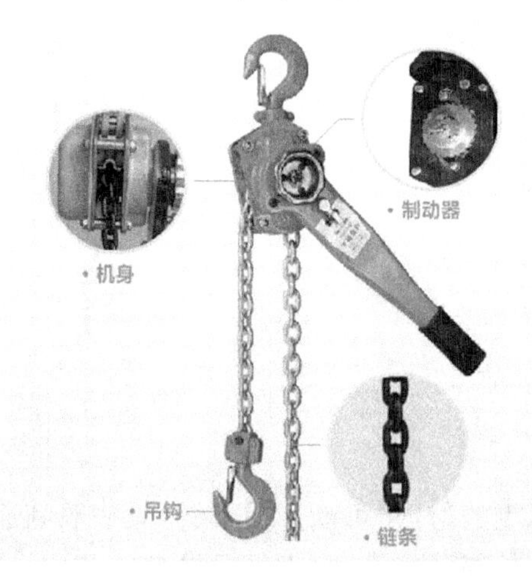


**【解读】**链条葫芦作为起重设施，使用前应检查吊钩、链条、传动装置及刹车装置是否良好，在使用链条葫芦前对链条葫芦的各部位仔细检查，确保链条葫芦能够正常使用。吊钩、链轮、倒卡等有变形或磨损时，将造成许用应力下降及使用中过链等。链条直径磨损量达10%时，禁止使用，防止在起吊过程中断裂引起事故。

14.2.8.2　两台及两台以上链条葫芦起吊同一重物时，重物的重量应不大于每台链条葫芦的允许起重量。

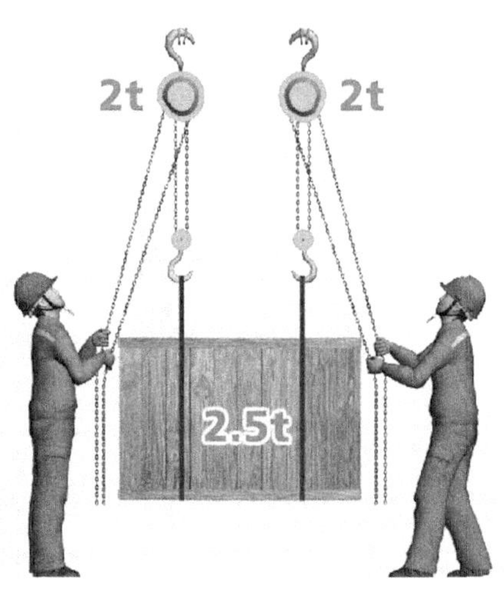

【解读】两台及两台以上链条葫芦起吊同一重物时,无法保证均衡受力,出现单台受力过大或独自承力,将会造成该受力链条葫芦超出允许起重量而断裂,危及人身、设备安全。同时一台链条葫芦断裂时产生的冲击力加大其他受力链条葫芦受力,进而形成多米诺骨牌效应,使其他链条葫芦受冲击力作用接连断裂坠落。故起吊物的重量应不大于每台链条葫芦的允许起重量。

14.2.8.3 起重链不得打扭,亦不得拆成单股使用。

【解读】起重链是用来承重的,打扭可能造成卡链,无法顺利通过链轮,也会使链条承受过大的扭力而弯曲变形导致折断、脱钩。起重链是链条葫芦的一部分,是配套设计的部件,拆成单股就破坏了它的整体性能,降低了起重链的安全系数,减小链条葫芦的许用负荷。

14.2.8.4 不得超负荷使用,起重能力在5t以下的允许1人拉链,起重能力在5t以上的允许两人拉链,不得随意增加人数猛拉。操作时,人员不准站在链条葫芦的正下方。

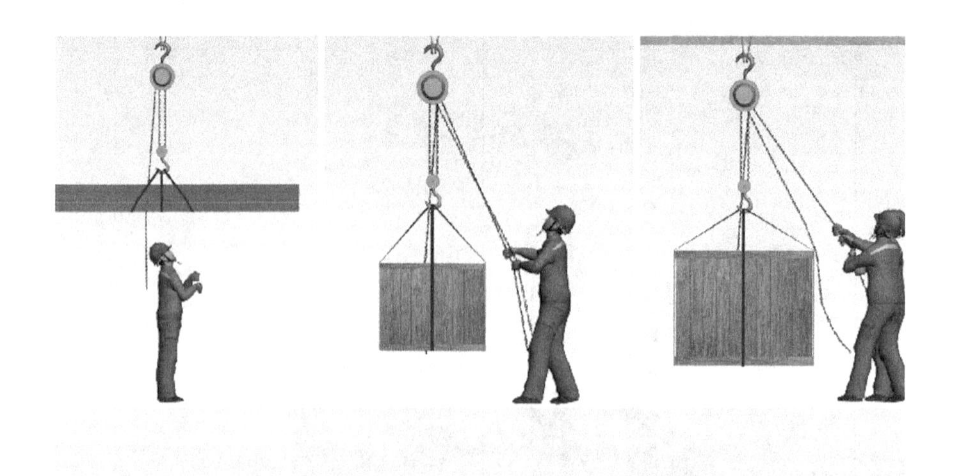

【解读】各种链条葫芦的铭牌上都标明了其额定的起重量,使用时不得超过其规定的起

重量(负荷)。各种链条葫芦都规定了拉链的人数,拉链人数过多时,对拉力大小不容易控制,如拉力过猛可能导致链条葫芦承受的动负荷过大而超负荷。如果在规定的人数内拉不动链条就说明葫芦可能阻塞或者有故障,如果增人强拉就可能损坏设备甚至造成坠落事故。操作时,人员不准站在链条葫芦的正下方,避免当链条葫芦意外断裂时链条葫芦或设备坠落伤及人身。

14.2.8.5　吊起的重物如需在空中停留较长时间,应将手拉链拴在起重链上,并在重物上加设保险绳。

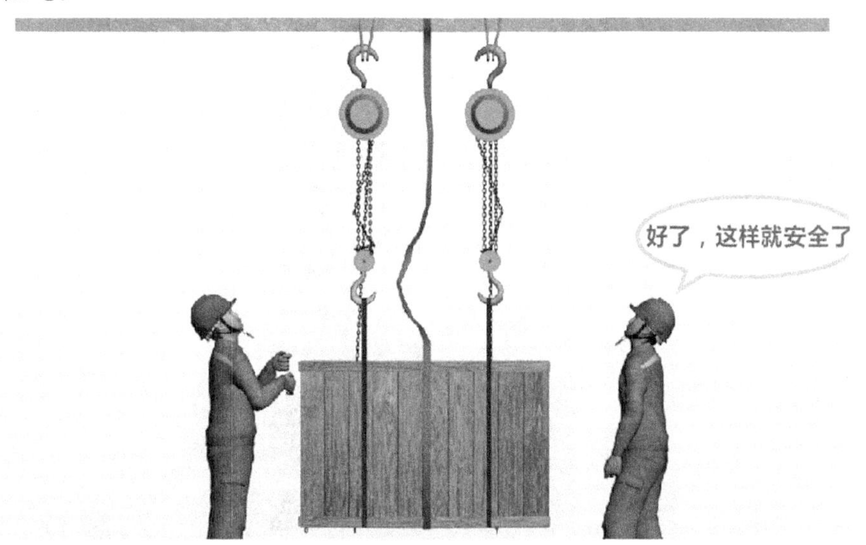


**【解读】**吊起的重物如需在空中停留较长时间,为防止人为或意外造成拉链滑动,应将手拉链保险打到闭合位置,并用一根钢丝绳套在葫芦上下端短接,这样即使葫芦发生意外也不会造成物体坠下。并在重物上加设保险绳,加设保险绳的目的是当链条断裂时能对重物起到一个二次保险的作用。

14.2.8.6　在使用中如发生卡链情况,应将重物垫好后方可进行检修。

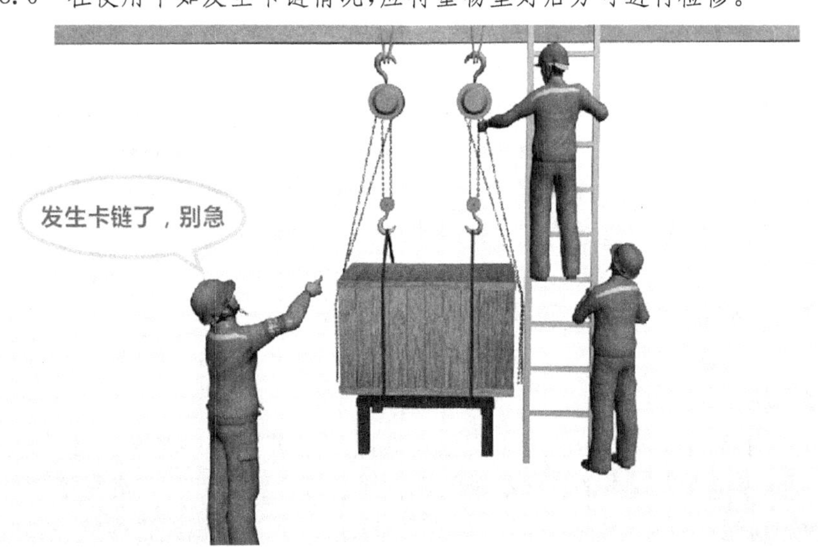

**【解读】**在地面或其他作业平台上使用链条葫芦从事起吊作业发生卡链时,应将重物垫好,使链条不受力或减少受力。其作用是避免链条处于承重状态时,检修过程中链条发生跑链或断裂进而造成设备、人身事故。线路施工使用链条葫芦起吊导线等重物发生卡链、经倒链处理仍不能消除时,应更换经试验完好的链条葫芦,将重量转移后拆除卡链的链条葫芦。

14.2.8.7 悬挂链条葫芦的架梁或建筑物,应经过计算,否则不得悬挂。禁止用链条葫芦长时间悬吊重物。

**【解读】**悬挂链条葫芦的架梁或建筑物要能承受被起吊物体的重量。悬挂链条葫芦之前,架梁和建筑物要经过受力分析和计算,过分受力可能引起架梁的性能下降、结构变形甚至断裂,导致链条葫芦和重物脱钩坠落。链条葫芦在工作中,链环要承受起吊重量,而每个链环都有对接焊缝。若悬吊重物时间过长,容易导致链环机械疲劳,只要有一个链环焊缝出现问题,链环就会断裂使重物掉落而引发人身、设备事故。因此,禁止用链条葫芦长时间悬吊重物。

**四、课程总结**

本课程重点介绍了链条葫芦的使用要求,包括使用前应检查吊钩、链条、传动装置、刹车装置及直径磨损量,两台及以上链条葫芦允许起重量,起重链不得打扭或拆成单股使用,不得超负荷使用,拉链人数应符合规定,吊起的重物如需在空中停留较长时间的相关要求,发生卡链后的处置措施,悬挂链条葫芦架梁或建筑物的要求。

## 案例9:钢丝绳破损严重致人死亡

**一、事故案例**

2009年3月25日,××送变电工程公司线路班在进行110kV××线耐张段施工紧线时,现场牵引绳固定在塔腿上的转向滑车的钢丝绳套符合要求且有合格标签,但钢丝绳钢丝磨损或腐蚀达到钢丝绳实际直径比其公称直径减少15%,虽牵引绳排列整齐,并按现场作业

指导书要求绑扎、配置，但牵引绳刚受张力升空，转向滑车钢丝绳套即从损伤处拉断，造成站位在牵引绳内侧的工作负责人王×头部被飞弹出的转向滑车猛力击倒，经抢救无效死亡。

**二、案例分析**

案例中，钢丝绳钢丝磨损或腐蚀达到钢丝绳实际直径比其公称直径减少15%，牵引绳刚受张力升空，转向滑车钢丝绳套即从损伤处拉断，造成站位在牵引绳内侧的工作负责人王×头部被飞弹出的转向滑车猛力击倒死亡，违反《国家电网公司电力安全工作规程 线路部分》中14.2.9.3-b)的规定。

**三、安规讲解**

14.2.9 钢丝绳。

14.2.9.1 钢丝绳应按出厂技术数据使用。无技术数据时，应进行单丝破断力试验。

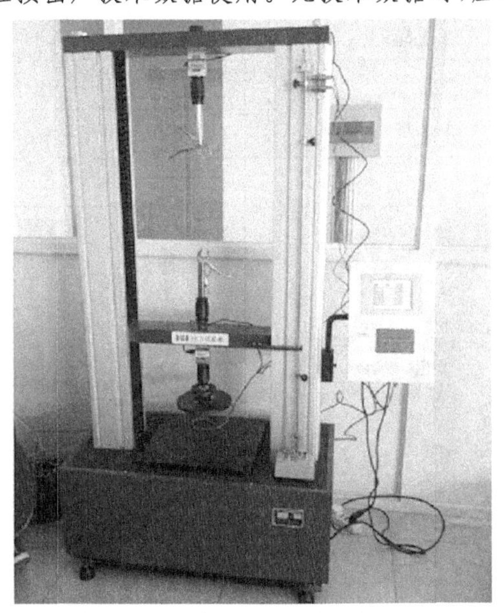

**【解读】**钢丝绳的出厂技术参数主要包括：钢丝绳的直径、结构、表面、捻法和长度；钢丝绳净重和毛重；钢丝公称抗拉强度；钢丝绳最小破断拉力或钢丝破断拉力总和。其中公称强度通常为“单丝抗拉强度”，是决定整绳实际力学特性的重要参数之一。钢丝绳应按出厂技术数据使用，无技术数据时，应进行单丝破断力试验，确定技术数据。避免在使用中由于不了解钢丝绳的承受能力，超负荷使用引发钢丝绳断裂的事故。

14.2.9.2 钢丝绳应按其力学性能选用，并应配备一定的安全系数。钢丝绳的安全系数及配合滑轮的直径应不小于表16的规定。

**表 16　钢丝绳的安全系数及配合滑轮直径**

| 钢丝绳的用途 | | | 滑轮直径 $D$ | 安全系数 $K$ |
|---|---|---|---|---|
| 缆风绳及拖拉绳 | | | ≥12$d$ | 3.5 |
| 驱动方式 | 人　力 | | ≥16$d$ | 4.5 |
| | 机 械 | 轻　级 | ≥16$d$ | 5 |
| | | 中　级 | ≥18$d$ | 5.5 |
| | | 重　级 | ≥20$d$ | 6 |
| 千斤绳 | 有　绕　曲 | | ≥2$d$ | 6～8 |
| | 无　绕　曲 | | | 5～7 |
| 地　锚　绳 | | | | 5～6 |
| 捆　绑　绳 | | | | 10 |
| 载人升降机 | | | ≥40$d$ | 14 |
| 注:$d$ 为钢丝绳直径。 | | | | |

**【解读】**本规程表 16 所示内容参照《电力建设安全工作规程第 3 部分:变电站》(DL 50093－2013)表 3.4.3－1“钢丝绳的安全系数及滑轮直径”的数据。要求钢丝绳在不同作业情况下(或不同的使用场所)需满足不同的安全系数及配合滑轮直径,保证钢丝绳在承载最大工作载荷的工作强度下,有足够长的使用寿命和安全性。

14.2.9.3　钢丝绳应定期浸油,遇有下列情况之一者应予报废:

a)钢丝绳在一个节距中有表 17 中的断丝根数者。

**表 17　钢丝绳断丝根数**

| 安全系数 | 钢丝绳结构 | | | | | |
|---|---|---|---|---|---|---|
| | 6×19+1 | | 6×37+1 | | 6×61+1 | |
| | 一个节距中的断丝数(根) | | | | | |
| | 交互捻 | 同向捻 | 交互捻 | 同向捻 | 交互捻 | 同向捻 |
| ＜6 | 12 | 6 | 22 | 11 | 36 | 18 |

| 6～7 | 14 | 7 | 26 | 13 | 38 | 19 |
|---|---|---|---|---|---|---|
| ＞7 | 16 | 8 | 30 | 15 | 40 | 20 |
| 注:一个节距是指每股钢丝绳缠绕一周的轴向距离。 | | | | | | |

b)钢丝绳的钢丝磨损或腐蚀达到钢丝绳实际直径比其公称直径减少7%或更多者,或钢丝绳受过严重退火或局部电弧烧伤者。

c)绳芯损坏或绳股挤出。

d)笼状畸形、严重扭结或弯折。

e)钢丝绳压扁变形及表面起毛刺严重者。

f)钢丝绳断丝数量不多,但断丝增加很快者。

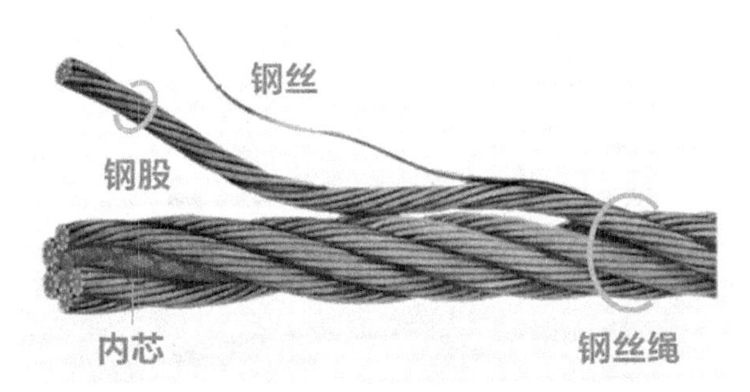


**【解读】**钢丝绳报废的规定参见《起重机钢丝绳保养、维护、安装、检验和报废》(GB/T 5972—2009)。钢丝绳的节距即钢丝绳的捻距,钢丝绳锈蚀、磨损过大、退火、电弧灼伤等使钢丝绳单丝破断力下降;绳芯损坏,钢丝绳失去自身的润滑作用,绳股挤出,钢丝绳受力时绳股相互挤咬损伤钢丝绳;笼状变形、严重扭结、弯折降低了钢丝绳整体的破断力;钢丝绳表面有毛刺说明钢丝绳单丝断裂严重,压扁变形将降低钢丝绳的承载能力;断丝增加很快说明钢丝绳整体破断能力下降迅速。钢丝绳遇以上情况后力学特性会发生改变,达不到额定承载能力,无法满足安全系数要求。

14.2.9.4　钢丝绳端部用绳卡固定连接时,绳卡压板应在钢丝绳主要受力的一边,不准正反交叉设置;绳卡间距不应小于钢丝绳直径的6倍;绳卡数量应符合表18的规定。

**表18　钢丝绳端部固定用绳卡数量**

| 钢丝绳直径(mm) | 7～18 | 19～27 | 28～37 | 38～45 |
|---|---|---|---|---|
| 绳卡数量(个) | 3 | 4 | 5 | 6 |

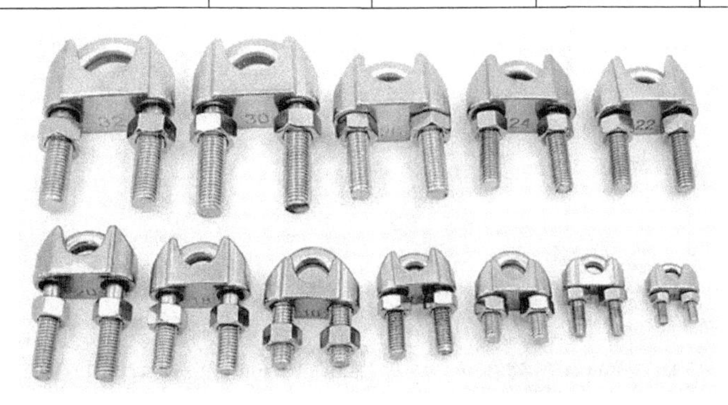

【解读】本条规定引自《起重机械安全规程》(GB 6067—1985)。钢丝绳端部用绳卡固定连接时,连接强度应不小于钢丝绳破断拉力的85%。为满足连接强度要求,本条对绳卡数量、间距及压板位置进行了规定。对于绳卡连接时压板所处的位置,明确要求在钢丝绳主要受力的一边,不得正反交叉设置。一是由于压板的曲率小,对钢丝绳的磨损小,而另一端(如U形圆钢)的曲率大,对钢丝绳的磨损大,把压板卡在钢丝绳的主要受力端有利于安全;二是根据实验,绳卡压板的方向对钢丝绳端部握力影响很大,如果反装,钢丝绳受力后容易抽出。绳卡间距不应小于钢丝绳直径的6倍,绳卡数量应符合表11—3的规定,也是为了保证钢丝绳的连接强度,防止钢丝绳受力后抽出。

14.2.9.5　插接的环绳或绳套,其插接长度应不小于钢丝绳直径的15倍,且不准小于300mm。新插接的钢丝绳套应做125%允许负荷的抽样试验。

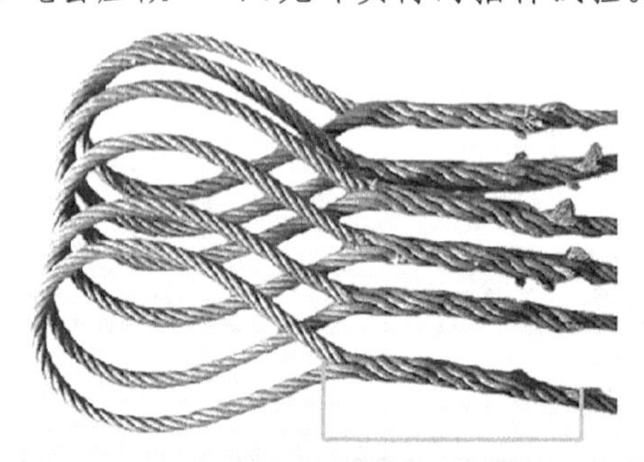


【解读】插接的环绳或绳套的连接方式主要以摩擦形式为主,如果不能保证足够长的接触面积,则摩擦力不足以保证连接强度,可能在受拉力时导致插接部位抽头、松脱。因此,要求插接长度应不小于钢丝绳直径的15倍,对于直径很小的钢丝绳,则不能小于300mm,以保证足够的接触面积。新插接的钢丝绳套需要从中抽取样品做125%额定负荷下的超负荷单向静拉力试验,确保安全使用。

14.2.9.6　通过滑轮及卷筒的钢丝绳不准有接头。滑轮、卷筒的槽底或细腰部直径与钢丝绳直径之比应遵守下列规定。

起重滑车:机械驱动时不应小于11,人力驱动时不应小于10。

绞磨卷筒:不应小于10。

【解读】通过滑轮和滚筒的钢丝绳如果有接头,在使用过程中,钢丝绳通过滑轮、滚筒时

容易发生滑出、卡涩甚至断裂而造成意外。滑轮、卷筒的槽底或细腰部直径与钢丝绳直径之比过小也容易造成钢丝被过分弯折，使用寿命降低，甚至发生断裂。因此为确保安全使用，规定了"起重滑车：机械驱动时不应小于11；人力驱动时不应小于10"的要求。

**四、课程总结**

本课程重点介绍了钢丝绳的使用要求，包括钢丝绳应按出厂技术数据使用，钢丝绳应按其力学性能选用且应配备一定的安全系数，钢丝绳应定期浸油及应予报废的情况，钢丝绳端部用绳卡固定连接时的使用要求，插接的环绳或绳套的使用要求，通过滑轮及卷筒的钢丝绳的相关规定。

## 案例10：吊装带破损严重致人重伤

**一、事故案例**

××送变电工程公司在××县的线路器材基地，由于材料问题，需将在器材厂A区的钢材等材料转移到C区。2011年5月11日下午15时，现场由工作负责人杨××组织人员进行搬运，15时40分，工作人员用合成纤维吊装带（外部护套已明显破损），且没有对吊装带与塔材接触处进行包垫，当起重机移送至一半的过程中，吊装带断裂，塔材掉落，刚好砸到材料下方的工作负责人杨××，导致其重伤。

**二、案例分析**

案例中，作业人员使用破损明显的纤维吊装带时没有做好保护，与锋利处接触，吊装过程中吊装带断裂，塔材掉落砸到，刚好杨××，导致其重伤，违反《国家电网公司电力安全工作规程　线路部分》中14.2.10.1的规定；作业人员使用外部护套破损的合成纤维吊装带，违反《国家电网公司电力安全工作规程　线路部分》中14.2.10.4的规定。

**三、安规讲解**

14.2.10　合成纤维吊装带。

14.2.10.1　合成纤维吊装带应按出厂数据使用，无数据时禁止使用。使用中应避免与尖锐棱角接触，如无法避免应加装必要的护套。

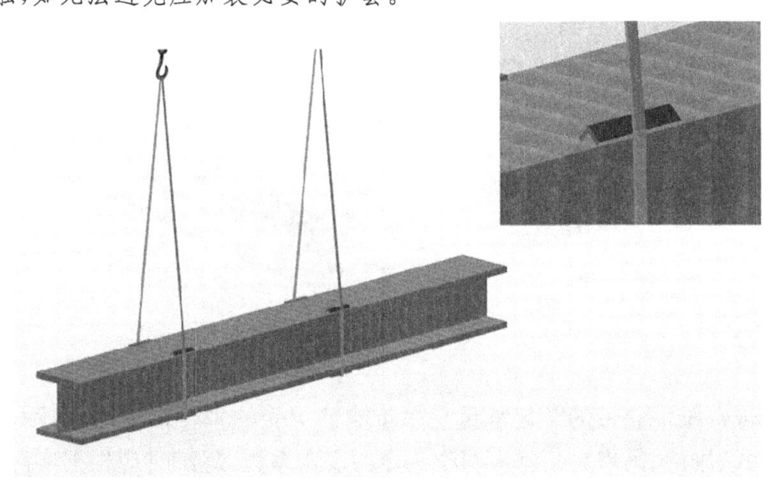

【解读】合成纤维吊装带应按出厂数据使用,无数据时,不能明确吊带的承重,则不能保证安全作业,因此禁止使用。使用中应避免与尖锐棱角接触,以免损坏吊装带,降低吊装带承重能力,从而导致吊装带断裂,引发事故。无法避免时,应设必要的护套,避免吊装带磨损、割伤。

14.2.10.2　使用环境温度:－40～100℃。

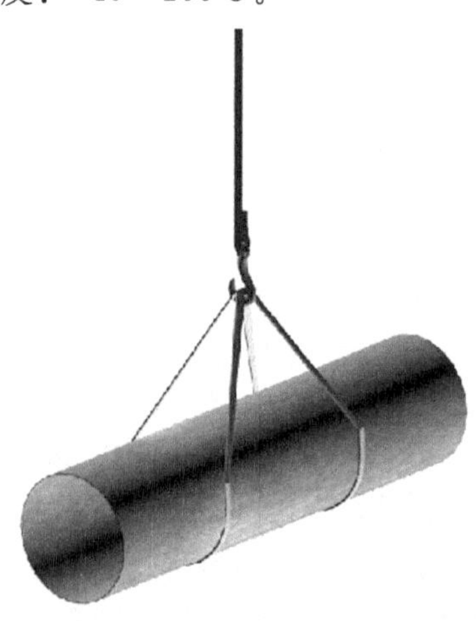

【解读】合成纤维吊装带对环境温度适用性较强,但也有极限温度。温度过低吊带的韧度不够,温度过高将会破坏纤维结构,降低吊带的强度,这些都将降低吊带的技术参数,给起重作业带来危险。因此,作业之前应了解现场使用环境温度情况,避免纤维吊装带超出极限温度工作。

14.2.10.3　吊装带用于不同承重方式时,应严格按照标签给予的定值使用。

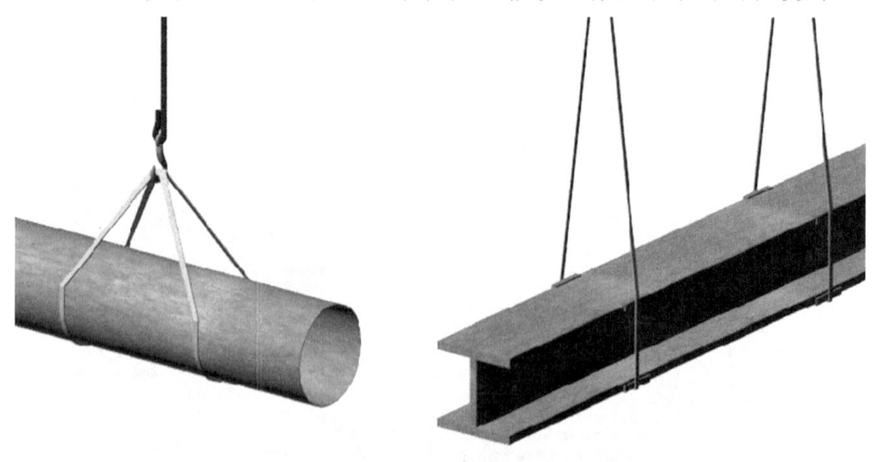

【解读】合成纤维吊装带的额定承重是吊带能够承受的垂直拉力,其实际吊重能力根据吊带的承重方式、用途、吊带夹角都应留有一定的安全系数,起吊时应根据实际承重方式(例

如单吊和U型吊)，按照标签给予的定值使用。

14.2.10.4　发现外部护套破损显露出内芯时，应立即停止使用。

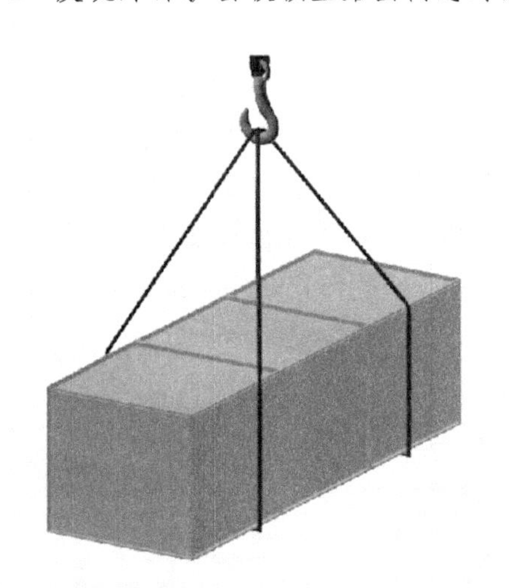

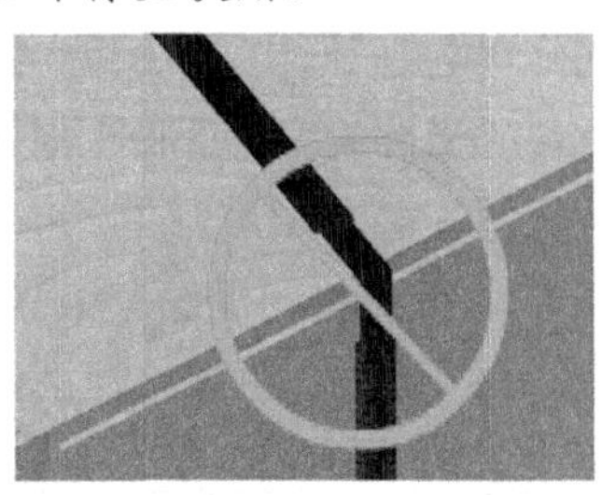

**【解读】**吊装带外部的合成纤维护套不承重，只具有保护作用，它可以起到保护吊带纤维芯不受外界伤害的作用。护套损坏则说明护套的保护作用失效，吊装带可能已经受到损坏，为确保吊装作业安全，不能继续使用。

**四、课程总结**

本课程重点介绍了合成纤维吊装带的使用要求，包括合成纤维吊装带应严格按照出厂数据使用，吊装时做好防尖锐物件损坏的保护，符合使用环境温度规定要求，不同的吊装方式应考虑其承载能力，外部护套破损显露出内芯的应停止使用。

## 案例11:起重机使用不当，导致4人高处坠落死亡

**一、事故案例**

××检修公司输电运检中心负责运维的500kV××线线下新建张离高速，原耐张段为N190～N197，非独立耐张段跨越，不满足国网公司十八项反措中三跨的相关要求，需在N193大号侧新建一基耐张塔，改造后由XN193＋1(新建耐张塔)、N194(原直线塔)、N195(原直线塔)、N196(原直线塔)、N197(原耐张塔)形成独立耐张段跨越高速，并对三相导线进行更换。检修工期为2011年9月25日～10月5日，××外委单位为本次作业的施工单位，施工单位依××为本次作业的现场负责人，李××、郝××、梁××、吴××、于××为塔上作业人员，李×、何××、陈××、苗××为地面配合人员。受地形限制，起重车司机将车辆停放在距沟渠不足1m的距离(沟渠深3m)，2013年9月25日上午8时，起重机进场进行组塔作业，起重机司机未按措施要求将车停放在适当的位置，而是将车停放在自认为更加合适的位置(其实地下埋设有水管)，作业完毕后，起重机司机没有将臂杆完全收回放在支架上，就进行起腿作业，导致起重机失去平衡倾倒，并扎到正在组立的杆塔，致使杆塔上作业的4名作业人员从高处坠落，经抢救无效死亡。

**二、案例分析**

案例中,受地形限制,起重车司机将车辆停放在距沟渠不足1m的距离(沟渠深3m),违反《国家电网公司电力安全工作规程　线路部分》中14.2.11.2的规定;起重机进场进行组塔作业,起重机司机未按措施要求将车停放在适当的位置,而是将车停放在自认为更加合适的位置(其实地下埋设有水管),违反《国家电网公司电力安全工作规程　线路部分》中14.2.11.3的规定;作业完毕后,起重机司机没有将臂杆完全收回放在支架上,就进行起腿作业,导致起重机失去平衡倾倒,并扎到正在组立的杆塔,致使杆塔上作业的4名作业人员从高处坠落,经抢救无效死亡,违反《国家电网公司电力安全工作规程　线路部分》中14.2.11.7的规定。

**三、安规讲解**

14.2.11　流动式起重机。

14.2.11.1　在带电设备区域内使用汽车吊、斗臂车时,车身应使用不小于16mm²的软铜线可靠接地,在道路上施工应设围栏,并设置适当的警示标志牌。

**【解读】**在带电设备区域内使用汽车吊、斗臂车时,车身会因电磁感应或误碰带电体而带电,威胁作业人员人身安全。因此,要使用不小于16mm²的软铜线可靠接地。在道路上施工应设围栏,并设置适当的警示标志牌,避免无关车辆和人员误入造成危险。

14.2.11.2　起重机停放或行驶时,其车轮、支腿或履带的前端或外侧与沟、坑边缘的距离不准小于沟、坑深度的1.2倍;否则应采取防倾、防坍塌措施。

**【解读】**沟、坑的边缘承重能力差,起重机本身的重量较大,停放或行驶在沟、坑的边缘时容易发生坍塌事故。因此,停放时应远离沟、坑的边缘(大于沟、坑深度的1.2倍)。当实际情况不能满足要求时必须采取加固沟、坑边缘强度的防倾、防坍塌措施。

14.2.11.3　作业时,起重机应置于平坦、坚实的地面上,机身倾斜度不准超过制造厂的规定。不准在暗沟、地下管线等上面作业;不能避免时,应采取防护措施,不准超过暗沟、地下管线允许的承载力。

**【解读】**起重机作为大型作业设备，在出厂时都有一个倾斜度的标准。超过标准作业，起重机容易发生侧翻，同时起重机作业时对局部地面压力也将增大，因此应放置于平坦、坚实的地面上。起重机在暗沟、地下管线等上面作业时容易引起地面下陷伤及工作人员、地下管线及起重机倾覆，因此禁止在暗沟、地下管身等上面作业。不能避免时，应采取防护措施，如在起重机的支腿下面摆放道木、铁板等措施以增大支腿的受力面积，严禁高过暗沟、地下管线允许的承载力。

14.2.11.4 作业时，起重机臂架、吊具、辅具、钢丝绳及吊物等与架空输电线及其他带电体的最小安全距离不准小于表19的规定，且应设专人监护。

**表19 与架空输电线及其他带电体的最小安全距离**

| 电压/kV | <1 | 1～10 | 35～66 | 110 | 220 | 330 | 500 |
|---|---|---|---|---|---|---|---|
| 最小安全距离/m | 1.5 | 3.0 | 4.0 | 5.0 | 6.0 | 7.0 | 8.5 |

**【解读】**起重机与大地电位相同，因此当其任何导电部位与高压线路或带电设备距离小

于表19的安全距离时,空气可能被击穿而造成放电,对车内及附近工作人员的安全造成威胁。因此,起重机作业不满足表19的安全距离时,应停电进行。由于起重机作业时可能会发生晃动,所以在保证表19的安全距离的情况下,应留出一定的空间裕度,以保证在作业中被吊物品小幅晃动时仍能与带电部位保持足够的安全距离。因此,要求起重机作业时的安全距离如表19所示,且工作中应设专人监护。

14.2.11.5 长期或频繁地靠近架空线路或其他带电体作业时,应采取隔离防护措施。

**【解读】**长期或频繁地靠近架空线路或其他带电体作业时,人员难以长时间保持精力高度集中,可能出现麻痹大意、安全意识降低等情况,发生触电危险的可能性大大增加。因此应采取一些必要的隔离防护措施,保证作业中人身及设备安全。

14.2.11.6 汽车起重机行驶时,应将臂杆放在支架上,吊钩挂在挂钩上并将钢丝绳收紧。车上操作室禁止坐人。

**【解读】**汽车起重机行驶时,应将臂杆放在支架上,防止汽车起重机在行驶的过程中或拐弯时吊臂摆动触及其他物体。吊钩挂在挂钩上并将钢丝绳收紧,目的是防止汽车起重机在行驶的过程中吊钩摆动碰及前挡风玻璃或其他物体,引发行驶事故。汽车起重机在行驶的过程中禁止上车操作室坐人,在行驶的过程中上车操作室人员如误碰油门开关(汽车下车的操作室和上车的操作室的油门开关共用)或操作杆可能会引发事故。

14.2.11.7 汽车起重机及轮胎式起重机作业前应先支好全部支腿后方可进行其他操作。作业完毕后,应先将臂杆完全收回,放在支架上,然后方可起腿。汽车式起重机除设计有吊物行走性能者外,均不准吊物行走。

**【解读】**汽车起重机及轮胎式起重机作业前应先支好全部支腿后方可进行其他操作,由

于轮胎弹性形变较大，承力远不及刚性支腿。如个别的支腿没有支好就进行作业。在起杆或旋转的过程中起重机容易引起侧翻事故。作业完毕后，应先将臂杆全部收回放在支架上，然后方可起腿，如臂杆有上扬的角度或未回转完毕时禁止起腿，防止侧翻。汽车式起重机除具有吊物行走性能者(如履带)，均不得吊物行走(重心不稳，容易侧翻)。

14.2.11.8 汽车吊试验应遵守 GB 5905，维护与保养应遵守 ZBJ 80001 的规定。

**【解读】**《起重机试验、规范和程序》(GB 5905—1986)规定了汽车起重机和轮胎起重机的试验条件、磨合试验、性能试验、结构试验、作业可靠性试验、工业性试验和检验规则，适用于汽车起重机和轮胎起重机(通用或越野)。《汽车起重机和轮胎起重机维护与保养》(ZBJ 80001)规定了汽车起重机和轮胎起重机维护保养项目、周期。为保证安全，汽车吊试验、维护与保养应遵守上述标准，定期进行，不按规定定期试验、维护与保养的车辆禁止使用。

14.2.11.9 高空作业车(包括绝缘型高空作业车、车载垂直升降机)应按 GB/T 9465 标准进行试验、维护与保养。

**【解读】**《高空作业车》(GB/T 9465—2008)规定了高空作业车的术语和定义、分类、技术要求、试验方法、检验规则、标志、包装、运输和贮存等，适用于最大作业高度不大于 100m 的

高空作业车(高空消防车、高空救援车除外)。高空作业车为特种作业设备,直接影响到施工作业安全,为保证施工中人身及设备安全,高空作业车应严格按照标准进行试验、维护与保养。

**四、课程总结**

本课程主要介绍了流动式起重机的相关要求,包括在带电设备区域内汽车吊、斗臂车的使用要求,起重机停放或行驶要求,作业时停放要求,作业时与带电体之间的距离要求,长期或频繁在带电体附近作业应采取隔离防护措施,汽车起重机行驶要求,支腿展开收回的顺序,汽车吊与高空作业车的试验、维护与保养的规定。

## 案例 12:绳具使用不当致人死亡

**一、事故案例**

2016 年 4 月 25 日,××供电公司输电运检室线路二班根据工区安排,对 220kV 陈竹南线进行检修工作,其中 33 号铁塔更换绝缘子,由梅××担任组长。当新绝缘子串上升到接近铁塔下横担(离地约 18m)时,熊××从绝缘子串下通过,正遇上白棕绳接头滑脱,绝缘子串从高处坠落,击中熊××头部,熊××经抢救无效死亡。

**二、案例分析**

案例中,检修作业现场使用的白棕绳在使用过程中接头滑脱,导致绝缘子串从高处坠落,击中熊××头部,造成熊××死亡,违反《国家电网公司电力安全工作规程　线路部分》中 14.2.12.3 的规定;检修作业现场使用的白棕绳作为传递工具,违反《国家电网公司电力安全工作规程　线路部分》中 14.2.12.2 的规定。

**三、安规讲解**

14.2.12　纤维绳。

14.2.12.1　麻绳、纤维绳用作吊绳时,其许用应力不准大于 $0.98kN/cm^2$。用作绑扎绳时,许用应力应降低50%。有霉烂、腐蚀、损伤者不准用于起重作业,纤维绳出现松股、散股、严重磨损、断股者禁止使用。

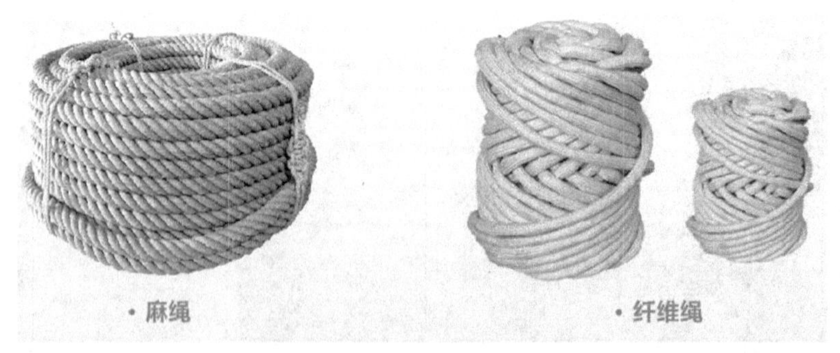


**【解读】**麻绳(即棕绳)、纤维绳是常用的绳索之一。它轻便,性软,容易绑扎,但强度较低,磨损较快,受潮后又容易腐烂、老化,且新旧麻绳、纤维绳强度变化较大,所以只用于辅助绳索,如传递零星物件等。麻绳、纤维绳使用时,其允许拉力强度不得大于 $0.98kN/cm^2$ $(100kg/cm^2)$,当用作绑扎绳时,绳的承重方式已经改变,由于绳索夹角、受力等因素的改

变，绳的承重也将改变，因此应降低许用应力。绳子腐烂、腐蚀、损伤后，其许用应力将大大降低，因此不得用于起重的关键工作。纤维绳出现松股、散股、严重磨损、断股说明绳子受到过拉力损伤，不得继续使用。

14.2.12.2 纤维绳在潮湿状态下的允许荷重应减少一半，涂沥青的纤维绳应降低20%使用。一般纤维绳禁止在机械驱动的情况下使用。

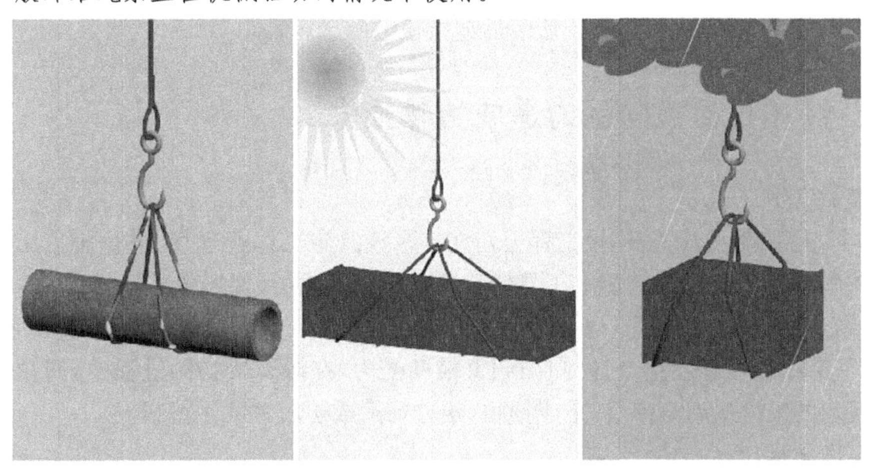

**【解读】**涂沥青的纤维绳，抗潮防腐性能较好，但其强度有所降低，一般要低10%～20%。不涂沥青的纤维绳在干燥情况下，强度高、弹性好，但受潮后强度降低约50%。为了确保安全使用，纤维绳在潮湿状态下的允许荷重应减少一半，涂沥青的纤维绳应降低20%使用。因纤维绳强度较低，在机械驱动结构中，应力变化情况复杂，容易造成纤维绳局部受力过大，可能超出许用应力，因此，纤维绳不适合用于机械驱动等工作。

14.2.12.3 切断绳索时，应先将预定切断的两边用软钢丝扎结，以免切断后绳索松散，断头应编结处理。

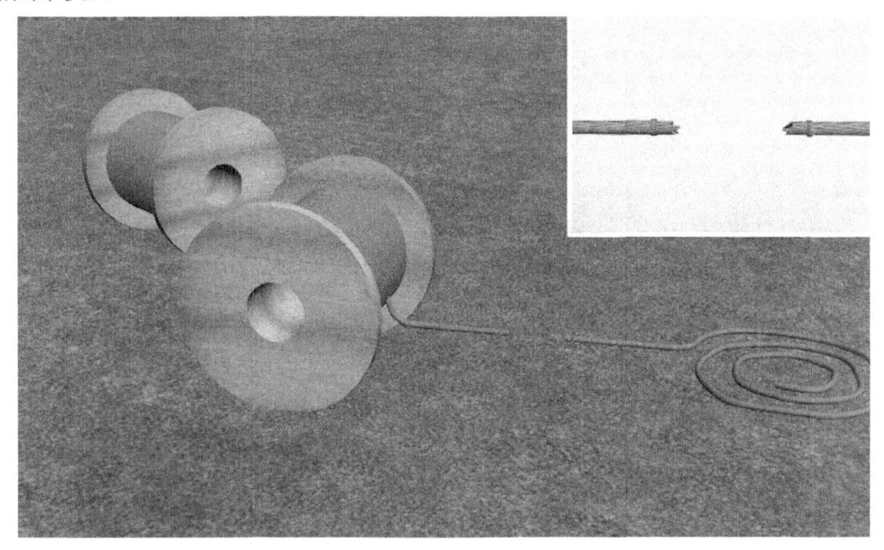

**【解读】**麻绳是由许多根细线捻绕成的，切断绳索后，断头处捻绕的细线失去固定，如不采取措施将会松散。因此，应先将预定切断的两边用软钢丝扎结。即使在切断前采取措施，切断后断头也应及时编结处理,否则,随着绳索的不断使用,会出现越来越严重的散股现象。绳索散股后,其各分股不能同时承重,等效直径就会大幅度下降,造成安全生产的重大隐患。

**四、课程总结**

本课程重点介绍了纤维绳的使用要求,包括麻绳、纤维绳用作吊绳时的许用应力要求,起重作业不准使用有霉烂、腐蚀、损伤的绳索,纤维绳出现松股、散股、严重磨损、断股者禁止使用,纤维绳的允许荷重规定,防止切断后绳索松散的规定。

## 案例 13:卸扣频繁横向受力造成货物损失

**一、事故案例**

2015 年 9 月 18 日,××建设工程公司在××线路施工作业现场,进行施工工器具的转场,需将在 N30 张力场的张力机等工具转移到下一个张力场,现场由工作负责人许××组织人员进行搬运,工作人员使用 U 型挂环进行连接,由于现场工作人员为新来员工,在作业时未注意调整卸扣的相对位置,致使卸扣频繁横向受力,在搬运货物的过程中,卸扣的丝扣滑脱,致使搬运的工具从高空掉落,造成损害,给公司造成了较大的经济损失。

**二、案例分析**

案例中,作业现场的卸扣频繁横向受力,致使丝扣滑脱,造成较大经济损失,违反《国家电网公司电力安全工作规程　线路部分》中 14.2.13.1 的规定。

**三、安规讲解**

14.2.13　卸扣。

14.2.13.1　卸扣应是锻造的,且不准横向受力。

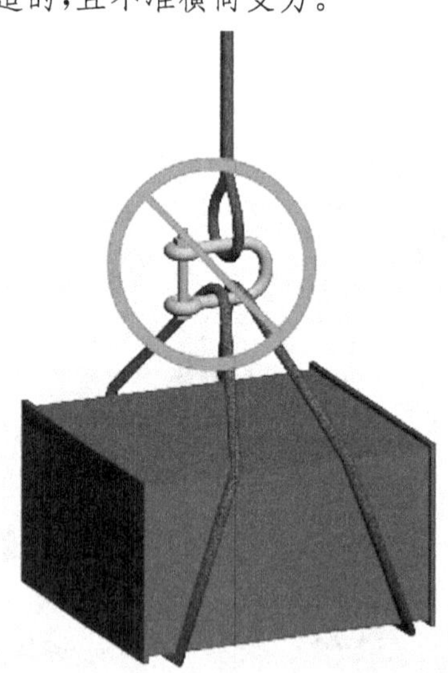

**【解读】**卸扣又称索具卸扣、卡环,是起重作业的关键连接工具。卸扣的承重能力要求严格,由于锻造的卸扣不容易产生内应力,所以卸扣一般用优质碳素钢经锻造方法制作而成,不得使用非锻造产品,以防有内应力导致卸扣承重达不到要求。因为卸扣设计验算允许拉力时,都是以顺向连接为计算的依据,只能纵向受力,不准横向受力。这样,重力对卸扣变为

纵向拉力,使用更加安全可靠。

14.2.13.2 卸扣的销子不准扣在活动性较大的索具内。

**【解读】**卸扣是由弯环和横销(也称销子)组成。横销可以手动旋转,尾端有丝扣,如果绳索在销子上活动就可能使销子旋转脱出而酿成事故。所以,卸扣在使用时,销子必须稳定、可靠,不准扣在活动性较大的索具内。

14.2.13.3 不准使卸扣处于吊件的转角处。

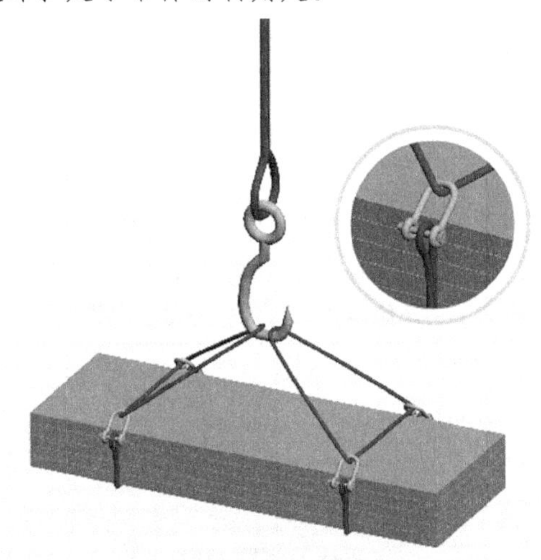

**【解读】**卸扣的承重能力,与它的受力方向有很大关系。卸扣处于吊件转角处时,卸扣的受力方向不能保证,可能使卸扣的弯环承受弯矩而变形损伤,吊索也有被夹断的危险,这不符合卸扣设计的基本原则,安全系数不能掌控,是安全生产的隐患。

**四、课程总结**

本课程重点介绍了卸扣的使用要求,包括卸扣应是锻造的且不准横向受力,卸扣的销子不准扣在活动性较大的索具内,不准使卸扣处于吊件的转角处。

## 案例 14:滑车使用不当致人死亡

### 一、事故案例

2008 年 12 月 9 日,××供电公司输电运检室带电班带电更换 110kV 秦潼线 53 号杆合成绝缘子(工作前未与调度联系按规定停用重合闸)。许××为本次作业的工作负责人,刘××、杨××为塔上作业人员,侯×、杜××、张××、严××、刘××为地面配合人员。C 相、B 相更换完毕后,开始更换 A 相合成绝缘子,杆上作业人员刘××、杨××将组三滑轮上端挂在固定瓷瓶串的 U 型挂环上,下端挂在导线上,用取销器将瓷瓶下端的弹簧销子取出,取掉单联碗头,此时由组三滑轮(滑车有裂纹)吊住导线,导线已与瓷瓶串脱离。11 时 10 分,杆上作业人员用小绳绑好瓷瓶串准备摘取瓷瓶串时,张××擅自拉动小绳,致使挂在固定瓷瓶串 U 型挂环上的组三滑轮钩子突然脱出,导线坠落并将下跨的 10kV 铁三局支线三相导线烧断,导线继续下落,110kV 秦潼线跳闸重合后致使站在导线下方的张××躲闪不及触电死亡。

### 二、案例分析

案例中,开展带电更换合成绝缘子工作,发生工作人员触电身亡及设备事故。现场使用的组三滑轮有裂纹,违反《国家电网公司电力安全工作规程　线路部分》中 14.2.14.1 的规定;组三滑轮上端挂钩没有防脱钩或封口措施,违反《国家电网公司电力安全工作规程　线路部分》中 14.2.14.2 的规定。

### 三、安规讲解

14.2.14　滑车及滑车组。

14.2.14.1　滑车及滑车组使用前应进行检查,发现有裂纹、轮沿破损等情况者,不准使用。滑车组使用中,两滑车滑轮中心间的最小距离不准小于表 20 的要求。

**表 20　滑车组两滑车滑轮中心最小允许距离**

| 滑车起重量/t | 1 | 5 | 10～20 | 32～50 |
|---|---|---|---|---|
| 滑轮中心最小允许距离/mm | 700 | 900 | 1000 | 1200 |

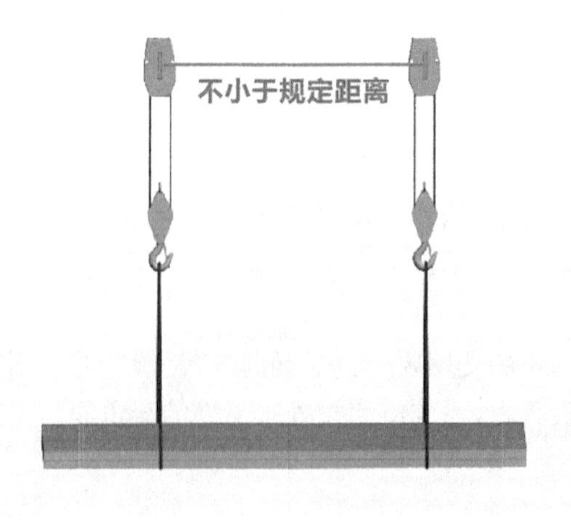

**【解读】**滑车及滑车组出现裂纹表明滑车受过外力损伤，承重能力已经降低。轮沿破损不仅表明滑轮承重能力得不到保障，还容易发生绳索脱扣、损伤吊索等危险状况。滑车及滑车组有下列情况之一时禁止使用：①滑车的吊钩或吊环变形、轮缘破损或严重磨损、轴承变形或破损、轴瓦（轴套）磨损及滑轮转动不灵者。上述损伤已达到破坏或无法修复的状态，禁止使用。②滑动轴承的壁厚磨损量达到原壁厚的20%时。③吊钩开口超过实际尺寸的15%时。滑车组之间应保持一定的距离，一是防止滑轮相互直接碰撞；二是为了保证牵引绳及滑车组受力均衡和留有牵引裕度，满足使用条件以达到安全作业要求。

14.2.14.2 滑车不准拴挂在不牢固的结构物上。线路作业中使用的滑车应有防止脱钩的保险装置，否则应采取封口措施。使用开门滑车时，应将开门勾环扣紧，防止绳索自动跑出。

**【解读】**滑车拴挂在不牢固的构件上容易发生坠落事故。因此必须有防止脱扣的措施。使用开门式滑车时必须将门扣锁好。开门式也称开口式，一般只用于单轮滑车，其作用是为了方便从侧面穿绳。如果开门滑车的门扣不锁好，在吊装作业过程中，不仅滑车受偏心力而且还容易发生跳绳及牵引绳从滑轮槽内跳出来的事故。

14.2.14.3 拴挂固定滑车的桩或锚，应按土质不同情况加以计算，使之埋设牢固可靠。如使用的滑车可能着地，则应在滑车底下垫以木板，防止垃圾窜入滑车。

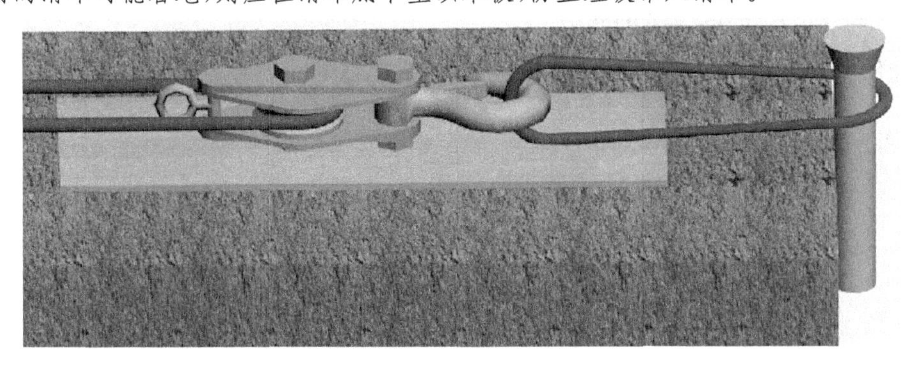

【解读】拴挂固定滑车的桩或锚的牢固程度必须和所拴挂滑车所受的最大拉力相适应。固定地桩或地锚时,其承重强度与土质状况有密切联系,地锚的埋设应根据土质和受力的情况经过计算来确定,不能凭经验和大致估计随意埋设地锚。滑车的轴承处润滑度要求较高,并且起重工作中还要承受很大的压力。因此必须保持其润滑、清洁。如果使用的滑车可能着地,则应该在滑车底下垫以木板,不仅可以保持滑车受力平衡,还避免了沙粒等杂物进入润滑部分损伤滑车,甚至造成事故。

**四、课程总结**

本课程主要介绍了滑车及滑车组的使用要求,包括使用前对滑车及滑车组的检查要求,两滑车滑轮中心间的最小距离,滑车应拴挂在牢固的结构物上,滑车应有防止脱钩的保险装置或封口措施,拴挂固定滑车的桩或锚的要求,防止滑车着地的措施。

## 案例15:施工机具不合格致伤2人

**一、事故案例**

××检修公司输电运检中心负责运维的500kV北宋Ⅱ线部分线路处于一重型钢厂内,由于钢厂环境比较恶劣,线路上悬挂的玻璃绝缘子受脏污的影响,长期运行状态下,单串中已有多片发生自爆,为确保线路的安全运行,2003年3月23日,检修公司输电运检中心在停电检修期间,将线路上运行的玻璃绝缘子串更换为合成绝缘子,由送电三班负责本次检修作业。班长杨××为本次作业的工作负责人,吕××为专责监护人,孙××、吉××、曹××为塔上作业人员,孙×、申××、唐××、索××、田××、王××为地面配合人员,受作业现场地形限制,本次作业使用人工绞磨进行起重,由吉××负责领取工器具及材料,工作班到达作业现场后,对工器具进行检查后登塔进行作业,塔下作业人员申××、唐××、索××使用人工绞磨松放玻璃绝缘子串,当绝缘子串下达到一半过程中,绞磨突然停止转动,工作负责人立刻对绞磨情况进行检查,发现绞磨的转动部分存在锈蚀情况,最终导致绞磨无法转动,此时工作负责人要求再加上两个人使用冲击力猛冲击绞磨,导致绞磨失衡发生侧翻,塔下作业人员申××、索××被鞭击受伤。

**二、案例分析**

案例中,作业现场使用的绞磨转动不灵活,又加上两个人使用冲击力猛冲击绞磨导致绞磨失衡发生侧翻,塔下作业人员申××、索××被鞭击受伤,违反《国家电网公司电力安全工作规程　线路部分》中14.3.2的规定。

**三、安规讲解**

14.3　施工机具的保管、检查和试验。

14.3.1　施工机具应有专用库房存放,库房要经常保持干燥、通风。

**【解读】**施工机具(包括索具、承重机具、牵引机具及各种连接金具等)应存放在专用库房,便于管理,维护和取用。专用库房应干燥、通风,防止施工机具因受潮、霉变或氧化锈蚀影响其使用性能,造成施工安全隐患。

14.3.2　施工机具应定期进行检查、维护、保养。施工机具的转动和传动部分应保持其润滑。

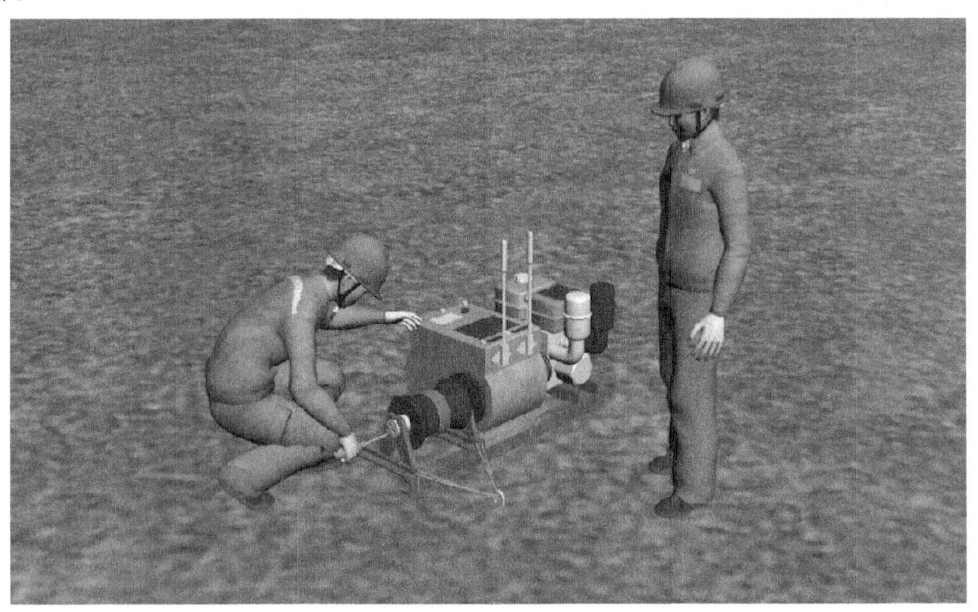

**【解读】**施工机具是施工作业中重要的工具,管理人员应按照施工机具管理规定、保养规范、维护制度定期进行检查、维护、保养,防止出现锈蚀、霉变、卡涩等情况,保证其良好的使用性能。为防止施工机具中的转动和传动部分出现锈蚀、卡涩、转动失灵等现象,应定期做润滑保养。

14.3.3　对不合格或应报废的机具应及时清理,不准与合格的混放。

**【解读】**磨损、机械失灵、锈蚀严重等不合格或破损应报废的施工机具与合格的混放,会导致施工作业中取错投入使用,危及人员及设备安全。故施工机具的使用和保管,应做到标识清晰、分区管理,并建立完善的管理制度。

14.3.4　起重机具的检查、试验要求应满足《国家电网公司电力安全工作规程　线路部分》附录N的规定。

**【解读】**起重机具是整个起重作业中的重要组成部分,一般包括简单起重机械(如卷扬机、葫芦等)和起重机(如移动式起重机、固定式起重机)。科学、合理地选择和使用起重机具是提高工作效率、加快工程进度、减轻体力劳动和确保安全生产的重要因素。故应加强起重机具的检查、试验。

为保证起重机具安全正常的使用,起重机具专业管理人员应按照规定对机具进行周期性检查(如铆接螺栓有无松动或残缺、吊钩有无裂纹变形、制动是否灵活等)、试验(如静、动力试验等),严禁超期使用。

**四、课程总结**

本课程主要介绍了施工机具的保管、检查和试验要求,包括施工机具储存时对库房的环境要求,施工机具的检查、维护、保养要求,不合格或报废的施工机具严禁混放,起重机具的检查、试验规定。

## 案例16:安全工器具不合格致人死亡

**一、事故案例**

2007年2月7日,××供电公司输电运检室安排带电班带电处理330kV凉金二回线路180#塔中相小号侧导线防振锤掉落缺陷(该缺陷于2月6日发现)。办理了电力线路带电作业工作票(编号2007—02—01),工作票签发人王××,工作班成员有李××(本案例事故死者,工作负责人,男,28岁,工龄9年,带电班副班长)、专责监护人刘××等共6人,工作地

点在青山堡滩，距河清公路约5km，作业方法为等电位作业。2月7日下午，14时38分，工作负责人向公司地调调度员提出工作申请，14时42分，该公司地调调度员向省调调度员申请并得到同意。14时44分，地调调度员通知带电班可以开工。16时10分左右，工作人员乘车到达作业现场，工作负责人李××现场宣读工作票及危险点预控分析，并进行了现场分工，工作负责人李××攀登软梯作业，王××登塔悬挂绝缘绳和绝缘软梯，刘××为专责监护人，地面帮扶软梯人员为王××、刘××，剩下1名为配合人员。绝缘绳及软梯挂好，检查牢固可靠后，工作负责人李××开始攀登软梯，16时40分左右，李××登到梯头(铝合金)3m左右时，导线通过绝缘软梯与人体所穿屏蔽服对塔身放电(在运输过程中没有做好保护，粘上了皮卡车后备厢的油污)，导致其从距地面26m左右跌落到铁塔平口处(距地面23m)后坠落地面(此时工作人员还未系安全带)，侧身着地，地面人员观察李××还有微弱脉搏。现场人员立即对其进行现场急救，并拨打电话向当地120和工区领导求救。由于担心120救护车无法找到工作地点，现场人员将李××抬到车上，一边向河清公路行驶，一边在车上实施救护。17时12分左右，与120救护车在河清公路相遇，由医护人员继续抢救，17时50分左右，救护车行驶至市第一人民医院门口时，李××心跳停止，医护人员宣布放弃救治。

**二、案例分析**

案例中，绝缘软梯在运输过程中与油污接触，导致绝缘性能进一步降低，引起导线通过绝缘软梯与人体所穿屏蔽服对塔身放电，致使李××从距地面26m左右跌落到铁塔平口处后坠落地面，经抢救无效死亡，违反《国家电网公司电力安全工作规程　线路部分》中14.4.1.5的规定。

**三、安规讲解**

14.4　安全工器具的保管、使用、检查和试验。

14.4.1　安全工器具的保管。

14.4.1.1　安全工器具宜存放在温度为－15～35℃、相对湿度为80%以下、干燥通风的安全工器具室内。

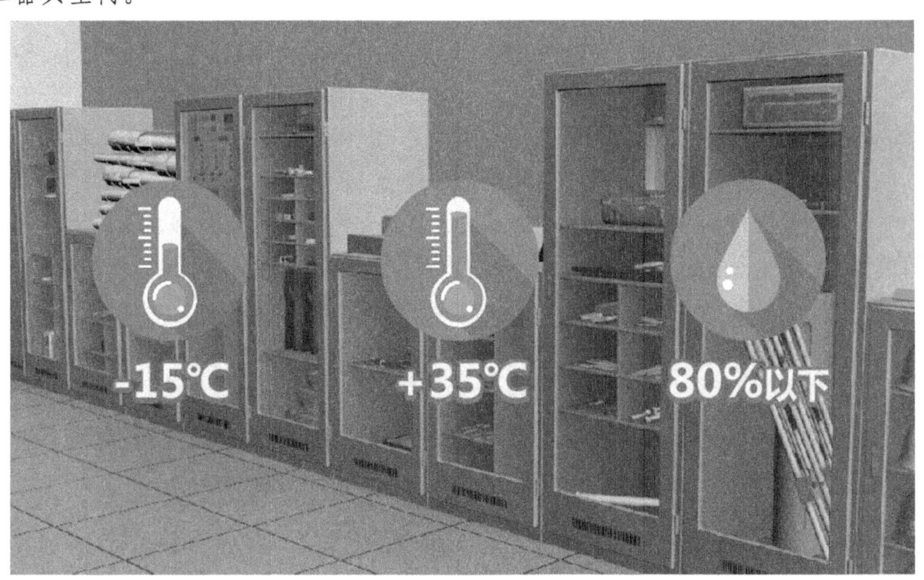

【解读】电力行业中用于防止触电、灼伤、坠落、摔跌等事故,保障作业人员生命安全的各种专用工具和器具统称为安全工器具。安全工器具要进行妥善保管,合理使用,定期检查、试验。鉴于安全工器具的特殊性,安全工器具室应采用相应的设备(温控柜、抽湿机等)保持干燥通风。安全工器具室内与室外温差不宜过大,避免安全工器具出、入库时出现凝露问题,故安全工器具室温度应根据环境温度的变化在一定范围内调控,保持其室内温度在−15～35℃;受潮会使安全工器具的性能下降,故安全工器具室的空气相对湿度应控制在80%以下,防止其发生变形、受潮、霉变等情况。

14.4.1.2 安全工器具室内应配置适用的柜、架,不准存放不合格的安全工器具及其他物品。

【解读】安全工器具应建立完善的管理制度,并根据其形状及特性在适用的柜、架上定置定位存放,避免接触高温、化学腐蚀物及尖锐物体,防止用品、用具损伤变形。安全工器具室存放的安全工器具应标识清晰、规范,分区管理。不准与不合格的安全工器具和其他物品共同存放,防止因混放而取用不当,造成工作中的安全隐患。

14.4.1.3 携带型接地线宜存放在专用架上,架上的号码与接地线的号码应一致。

【解读】实行接地线的定置管理,可有效防止发生违章使用接地线的恶性误操作事故,还可提高安全工器具的管理水平。每组接地线应编号,存放在固定的地点,存放位置亦应编号,两者应一致,便于检查和核实,以掌握接地线的使用情况,同一存放处的接地线编号不得重复。

14.4.1.4 绝缘隔板和绝缘罩应存放在室内干燥、离地面200mm以上的架上或专用的柜内。使用前应擦净灰尘。如果表面有轻度擦伤,应涂绝缘漆处理。

**【解读】**绝缘隔板和绝缘罩是由绝缘材料制成，具有遮蔽或隔离的保护作用，防止作业人员与带电体发生直接碰触的安全工具。绝缘隔板和绝缘罩应存放在离地 200mm 以上的专用放置架上或专用柜内，并保持干燥，避免受潮、变形等，影响其绝缘性能。由于灰尘含有导电介质，使用前应及时清除绝缘板和绝缘罩上的灰尘，否则将导致其绝缘性能降低，失去绝缘隔离作用。绝缘隔板和绝缘罩发生擦伤后，若不及时处理，损伤处就会存积导电介质，降低绝缘性能，故应涂刷绝缘漆进行修复处理。

14.4.1.5　绝缘工具在储存、运输时不准与酸、碱、油类和化学药品接触，并要防止阳光直射或雨淋。橡胶绝缘用具应放在避光的柜内，并撒上滑石粉。

**【解读】**酸、碱和化学药品都具有导电性能,为防止其与绝缘工器具接触后引起安全工器具沿面闪络。因此储存与运输中不应与这些物品接触。油脂虽然不具备导电性能,但安全工器具一旦沾上油脂,接触灰尘后不易清除会出现沿面闪络。为防止阳光直射造成安全工器具老化和淋雨后安全工器具绝缘性能下降,安全工器具储存和运输中应避免日晒雨淋。用滑石粉能够防止橡胶类安全工器具发生粘连。

**四、课程总结**

本课程主要介绍了安全工器具的保管要求,包括安全工器具室的温度、湿度、通风要求,安全工器具室内应配置适用的柜、架,携带型接地线宜存放在专用架上,绝缘隔板和绝缘罩的存放要求及使用前处理措施,绝缘工具的储存、运输禁止性规定,防止橡胶绝缘用具粘连的措施。

## 案例17:安全工器具使用不当致高处坠落死亡

**一、事故案例**

2009年5月12日14时16分,××检修公司输电运检中心在进行500kV冯大Ⅰ线更换绝缘子作业中,发生一起高处坠落人身死亡事故。2009年5月12日至15日,××检修公司输电运检中心进行500kV冯大Ⅰ号线更换绝缘子作业,全线共分6个作业组。5月12日,作业开始后第一天,第三作业组负责人周××,带领作业人员乌×、邢××、岳××、李××等8人,进行103号塔瓷质绝缘子更换为合成绝缘子工作。塔上作业人员乌×、邢××在更换完成B相合成绝缘子后,准备安装重锤片。邢××首先沿软梯下到导线端,14时16分,乌×没有将安全帽带系好就沿软梯下导线作业,不慎从距地面33m高处坠落至地面,送医院抢救无效死亡。事故调查确认,乌×在沿软梯下降前,已经系了安全带保护绳,但扣环没有扣好、没有检查。在沿软梯下降过程中,没有采用“沿软梯下线时,应在软梯的侧面上下,应抓稳踩牢,稳步上下”的规定操作方法,而是手扶合成绝缘子脚踩软梯下降,不慎坠落。小组负责人抬头看到乌×坠落过程中,安全带保护绳在空中绷了一下,随即同乌×一同坠落至地面,经抢救无效死亡。

**二、案例分析**

案例中,作业人员乌××在系安全带后没有检查安全带保护绳扣环是否扣牢,违反《国家电网公司电力安全工作规程　线路部分》中14.4.2.6的规定;作业人员乌×没有将安全帽带系好就沿软梯下导线作业,违反《国家电网公司电力安全工作规程　线路部分》中14.4.2.5的规定。

**三、安规讲解**

14.4.2　安全工器具的使用和检查。

14.4.2.1　安全工器具使用前的外观检查应包括绝缘部分有无裂纹、老化、绝缘层脱落、严重伤痕,固定连接部分有无松动、锈蚀、断裂等现象。对其绝缘部分的外观有疑问时应进行绝缘试验合格后方可使用。

**【解读】**安全工器具使用前的外观检查，是现场安全把关，确保工具合格、良好的有效方法。现场工作前，安全工器具应检验的主要内容有以下三个方面：①使用时应有"试验合格证"，并在试验的有效期内。②检查绝缘部分有无裂纹、老化、绝缘层脱落、严重伤痕，防止因绝缘性能降低产生安全隐患。固定连接部分应无松动、锈蚀、断裂等现象，避免使用中安全工器具发生损坏，造成事故。如有上述明显的外在缺陷，严禁继续使用。③对安全工器具绝缘部分的外观有疑问时，为保证其绝缘性能良好，应按照工具类别、相关方法和试验标准（工频耐压试验、电阻测量、泄漏电流测量等）进行检验，试验数据应符合设计要求，方可使用。

14.4.2.2 绝缘操作杆、验电器和测量杆：允许使用电压应与设备电压等级相符。使用时，作业人员手不准越过护环或手持部分的界限。雨天在户外操作电气设备时，操作杆的绝缘部分应有防雨罩或使用带绝缘子的操作杆。使用时人体应与带电设备保持安全距离，并注意防止绝缘杆被人体或设备短接，以保持有效的绝缘长度。

**【解读】**绝缘操作杆、验电器和测量杆的允许使用电压应与设备电压等级相符。若小于

设备电压等级,绝缘操作杆、验电器和测量杆在使用过程中的相对绝缘性能(绝缘强度)会降低,易发生工具损坏、人员触电等危害。若使用中验电器大于设备电压等级,其不能正确响应,会导致作业人员产生误判断。绝缘操作杆、验电器和测量杆的护环或手持部分标识了作业时的最小安全距离。若作业人员越过护环或手持部分的界限进行操作,会减小其有效绝缘长度,增加发生人身伤害和设备损害的可能性。有效绝缘长度是指绝缘工具的总长度减去金属部分和双手握持部分后的净长。绝缘操作杆、验电器和测量杆在频繁使用与运输中会磨损,作业人员越过护环或手持部分的界限进行操作,也会使其绝缘长度减小,导致绝缘杆被人体或设备短接,发生触电及设备事故。故应保持有效绝缘长度,使人体与带电设备保持安全距离。使用绝缘操作杆、验电器和测量杆时,人体应与带电设备保持安全距离,避免触电伤害。雨天操作应使用有防雨罩的绝缘棒。绝缘棒加装防雨罩的作用是将顺着绝缘棒流下的雨水阻断,使其不致形成一个连续的水流柱而降低湿闪电压,同时可以保持一段干燥的爬电距离,以保证湿闪电压合格。如果绝缘棒受潮,操作时就会产生较大的泄漏电流,危及操作人员的安全。

14.4.2.3　携带型短路接地线:接地线的两端夹具应保证接地线与导体和接地装置都能接触良好、拆装方便,有足够的机械强度,并在大短路电流通过时不致松脱。携带型接地线使用前应检查是否完好,如发现绞线松股、断股、护套严重破损、夹具断裂松动等均不准使用。

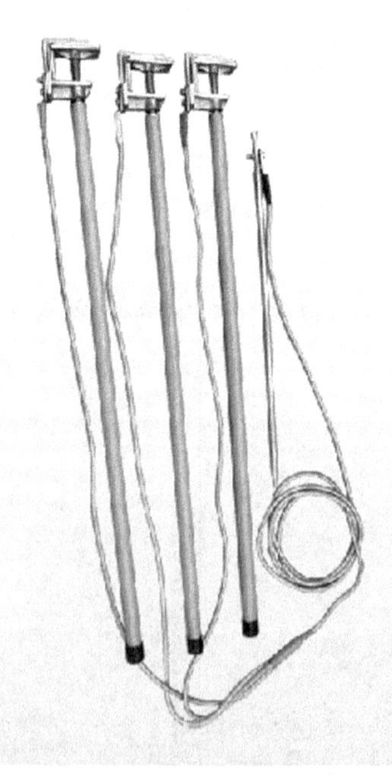

**【解读】**携带型短路接地线应具备良好的导电性能。多股软铜线不应存在影响导电性能的松股、断股等情况,且起保护作用的护套完好。金属夹具应符合工作导线规格型号,接地端螺栓完好,并分别与导线和接地装置接触良好,拆装方便。这是由以下两点决定的:①若导线端接触不良则在流过接地电流时因为过热烧断接地线,造成作业人员失去保护而引发触电伤害。②若接地端接触不良则接触电阻增大,在流过短路电流时将有较大的电压降加

到检修设备上，造成人身伤害。携带型短路接地线（含专用夹具、接地螺栓、线材本体等）的机械强度应满足在短路电流作用下的动、热稳定要求。同时两端夹具还应保证在挂接状态下，不因外界因素（大风、自重等）的影响而发生摆动脱落。为了使便携型接地线能起到良好的保护作用，使用前应检查其是否完好，如发现绞线松股、断股、护套严重破损、夹具断裂松动等情况时均不准使用。

14.4.2.4　绝缘隔板和绝缘罩：绝缘隔板和绝缘罩只允许在35kV及以下电压的电气设备上使用，并应有足够的绝缘和机械强度。用于10kV电压等级时，绝缘隔板的厚度不应小于3mm，用于35kV电压等级不应小于4mm。现场带电安放绝缘隔板及绝缘罩时，应戴绝缘手套、使用绝缘操作杆，必要时可用绝缘绳索将其固定。

**【解读】**绝缘隔板和绝缘罩是通过增加爬电距离，延伸放电路径弥补带电作业中安全距离不足的措施。但当电压等级大于35kV时，现有绝缘材料的绝缘性能比空气间隙低，所以绝缘隔板和绝缘罩只能在35kV及以下电压等级的电气设备上使用。同时应保持足够的机械强度，否则在使用中易发生断裂，失去隔离保护作用。不同电压等级的带电设备应选用相应规格的绝缘隔板。10kV电压等级，绝缘隔板的厚度不应小于3mm；35kV电压等级不应小于4mm。以保证拥有足够的工频耐压水平。作业现场带电安装绝缘隔板及绝缘罩时，应戴绝缘手套、用绝缘操作杆，防止人员触电。

14.4.2.5　安全帽：安全帽使用前，应检查帽壳、帽衬、帽箍、顶衬、下颏带等附件完好无损。使用时，应将下颏带系好，防止工作中前倾后仰或其他原因造成滑落。

**【解读】**安全帽是在人体头部受外力伤害时起防护作用的安全用具。安全帽出现变形(高温或外击引起)、帽壳破损、缺少帽衬(帽箍、顶衬、后箍)、缺少下颏带以及超过使用年限等情况时,机械性能降低,佩戴不适且易脱落,会失去保护作用,因此禁止使用。合格的安全帽内衬和下颏带是可以调节的,安全帽佩戴时,首先应将内衬圆周大小调节到对头部稍有约束感则可:其次,佩戴安全帽必须系好下颏带,下颏带必须紧贴下颏,松紧以下颏有约束感为宜,防止工作中前倾后仰或其他原因造成滑落。

14.4.2.6 安全带:腰带和保险带、绳应有足够的机械强度,材质应有耐磨性,卡环(钩)应具有保险装置,操作应灵活。保险带、绳使用长度在3m以上的应加缓冲器。

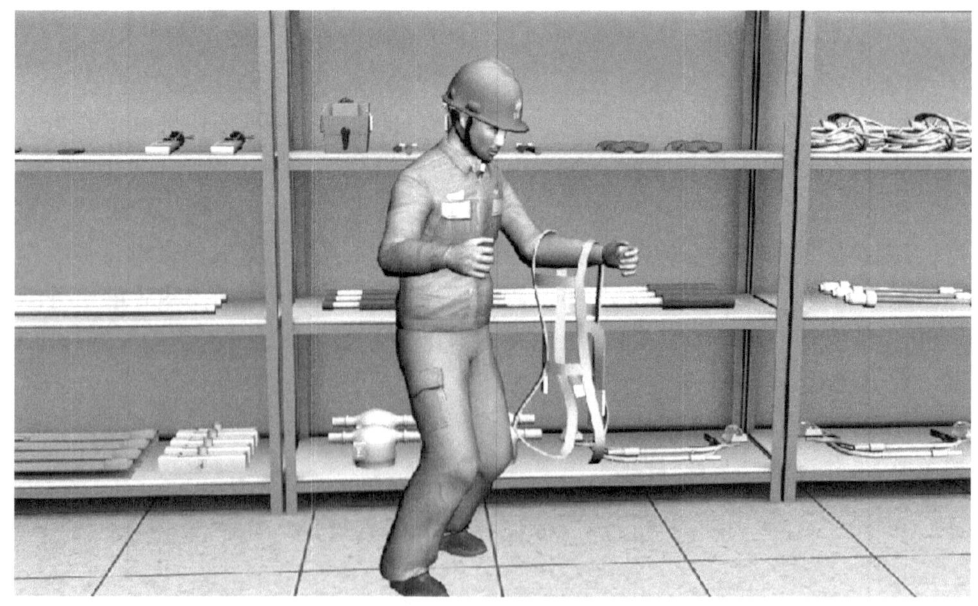

**【解读】**安全带是在作业中防止人员发生高空坠落伤害的专用工具,由带子、绳子和金属

构件组成。其所选用的材质必须合格，具有一定的耐磨性，避免被日常使用中的磨损影响到其安全性能。卡环(钩)应具有保险锁死装置，防止在工作中卡环(钩)脱落，从而导致作业人员失去保护。安全带的保险带、绳应具有足够的机械强度，以免在高空坠落发生时断裂，失去对人体的保护作用。安全带使用过程中，应遵循高挂低用的原则。当使用长度超过3m时，应加装缓冲器以减轻跌落时的冲击力对人身造成的伤害，缓冲器承受冲击后应立即进行更换。安全带的预防性试验包括静负荷试验和冲击试验，试验周期为一年。试验以各部件无破断、裂纹、永久变形或脱钩现象者为合格。

14.4.2.7　脚扣和登高板：金属部分变形和绳(带)损伤者禁止使用。特殊天气使用脚扣和登高板应采取防滑措施。

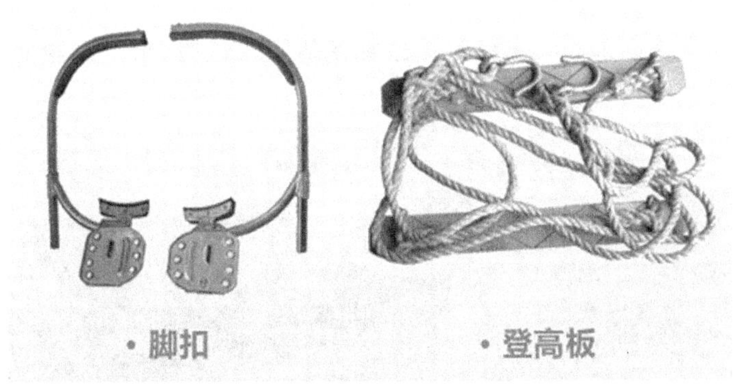


**【解读】**脚扣和登高板的部件破损(如三角板的登板有伤痕、绳索断股或霉变、钩子裂纹等)、脚扣的金属部分变形、表面有裂纹、防滑衬层破裂、脚套带不完整或有伤痕等，均会影响脚扣和登高板的承重性能，导致在使用时发生危险，因此禁止使用。在脚扣和登高板使用过程中，应注意以下几方面：①脚扣和登高板使用中需要较强的技术性，因此需经过较长时间的练习，熟练掌握攀登方法后，方可使用。②使用前要对脚扣和登高板进行人体冲击试登以检查其强度。③脚扣和登高板不得从高处摔扔，以防损坏。④脚扣和登高板应半年进行一次强度试验。特殊天气使用脚扣和登高板时，因杆塔比较湿滑，登高人员作业时易发生滑落摔伤，故应采取安装防滑垫等措施。

**四、课程总结**

本课程主要介绍了安全工器具的使用和检查，包括使用前的外观检查，绝缘操作杆、验电器和测量杆的使用和检查规定，携带型短路接地线的使用和检查规定，绝缘隔板和绝缘罩的使用和检查规定，安全帽的使用和检查规定，安全带的使用和检查规定，脚扣和登高板的使用和检查规定。

## 案例18：安全带不合格致高处坠落重伤

**一、事故案例**

2009年9月8日，××供电公司输电运检室检修三班负责检修现场弛度调整工作，下午15时，由杨××、孙××、吉××、唐××、梁××、段××开展现场工作，杨××为现场工作负责人,段××、唐××为高空人员。15时30分,段××登杆作业前对自己的安全带进行外观检查和冲击试验,未发现问题,其在35kV龙战线路#49耐张杆上进行调整弛度工作时,安全带的围杆绳突然断了,段××失足从10m高处摔下。所幸当时地面是较松软的庄稼地,有庄稼进行了缓冲,同事们第一时间将其送到就近医院,经诊治被摔成重伤。事后检查发现,他的安全带未经权试验机构进行周期性试验。

**二、案例分析**

案例中,检修作业现场使用的安全带的围杆绳突然断裂,导致检修工人从10m高处摔成重伤,违反《国家电网公司电力安全工作规程　线路部分》中14.4.3.1的规定。

**三、安规讲解**

14.4.3　安全工器具试验。

14.4.3.1　各类安全工器具应经过国家规定的型式试验、出厂试验和使用中的周期性试验,并做好记录。

**【解读】**型式试验是为了验证产品能否满足技术规范的全部要求所进行的试验。它是新产品鉴定中必不可少的一个环节。出厂试验是为了使产品在出厂前经过严格试验,确保产品质量合格。周期性试验是为了使产品在使用过程中保证处于良好性能状态。为保障安全工器具的质量和在正常作业中发挥良好的性能,应完成型式试验、出厂试验和使用中的周期性试验,并做好记录,确保在安全生产中随时掌握安全工器具的工况。

14.4.3.2　应进行试验的安全工器具如下:

a)规程要求进行试验的安全工器具。

b)新购置和自制的安全工器具。

c)检修后或关键零部件经过更换的安全工器具。

d)对安全工器具的机械、绝缘性能发生疑问或发现缺陷时。

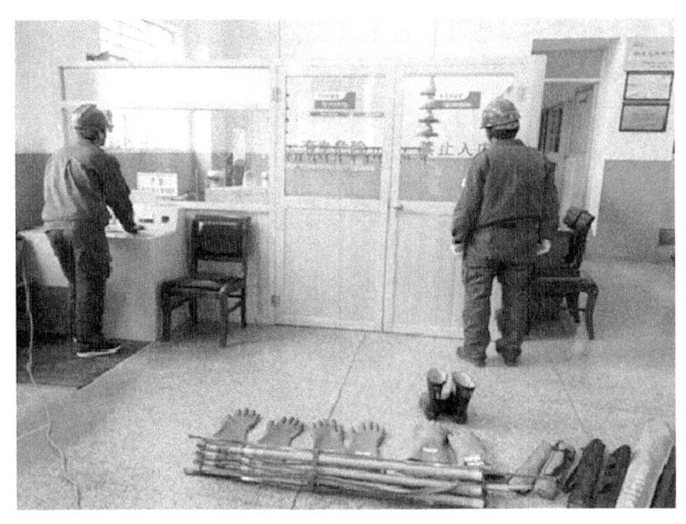

【解读】为防止使用过程中不合格的安全工器具对作业人员造成伤害，因此应按照要求的种类、规格、标准制定相应的检验制度和规定的周期进行试验。新购置和自制的安全工器具、检修后或关键零部件经过更换的安全工器具必须经具备资质的鉴定机构，按照要求进行相关试验鉴定，保证安全系数、稳定安全系数、制动安全系数合格后方可使用。否则性能无法保障，贸然使用会造成人员伤害或机具损坏。在使用过程中对安全工器具的机械、绝缘性能产生疑问或发现缺陷时，应及时进行检验，保证作业人员安全。

14.4.3.3　安全工器具经试验合格后，应在不妨碍绝缘性能且醒目的部位粘贴合格证。

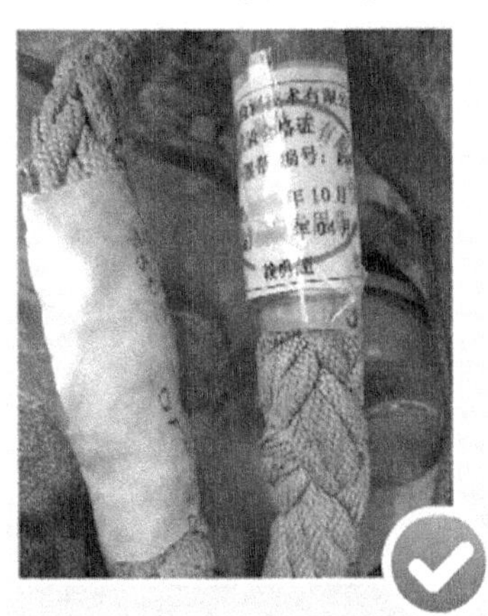

【解读】为了方便作业人员和工器具的管理人员及时了解工器具的试验情况，避免将不合格、到期未试验的工器具带入工作现场违规使用，故试验合格后的安全工器具应在醒目位置粘贴合格证。合格证的粘贴应牢固，不易脱落，不影响绝缘性能。

14.4.3.4　安全工器具的电气试验和机械试验可由各使用单位根据试验标准和周期进行，也可委托有资质的试验研究机构试验。

【解读】安全工器具的试验要严格按照规程规定的试验项目、标准和周期进行。检验机构必须具有相应的试验研究资质，以保证安全工器具试验的安全性和有效性，达到规定标准。如果使用单位不具备试验条件，可委托具有国家资质的试验研究机构试验。

14.4.3.5　各类绝缘安全工器具试验项目、周期和要求见《国家电网公司电力安全工作规程　线路部分》附录L。

**【解读】**各类绝缘安全工器具的试验项目、周期必须符合《国家电网公司电力安全工作规程　线路部分》附录L所列的相关要求。专业管理人员应按照相关规定进行检查、试验。严禁超期未检使用,以保证绝缘安全工器具的安全可靠。

**四、课程总结**

本课程主要介绍了安全工器具的试验要求,包括安全工器具使用前满足国家规定的各类试验要求,应当进行试验后方准投入使用工器具范围,安全工器具试验合格后均应贴上合格的标签,安全工器具的试验可由使用单位或试验研究机构进行,各类绝缘安全工器具的试验项目、周期和要求。

# 15　电力电缆工作

## 案例 1:未认真核对电缆名称,误登带电杆塔导致人员触电死亡

### 一、事故案例

2005 年 1 月 3 日,××供电公司进行 10kV 112 甲馈线电缆抢修工作(抢修线路与另一条在运 115 乙馈线电缆线路平行)。11 时 20 分现场安全措施布置完成,工作负责人王××带领工作人员叶××、李××等共 10 人开展作业。在交代完安全措施后,工作负责人王××安排李××登杆作业。登杆前,作业人员李××未认真检查电缆名称即开始登上“112 甲馈线”(实际是正在运行的 115 乙馈线),系好安全带开始工作时,因作业人员李××在杆上动作过大,导致安全距离不足触电倒在杆塔上,经抢救无效死亡。

### 二、案例分析

案例中,作业人员李××未认真核对电缆标志牌的名称是否与工作票上的相符,在杆上动作过大,导致安全距离不足触电身亡,违反《国家电网公司电力安全工作规程　线路部分》中 15.1.1 的规定。

### 三、安规讲解

15.1　电力电缆工作的基本要求。

15.1.1　工作前应详细核对电缆标志牌的名称与工作票所填写的相符,安全措施正确可靠后,方可开始工作。

电力电缆第一种工作票格式

电力电缆第一种工作票

单位________　编号________

1. 工作负责人(监护人)________　班组________

2. 工作班人员(不包括工作负责人)

________________________________

________________________________

________________________共____人

3. 电力电缆名称

________________________________

4. 工作任务

| 工作地点或地段 | 工作内容 |
| --- | --- |
| | |
| | |
| | |
| | |
| | |

5. 计划工作时间

自____年__月__日__时__分

至____年__月__日__时__分

【解读】电缆作为敷设隐蔽在地下的电气设备，其规格、名称、编号、起端和终端地点，靠电缆标志牌标明。工作前应详细核对电缆标志牌的名称，必要时核对电缆敷设的平面图，确认与工作票所写的相符。工作前还应检查需装设的接地线、标示牌、绝缘隔板及其他防火、防护措施正确可靠并和工作票所写的工作内容、安全技术措施相符，经许可后方可进行工作。

15.1.2　填用电力电缆第一种工作票的工作应经调控人员许可。填用电力电缆第二种工作票的工作可不经调控人员许可。若进入变、配电站，发电厂工作，都应经运维人员许可。

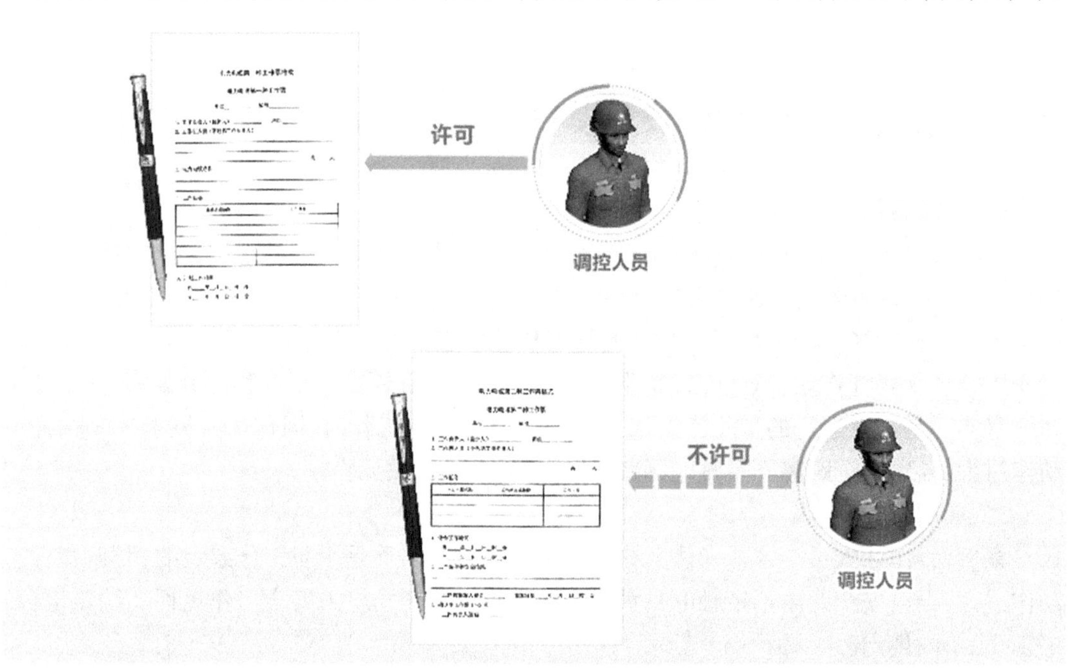


【解读】在电力电缆上工作是填用第一种工作票还是填用第二种工作票应由停电或不停电的安全措施来区分。按照统一调度、分级管理的原则，设备停电须经所属调度下令，因此，填用电力电缆第一种工作票的工作应经所属调度许可。因为填用电力电缆第二种工作票的工作不涉及电力电缆停电，所以可不经调度的许可。若进入变、配电站、发电厂工作，需经当值运行人员许可，按《国家电网公司电力安全工作规程　线路部分》中第 5.3.8.5 条“持线路或电缆工作票进入变电站或发电厂升压站进行架空线路、电缆等工作，应增加填写工作票份数，由变电站或发电厂工作许可人许可，并留存。上述单位的工作票签发人和工作负责人名单应事先送有关运行单位备案”规定执行。

15.1.3　电力电缆设备的标志牌要与电网系统图、电缆走向图和电缆资料的名称一致。

【解读】电力电缆设备的标志牌与电网系统图、电缆走向图和电缆资料的名称一致，对于调度单位正确调度、运行单位正确操作、维护单位正确检修至关重要，否则，可能产生调度单位误调度、运行单位误操作、维护单位误判断的情况，造成人身伤害、设备损坏等后果。

电缆设备标志牌的正确挂设，对正确辨认电缆非常关键，标志牌的内容一般应包含：①用中文说明此处地下配有何种电缆。②用箭头“<——>”表示电缆走向。③应配有危险警示标志。④如需要，还可配有管线管理单位电话号码、序号等。⑤为了便于准确辨识，电缆标志牌宜标明线路名称、电缆井编号及电缆型号。

15.1.4　变、配电站的钥匙与电力电缆附属设施的钥匙应由专人严格保管，使用时要登记。

**【解读】**变、配电站的钥匙与电力电缆附属设施的钥匙要求严格保管，是综合考虑了巡视、检修、抢修等工作开展及防盗、防小动物、防人身伤害要求等各项因素，旨在避免由于人员随意进入、小动物闯入而引发人身伤害、设备损坏等不良后果。因此，变、配电站与电力电缆附属设施钥匙要有专门的管理使用制度，并严格执行。

**四、课程总结**

本课程主要介绍了电缆工作的基本要求，包括：①工作前对电缆标志牌的核对；②电力电缆作业的工作许可规定；③电力电缆设备标志牌的运行要求；④电力电缆附属钥匙的保管、使用规定。

## 案例2：野蛮施工致使管道破损，有毒气体泄漏

**一、事故案例**

2006年8月3日11时54分，××供电公司配电工区电缆运行班开展市内10kV电缆线路铺设工作。施工前，由于时间紧急，工作负责人赵×未组织前期的现场勘察，未对相应作业区域内的地下管线开展现场排查，仅查阅了之前的现场施工图纸，就组织作业人员开始施工作业。当铺设至南桥回巷#1杆时（巷内作业区域附近有居民使用煤气管线），由于路面较硬，为缩短工期，赵×在未取得批准的情况下，安排大型挖掘机开始挖掘作业，在挖至3m深时碰触煤气管线导致气体泄漏。

**二、案例分析**

案例中，施工前未确定地下管线的确切位置，作业过程中挖断煤气管线，违反《国家电网公司电力安全工作规程　线路部分》中15.2.1.1的规定；工作负责人违章指挥，在未取得相应批准手续的情况下使用大型机械施工作业，违反了《国家电网公司电力安全工作规程　线路部分》中15.2.1.2的规定。

**三、安规讲解**

15.2　电力电缆作业时的安全措施。

15.2.1　电缆施工的安全措施。

15.2.1.1　电缆直埋敷设施工前应先查清图纸，再挖开足够数量的样洞和样沟，摸清地下管线分布情况，以确定电缆敷设位置及确保不损坏运行电缆和其他管线。

**【解读】**电缆直埋敷设施工前要认真核对图纸,确定地下建筑、管线的详细位置、电缆敷设的正确走向,制定好确保不损伤运行电缆的各项安全技术措施,并且正式开挖前,要开挖足够数量的样洞和样沟,对地下管线分布情况进行确认,确保施工中不损伤已有的运行电缆和管线。开挖过程中要进一步核实地下管线情况是否和预期一致,如碰到与图纸不符或不能确定的情况应立即停止施工,待查明后方可继续进行工作。

15.2.1.2　为防止损伤运行电缆或其他地下管线设施,在城市道路红线范围内不宜使用大型机械来开挖沟槽,硬路面面层破碎可使用小型机械设备,但应加强监护,不准深入土层。若要使用大型机械设备时,应履行相应的报批手续。

**【解读】**《城市规划基本术语标准》中城市道路红线的定义为:规划的城市道路路幅的边

界线反映了道路红线宽度。它的组成包括:通行机动车或非机动车和行人交通所需的道路宽度;敷设地下、地上工程管线和城市公用设施所需增加的宽度;种植行道树所需的宽度。由于城市道路红线范围内的地下管线分布密集,且大型机械挖掘又存在不易控制、破坏性大等特点,所以在城市道路红线范围内施工应避免使用大型机械,防止损伤运行电缆及管线;对于硬路路面的破碎,在安全措施可靠、监护到位的情况下可以使用破碎量小的小型机械设备;对于特殊情况必须使用大型机械或条件许可使用大型机械时,应制定好详细的方案措施,并履行相应的报批手续。

15.2.1.3 掘路施工应具备相应的交通组织方案,做好防止交通事故的安全措施。施工区域应用标准路栏等严格分隔,并有明显标记,夜间施工应佩戴反光标志,施工地点应加挂警示灯。

**【解读】**掘路施工方案要得到交管部门的审批,并在施工时协调配合做好相关交通组织措施,如开设绕行便道、设立限行、绕路标志等,确保交通畅通。同时要做好防止交通事故的安全措施:如严格分隔施工区域,设置明显标记,防止人员或车辆误入发生事故;电缆沟道用坚实牢固的铁、木板覆盖;夜间施工人员佩戴反光标志、围栏应有专用红色指示灯以作警戒等。

15.2.1.4 在下水道、煤气管线、潮湿地、垃圾堆或有腐殖质等附近挖沟(槽)时,应设监护人。在挖深超过2m的沟(槽)内工作时,应采取安全措施,如戴防毒面具、向坑中送风和持续检测等。监护人应密切注意挖沟(槽)人员,防止煤气、沼气等有毒气体中毒或沼气等可燃气体爆炸。

**【解读】**下水道、煤气管线、潮湿地、垃圾堆或有腐质等场所，容易产生易燃、易爆和有毒有害气体，增加监护能及时发现危险因素，并能进行有效处置或组织施救。在容易出现有害气体处挖坑，坑深超过2m的坑内短时间施工可戴防毒面具；长时间施工应向坑内送风，提高基坑中氧气含量，减少有毒有害气体含量。同时应使用仪器定期检测，确认工作环境符合作业条件，即氧气含量不小于18%，有毒有害气体含量控制在标准范围内。

15.2.1.5　沟(槽)开挖深度达到1.5m及以上时，应采取措施防止土层塌方。

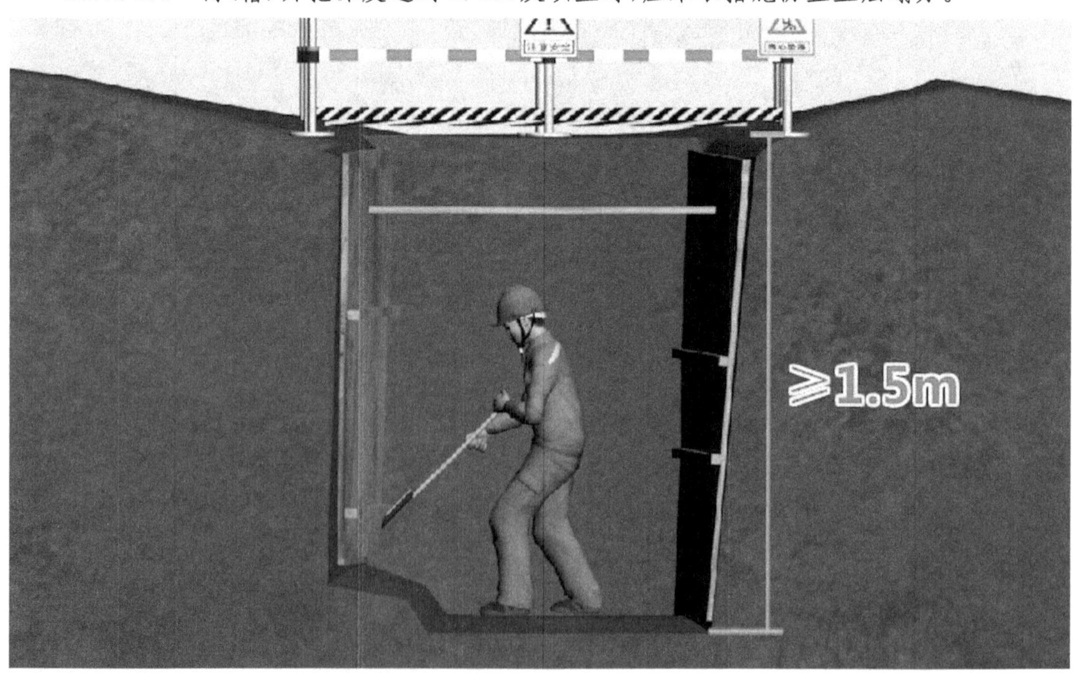

【解读】沟(槽)开挖深度达到 1.5m 及以上时,发生土层塌方及造成人身伤害的可能性加大,为保证作业人员安全,应采取措施防止土层塌方。一般在沟(槽)坑口 1m 处加挡土板,防止土石块滑落伤人或引起洞口坍塌。在沟(槽)内可以加挡板、撑木等防沟(槽)内部塌方。施工中应经常检查土方边坡及支撑,如发现边坡有开裂、疏松,或支撑有折断、位移等危险征兆时,应立即采取措施,处理完毕后方可继续工作。

15.2.1.6 沟(槽)开挖时,应将路面铺设材料和泥土分别堆置,堆置处和沟槽之间应保留通道供施工人员正常行走。在堆置物堆起的斜坡上不准放置工具材料等器物。

【解读】挖开沟槽时,路面铺设材料和泥土应分别堆置,便于泥土回填及废料清理。路面铺设材料和泥土堆置处与沟槽间应保留足够的通道,便于施工人员正常行走,并防止堆置物直接或因碰撞滑落到沟道内,对施工人员造成伤害。工具材料等器物应放置在平坦地面,不得放置在堆置物堆起的斜坡上,防止滑入沟槽伤害施工人员或损伤电缆。

**四、课程总结**

本课程主要介绍了电缆挖掘施工作业时需要采取的安全措施,包括:①电缆挖掘前图纸的核查以及现场摸查确认的规定;②城市道路内施工机械使用的规定;③掘路施工相关的交通作业要求;④特殊区域附近挖掘时的人员安全防护;⑤挖掘沟(槽)时的相关要求和规定。

## 案例 3:违章开断电缆导致人员触电死亡

**一、事故案例**

2010 年 6 月 13 日,××供电公司配电工区电缆运行班进行电缆故障抢修,经勘测需对电缆接头盒重新焊接。在确认两侧做好停电措施后,对西侧电缆进行绝缘刺锥破坏测试验明无电,完成此条电缆的抢修工作。在没有对东侧电缆进行验电的情况下(事故电缆投运时为同路双条,后经改造分为两路单条,上级电源变电站及调度模拟图板双重编号未变更。作业人员王×主观认为两条电缆同路双条并接),即开始此条电缆的抢修工作。16 时 34 分,作业人员王×在割破电缆绝缘后发生触电,同时伤及共同工作的李×,两人经抢救无效死亡。

**二、案例分析**

案例中,作业人员王×在电缆抢修作业前未进行验电、接地,在割破电缆绝缘后发生触电,同时伤及共同工作的李×,两人经抢救无效死亡,违反《国家电网公司电力安全工作规程 线路部分》中 15.2.1.10 的规定。

**三、安规讲解**

15.2.1.7 挖到电缆保护板后,应由有经验的人员在场指导,方可继续进行。

**【解读】**《电力工程电缆设计规范》(GB 50217－2018)规定"沿电缆全长应覆盖宽度不小于电缆两侧各 50mm 的保护板,保护板宜用混凝土制作"。保护板起着承重、密封、防火、防水等作用。挖掘电缆施工中当挖到电缆保护板后,再向下挖电缆将失去保护板的保护,为防止损坏电缆,应由有经验的人员在场指导,方可继续工作,且此时挖掘必须用铁锹小心地进行,切忌用镐头挖掘。在挖掘过程中,若发现其他电缆或管道时,应立即停止,并通知有关部门前来检查,确认无问题后方可继续进行施工。

15.2.1.8 挖掘出的电缆或接头盒,如下面需要挖空时,应采取悬吊保护措施。电缆悬吊应每 1～1.5m 吊一道;接头盒悬吊应平放,不准使接头盒受到拉力;若电缆接头无保护盒,则应在该接头下垫上加宽加长木板,方可悬吊。电缆悬吊时,不准用铁丝或钢丝等。

**【解读】**因电缆弯曲到一定程度就会使电缆中的绝缘层受到损伤，电缆接头盒两端电缆弯曲更会对电缆接头造成损坏，所以挖到电缆或接头盒时，如下面需要挖空，应采取悬吊保护措施。电缆悬吊应每隔约 1～1.5m 吊一道，这样电缆不会过度弯曲，同时便于挖掘工作，不易碰伤电缆。在已被挖掘出来的带电运行的电缆上，应悬挂警告标示牌，防止其他人员误动。接头盒是电缆与电缆交接或分支的外封闭保护套，具有多次复用、操作简便、防潮、耐压、抗腐蚀力强等优点，但是不能承受拉力。接头盒在悬挂时应平放，避免横向承受拉力。若电缆接头无保护盒保护时，应在该接头下垫上加宽加长木板，在安全、固定、可靠的前提下方可悬吊。电缆悬吊时，不能用铁丝、钢丝等细金属，避免电缆局部切割力过大损伤电缆护层或破坏电缆绝缘。

15.2.1.9 移动电缆接头一般应停电进行。如必须带电移动，应先调查该电缆的历史记录，由有经验的施工人员在专人统一指挥下，平正移动。

**【解读】**因为电缆接头是绝缘最易损坏的部位，接头不能承受拉力，随意移动易导致电缆

折损或接头处绝缘损坏,存在极大的安全隐患,所以移动电缆接头的工作,应停电进行移动。如果需要带电移动,应先调查电缆历年来的运行试验记录,了解运行时间、运行中检修情况、电缆接头的制作时间和材料、制作工艺、历次绝缘试验结果等情况。通过综合分析,判断电缆接头盒是否可以搬动及可能导致的结果,并根据实际情况制订出带电移动电缆接头工作中防止电缆接头损坏、电缆绝缘损坏的安全措施。移动时,由有经验的工作人员在专人指挥下进行平正移动,防止施工中因电缆弯曲过度、接头受力不均造成设备损坏、人身伤害。如经分析判断电缆绝缘老化或运行年代已久远、电缆头渗漏油明显、存在绝缘缺陷时,应禁止做带电移动。

15.2.1.10 开断电缆以前,应与电缆走向图图纸核对相符,并使用专用仪器(如感应法)确切证实电缆无电后,用接地的带绝缘柄的铁钎钉入电缆芯后,方可工作。扶绝缘柄的人应戴绝缘手套并站在绝缘垫上,并采取防灼伤措施(如防护面具等)。使用远控电缆割刀开断电缆时,刀头应可靠接地,周边其他施工人员应临时撤离,远控操作人员应与刀头保持足够的安全距离,防止弧光和跨步电压伤人。

**【解读】**因锯电缆存在误锯电缆、带电锯电缆等危险,工作中必须采取有效的针对性措施:①锯电缆之前,先检查现场电缆与电缆走向图图纸是否相符,必要时从电缆端头处沿线查对至锯缆点处并做好标记。②验电。使用专用仪器如单相工频电流表或钳形电流表对待锯电缆进行验电,验电仪器应经过测量校准,确保其准确良好。经测量判断证明电缆芯确无电压后,才可进行下一步工作,这也可以进一步验证所锯电缆的正确性。③放电并接地。操作时,用接地的带绝缘柄的铁钎钉入电缆芯,使电缆导电部分的剩余电荷短路接地而放尽,这也是保障工作安全的技术措施。为保障扶绝缘柄作业人员的安全,要求扶绝缘柄者应戴绝缘手套并站在绝缘垫上,采取戴防护面具等防灼措施后方可进行工作。锯电缆所用的锯刀也要接地,一般可用一根截面积不小于 $10mm^2$ 的柔韧绝缘导线,一端接在临时接地装置上,另一端接到锯刀的金属部分上,以确保人身安全。

**四、课程总结**

本课程主要介绍了电缆检修施工时的安全注意事项，包括：①挖到电缆保护板后应由有经验的人员在场指导；②对挖掘出的电缆或电缆接头盒采取的悬吊保护措施；③电缆接头移动时相应的安全规定；④开断电缆接头应采取的安全和技术措施。

## 案例4：电缆沟内巡视作业未按要求进行气体检测，导致人员受伤

**一、事故案例**

2006年12月2日，××供电公司配电工区电缆检修班巡视人员张××、李××开展新区电缆投运后巡视工作，在对电缆沟附近做好相应安全措施后，两人开启电缆沟盖板。由于仪器在车上需要走路取过来，两人怕麻烦同时感觉应该没有问题，就未对电缆沟内气体进行测量，在静置一段时间后，张××、李××先后进入电缆沟进行巡视。巡视一段时间后，两人均产生呼吸困难等症状，遂立即停止作业，前往医院进行治疗，住院一段时间后痊愈。后经测量电缆沟内氧气含量不达标。

**二、案例分析**

案例中，作业人员未按照规定开展气体检测，在电缆沟开启一段时间后直接进入其中开展巡视作业，导致两人均产生呼吸困难等症状，违反《国家电网公司电力安全工作规程 线路部分》中15.2.1.12的规定。

**三、安规讲解**

15.2.1.11 开启电缆井井盖、电缆沟盖板及电缆隧道人孔盖时应使用专用工具，同时注意所立位置，以免坠落。开启后应设置标准路栏围起，并有人看守。作业人员撤离电缆井或隧道后，应立即将井盖盖好。

**【解读】**电缆井井盖、电缆沟盖板及电缆隧道人孔盖等均比较沉重，如果不使用专用工具

开启容易造成损坏或伤及工作人员。开启后,井盖、沟盖板等应放在不影响行人及工作的适当位置,避免滑脱后伤人。井口要用标准路栏围起,挂警示牌,并派专人看守,避免行人误入工作现场,保证井下工作人员安全。同时看守人员与井内工作人员保持联系,如发生意外情况可及时进行救护。夜间井口要安挂红灯提醒行人注意,防止摔伤或坠入井内。工作人员全部撤离后,井盖、沟盖板等应立即恢复完好。

15.2.1.12　电缆隧道应有充足的照明,并有防火、防水、通风的措施。电缆井内工作时,禁止只打开一只井盖(单眼井除外)。进入电缆井、电缆隧道前,应先用吹风机排除浊气,再用气体检测仪检查井内或隧道内的易燃易爆及有毒气体的含量是否超标,并做好记录。电缆沟的盖板开启后,应自然通风一段时间,经测试合格后方可下井工作。电缆井、隧道内工作时,通风设备应保持常开。在电缆隧(沟)道内巡视时,作业人员应携带便携式气体测试仪,通风不良时还应携带正压式空气呼吸器。

**【解读】**在电缆隧道内工作,为确保作业安全,电缆隧道应有相应的安全措施:电缆隧道内应有足够的照明,满足巡视、检修、抢修等工作的需要;要有防火措施,如横向隔离等,防止发生火灾及火灾进一步的扩大;防水措施,如隧道壁涂刷防水浆等,防止地下水渗入;通风措施,如设置固定风机等,保证有限空间作业空气流通。进入电缆沟前应先自然通风一段时间,方可下井工作。电缆井、电缆隧道工作环境比较复杂,不可控危险源较多,同时又是一个密闭空间,为防止人员进入吸入有害气体或窒息,要采取有效的措施:进入电缆井、电缆隧道前,用风机排除浊气后,放入气体检测仪检测易燃易爆及有毒气体含量等是否在合格范围内,并做好记录;工作时,通风设备保持常开,如感觉气闷,立即返回地面;在通风不畅的电缆隧(沟)道进行长时间工作时,可随身携带有害气体检测仪实时监测,并携带自救呼吸器,发现异常立即返回。在电缆井内工作时,应打开两个及以上井盖,禁止只打开一个井盖(单眼井除外),以保证井下空气流通。

**四、课程总结**

本课程主要介绍了电缆施工的相关安全措施，包括电缆井、沟以及隧道的开启规定，相应工具的使用、标准围栏的设置、井盖的及时回盖，电缆隧道应有充足的照明，并有防火、防水、通风的措施，以及在隧道内进行巡视、作业时需要采取的人身防护措施。

## 案例5：跌落式熔断器上桩头带电，碰触放电导致人员死亡

**一、事故案例**

2001年7月4日，××供电公司配电工区电缆检修班进行电缆抢修工作，现场工作负责人为张×，作业人员赵×。作业前张×对现场危险点进行安全交底，做好安全措施后，赵×开始进行跌落式熔断器下桩头的电缆头更换作业，张×进行安全监护。作业过程中，张×发现赵×持扳手的手部动作过大，刚开口提醒赵×注意保持安全距离，赵×手中的扳手已经与相邻的跌落式熔断器上桩头搭接引起短路，造成赵×触电，送医院抢救后无效死亡。

**二、案例分析**

案例中，作业人员赵×违章作业，作业过程中未与跌落式熔断器上桩头保持足够的安全距离，导致触电身亡，违反《国家电网公司电力安全工作规程　线路部分》中15.2.1.14的规定。

**三、安规讲解**

15.2.1.14　在10kV跌落式熔断器与10kV电缆头之间，宜加装过渡连接装置，使工作时能与跌落式熔断器上桩头有电部分保持安全距离。在10kV跌落式熔断器上桩头有电的情况下，未采取安全措施前，不准在熔断器下桩头新装、调换电缆尾线或吊装、搭接电缆终端头。如必须进行上述工作，则应采用专用绝缘罩隔离，在下桩头加装接地线。作业人员站在低位，伸手不准超过熔断器下桩头，并设专人监护。

上述加绝缘罩工作应使用绝缘工具。雨天禁止进行以上工作。

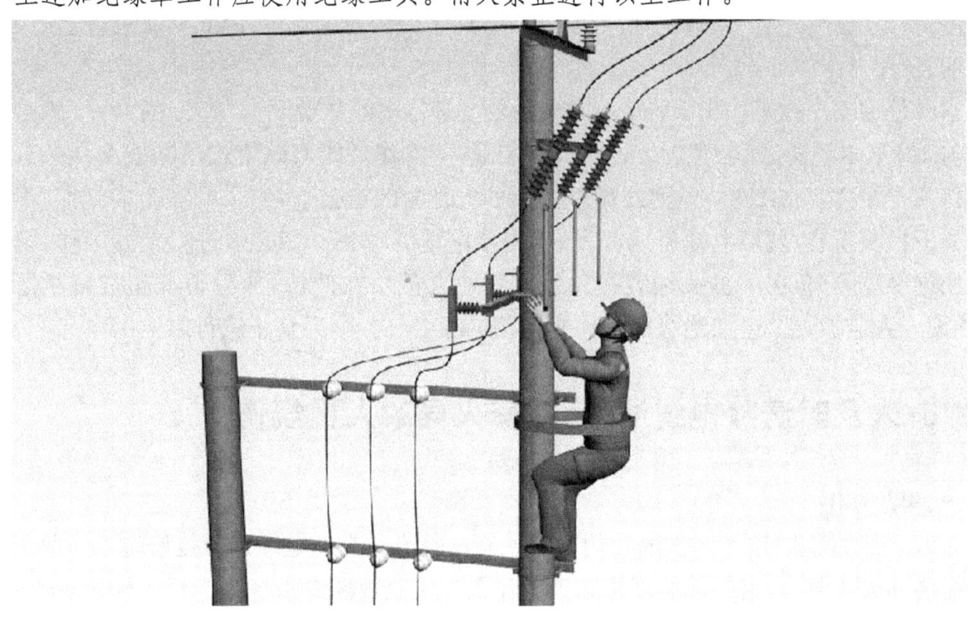

【**解读**】因为10kV跌落式熔断器上桩头与下桩头之间距离较近,而在下桩头停电时,上桩头可能带电、有感应电或者随时有送电的可能,如10kV电缆头直接连接于下桩头,不利于在电缆头上进行工作,所以为保证工作时的安全距离,10kV跌落式熔断器与10kV电缆头之间宜加装过渡连接装置。在10kV跌落式熔断器上桩头有电的情况下,如果在熔断器下桩头新装、调换电缆尾线或吊装、搭接电缆终端头,工作中容易与上桩头带电部分的安全距离不足导致人身触电,因此在未采取有效安全措施前,不准进行。如因某些原因必须进行,则工作前应加装专用绝缘罩进行上、下桩头隔离,并在下桩头加装接地线,防止因安全距离不足发生危险。同时工作人员须站在相对较低的位置上并设专人监护,防止工作中动作幅度过大超过跌落式熔断器下桩头,发生触电伤害。加绝缘罩工作应使用绝缘工具。雨天空气潮湿,电气设备及工器具绝缘性能下降,增加了工作的危险性,因此禁止进行上述工作。

**四、课程总结**

本课程主要介绍了在10kV跌落式熔断器上进行电缆作业时的规定:在10kV跌落式熔断器与10kV电缆头之间,宜加装过渡连接装置,使工作时能与跌落式熔断器上桩头有电部分保持安全距离。在10kV跌落式熔断器上桩头有电的情况下,未采取安全措施前,不准在熔断器下桩头新装、调换电缆尾线或吊装、搭接电缆终端头。如必须进行上述工作,则应采用专用绝缘罩隔离,在下桩头加装接地线。作业人员站在低位,伸手不准超过熔断器下桩头,并设专人监护。上述加绝缘罩工作应使用绝缘工具。雨天禁止进行以上工作。

## 案例6:未及时清除电缆油,意外着火导致人员烧伤

**一、事故案例**

2007年5月18日,××供电公司电缆检修试验班对充油电缆进行抢修施工作业。由于现场需要动火作业,班组提前办理了动火工作票。作业现场由张××担任工作负责人,作业

人员李××进行动火操作。作业前张××安排李××布置现场安全措施，在交代完安全注意事项后，李××在电缆沟旁边进行动火作业。由于充油电缆的电缆油浸湿了地面上的包装纸等杂物，动火作业产生的火星飘落至电缆沟内引燃杂物，导致李××脚部、手部多处严重烧伤。

**二、案例分析**

案例中，现场管理混乱，未对散落地面的电缆油及时清除，动火作业产生的火星引燃电缆沟内易燃物，导致作业人员李××脚部、手部多处严重烧伤，违反《国家电网公司电力安全工作规程　线路部分》中15.2.1.13的规定。

**三、安规讲解**

15.2.1.13　充油电缆施工应做好电缆油的收集工作，对散落在地面上的电缆油要立即覆上黄沙或砂土，及时清除。

**【解读】**充油电缆的主要特点是通过一套包括电缆在内的装置(压力箱、重力箱等)，以补充浸渍剂(如电缆油)来提高电缆的耐压强度。充油电缆施工中电缆油散落地面容易导致工作人员滑倒或车辆失控打滑，特殊情况下还可能引起火灾，所以要做好电缆油的收集工作，并及时对散落地面上的电缆油进行处理。当少量油洒落时，可以用蘸酒精的棉纱布进行擦拭；当洒落油较多时，需要用黄沙或砂土对其进行覆盖。

15.2.1.15　使用携带型火炉或喷灯时，火焰与带电部分的距离：电压在10kV及以下者，不准小于1.5m；电压在10kV以上者，不准小于3m。不准在带电导线、带电设备、变压器、油断路器(开关)附近以及在电缆夹层、隧道、沟洞内对火炉或喷灯加油及点火。在电缆沟盖板上或旁边进行动火工作时需采取必要的防火措施。

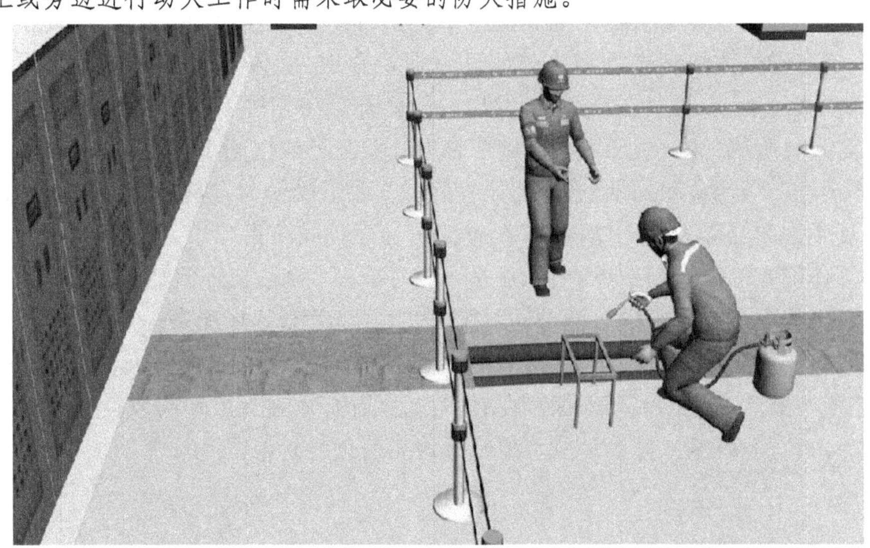

**【解读】**使用火炉或喷灯所产生的油烟、热浪对电气绝缘的危害程度，与火焰至带电设备的距离有关。为了保证高速灼热气流的冲击不致使空气绝缘下降、瓷质表面受损、有机绝缘过热以及充油设备和渗漏油处易燃物品的安全，不发生人身触电及设备事故，必须执行本条规定的安全距离。另外，火炉或喷灯在点火初期会产生大量浓烟，同时火焰较大，燃烧不稳定，容易造成设备闪络或发生火灾，因此不得在带电设备的附近点火，如带电导线、带电设备、变压器、油开关附近等，应先在安全地方点火，待火焰调整正常后，再移至带电设备附近使用。电缆沟内一、二次电缆众多，且沟内可能存在易燃易爆的气体，为保证作业安全，在电缆沟盖板上或旁边进行动火工作前要使用相应的动火工作票，采取必要的防火措施，防止火星掉落电缆沟内。

15.2.1.16 制作环氧树脂电缆头和调配环氧树脂工作过程中，应采取有效的防毒和防火措施。

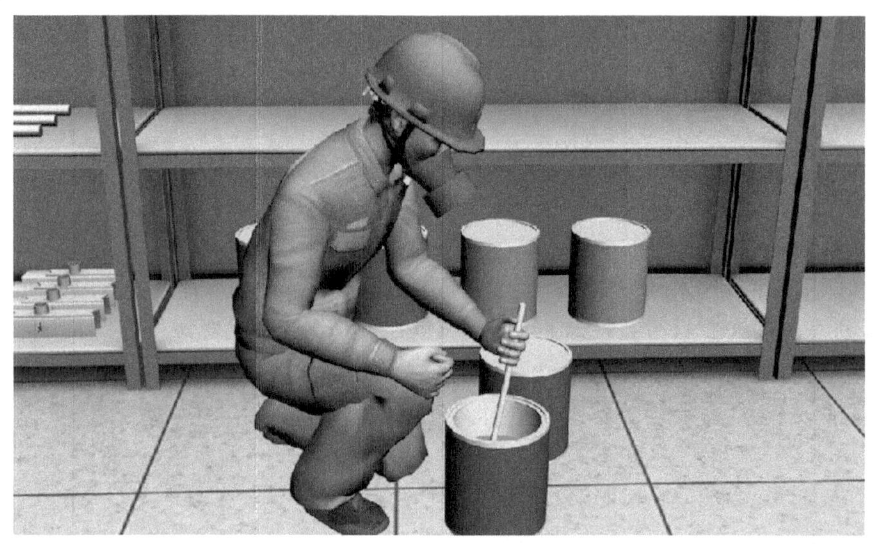

**【解读】**硬化后的环氧树脂，对人体没有毒害，但用以制作环氧树脂电缆终端的原材料，如乙二胺、三乙烯四胺等胺类硬化剂和丙酮等，对人体有一定的危害，所以要做好通风等防毒措施，发现有毒气体浓度过高或人体不适反应严重时，应停止工作并撤离作业环境。另外，由于乙二胺、三乙烯四胺、丙酮等挥发出的气体都是易燃的，工作前必须做好防火措施。为了防止对人员造成危害，做环氧树脂电缆终端和调配环氧树脂工作，可采取的防护措施如下:①工作现场严禁饮食和抽烟，必须通风良好。②手工操作时，应戴医用手套或塑料手套。为了防止硬化剂的烟雾吸入人体，操作人应戴防毒面具或防毒口罩，搅拌工作时，应戴防护眼镜。③工作间隙和工作结束，均要用肥皂水洗手。手、脸粘上环氧树脂或硬化剂时，应及时用酒精(3%的醋酸或柠檬酸溶液亦可)棉纱擦净后，用肥皂水洗涤。④工作服、手套等用过的防护用具要用温肥皂水洗净，保持清洁。下班时应脱下放在规定地点，禁止穿回住宿处或家中，造成污染。⑤硬化剂必须保存在有盖的容器内，放在无人和通风良好的地方。

15.2.1.17 电缆施工完成后应将穿越过的孔洞进行封堵。

**【解读】**敷设的电缆与各种电力设备的连接是通过孔洞、穿墙、人井、桥架、夹层、隧道等方式进行的。为了达到防水、防火、防小动物的要求，在电力电缆敷设安装施工完成后，必须对电缆孔洞封堵，管道与防火墙之间的缝隙应采用阻燃材料填塞并在电缆穿墙处涂上防火漆。封堵的方式根据电缆穿越的孔洞不同采取不同的措施。封堵常用材料有：软性有机堵料（俗称防火胶泥）、凝固无机堵料、防火沙包、防火涂料等。检修施工中被破坏的防火墙或拆卸的孔洞防火材料，需及时进行封堵恢复，运行人员在日常工作中，需定期对站内电缆沟、防火墙进行定期维护检查，发现有裂缝时及时修补。

15.2.1.18　非开挖施工的安全措施：

a)采用非开挖技术施工前，应首先探明地下各种管线及设施的相对位置。

b)非开挖的通道，应离开地下各种管线及设施足够的安全距离。

c)通道形成的同时，应及时对施工的区域进行灌浆等措施，防止路基的沉降。

**【解读】**非开挖铺管技术是指利用岩土导向、定向钻进等手段，在地表不挖槽的情况下，铺设、更换或修复各种地下管线的施工新技术。常用的非开挖方法有顶管施工法、微型隧道施工法、水平螺旋钻进法、水平定向钻进施工法、导向钻进施工法和气动矛施工法。与开挖施工相比，如措施不当，非开挖施工更加容易破坏地下正常运行的电力、通信、自来水等各种管线以及造成地面塌陷,因此必须制定完善的安全措施。要求在施工前,先与相关部门联系,取得地下各种管线及设施图纸资料,并在现场再次核对位置。为防止破坏地下各种如油、电、气管道的安全,非开挖的通道应与各种管线及设施保持足够的安全距离。通道形成的同时,应及时对施工的区域进行灌浆等加固措施,防止路基的沉降。

**四、课程总结**

本课程主要介绍了电缆施工的相关安全措施,包括充油电缆作业时的安全注意事项、电缆作业时使用火炉或喷灯时的安全要求、电缆头制作时的防护要求、施工完成后的孔洞封堵以及非开挖技术施工的安全措施等。

## 案例7:电缆未充分放电,剩余电荷放电致人死亡

**一、事故案例**

2009年11月12日,××供电公司检修试验班在110kV变电站进行10kV出线电缆绝缘电阻测试。工作负责人王××,工作人员为张××等4人。由于测试绝缘电阻需拆除电缆接地线,王××向站上工作许可人李×提出许可申请,13时20分,站上做好了相应的安全措施后,李×通知王××可以开始作业。王××在安排班组人员做好安全措施后,开始测试工作。作业过程中张××在未对电缆设备进行放电的情况下,徒手接触被试电缆,造成电缆剩余电荷放电致人触电死亡。

**二、案例分析**

案例中,作业人员张××未戴绝缘手套,没有对电缆进行充分放电,即开始徒手接触被试电缆,造成触电身亡,违反《国家电网公司电力安全工作规程　线路部分》中15.2.2.3和15.2.2.4的规定。

**三、安规讲解**

15.2.2　电力电缆线路试验安全措施。

15.2.2.1　电力电缆试验要拆除接地线时,应征得工作许可人的许可(根据调控人员指令装设的接地线,应征得调控人员的许可),方可进行。工作完毕后立即恢复。

**【解读】**在电力电缆试验工作中，有些工作需要拆除全部或一部分接地线后才能进行。如测量相对地绝缘，需拆除该相接地线；测量母线和电缆的绝缘电阻时，需拆除接地线，保留短路线；检查断路器相间的同期性以及做电气试验时，需将短路线拆除，保留接地线等。接地是保证安全的技术措施。当试验工作需要拆除接地线时就改变了原有的安全措施，必须征得工作许可人的许可(根据调度员指令装设的接地线，应征得调度员的许可)。工作完毕后应立即恢复被拆除的接地线。

15.2.2.2　电缆耐压试验前，加压端应做好安全措施，防止人员误入试验场所。另一端应设置围栏并挂上警告标示牌。如另一端是上杆的或是锯断电缆处，应派人看守。

**【解读】**电缆耐压试验时，电缆将带有远高于运行时的电压，电缆附近的人员容易因为安全距离不够而造成触电伤害。因此，耐压试验前应在加压端装设遮栏或围栏，向外挂“止步，高压危险!”的标示牌，警示他人不要进入试验场地。电缆另一端也应设置围栏并挂上警示标志牌。当另一端是上杆或是锯断电缆处，电缆的裸露部分有可能伤及误触的人员，此时必须派专人看守，防止他人接近或误触造成触电。看守人员在试验期间没有得到负责人通知，不得擅自离开工作现场。

15.2.2.3　电缆耐压试验前,应先对设备充分放电。

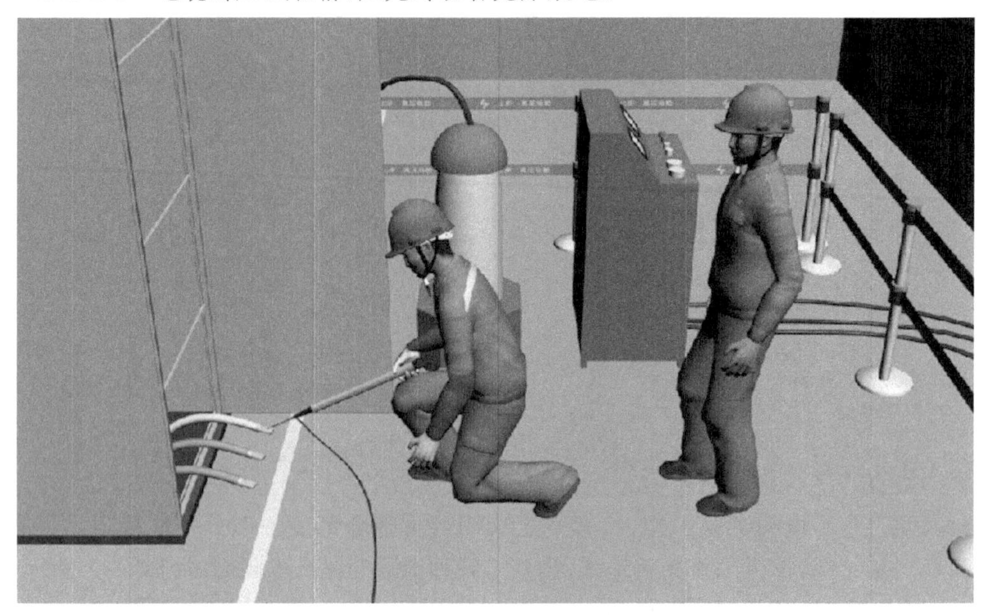

**【解读】**电力电缆属于容性设备,试验之前可能积存一定的电荷,如果试验之前不对电缆进行充分放电,不仅影响测量数据的准确性,还可能会导致试验人员触电或试验仪器的损坏。因此在电缆耐压试验前,要对电缆进行多次、长时间的充分放电。

15.2.2.4　电缆的试验过程中,更换试验引线时,应先对设备充分放电。作业人员应戴好绝缘手套。

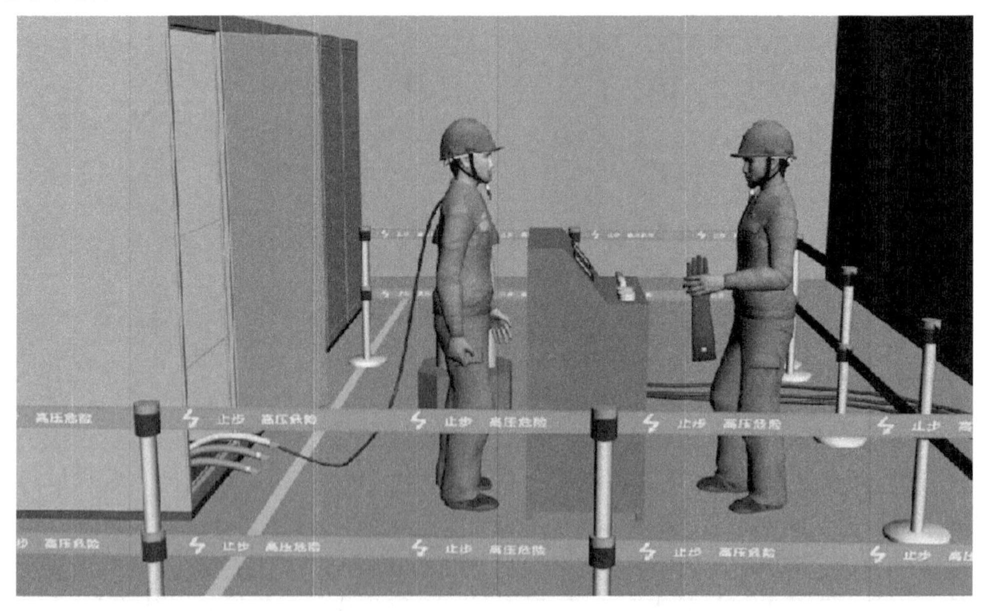


**【解读】**电力电缆试验过程中电缆被加压,通常试验电压要比正常运行电压高几倍,试验过程中电缆会储存大量电能,为防止人员触电及确保下一步试验的准确性,更换试验引线前应对其进行充分放电。放电及更换引线时作业人员应戴好绝缘手套。

15.2.2.5　电缆耐压试验分相进行时，另两相电缆应接地。

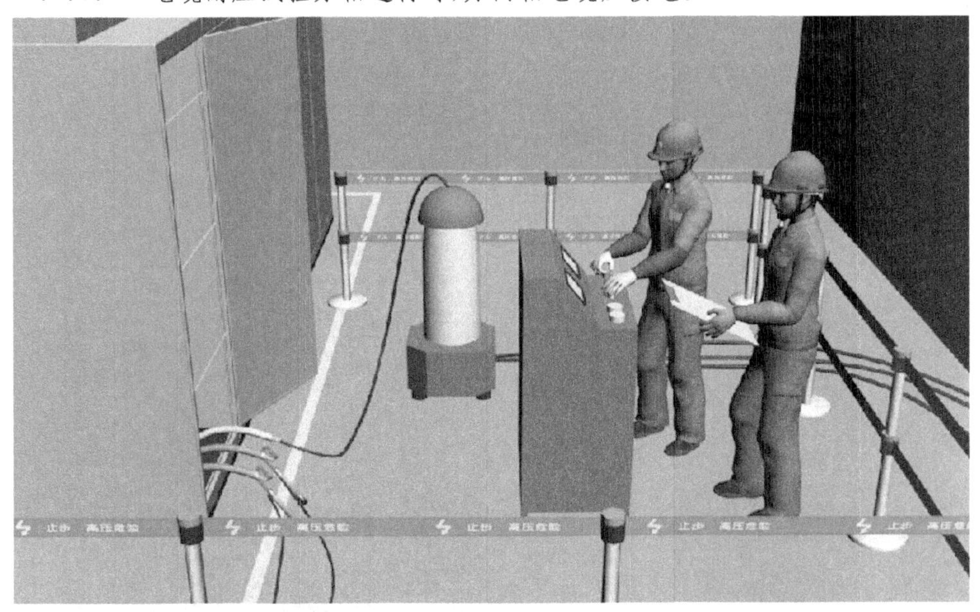


**【解读】**电缆耐压试验逐相进行时，一相电缆加压，另外两相电缆导体、金属屏蔽或金属护套和铠装层应接地。每相试验完毕，先将调压器退回到零位，然后切断电源。被试相电缆要经电阻充分放电并直接接地，然后才可以调换试验引线。在调换试验引线时，人不可直接接触未接地的电缆导体。

15.2.2.6　电缆试验结束，应对被试电缆进行充分放电，并在被试电缆上加装临时接地线，待电缆尾线接通后才可拆除。

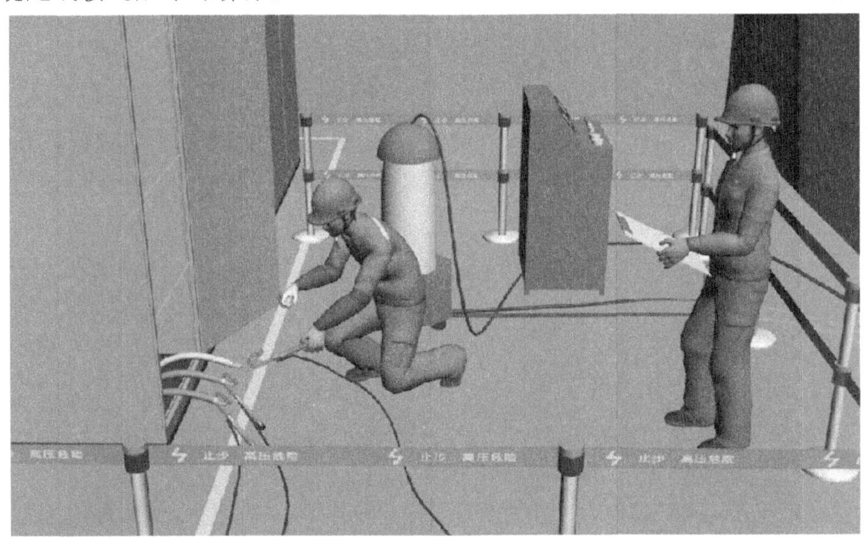


**【解读】**电缆相当于以导体和金属护层为两个极的电容器，具有一定的电容量。电缆试验结束，还会在电缆上残留很高的电压，距离越长，残留电压越高，如果不充分放电，容易对人员和设备的安全造成威胁。电缆在每次做完耐压试验后，必须通过限流电阻放电三次以上，然后用临时接地线接地。在被试电缆上加装临时接地线是防止突然来电或因为其他原因产生感应电压造成作业人员触电伤害,是保证电缆上工作的技术措施。待电缆尾线接通后,电缆通过站内接地刀闸(装置)接地,才可拆除该电缆上的临时接地线。

15.2.2.7 电缆故障声测定点时,禁止直接用手触摸电缆外皮或冒烟小洞。

**【解读】**电缆故障时常用测声法进行故障点的查找。所谓测声法就是根据故障电缆放电的声音进行查找,该方法对于高压电缆芯线对绝缘层闪络放电较为有效。在故障处电缆芯线对绝缘层放电产生“嗞嗞”的火花放电声,再在杂噪声音最小的时候,借助耳聋助听器或医用听诊器等音频放大设备进行查找。查找时,将拾音器贴近地面,沿电缆走向慢慢移动,当听到“嗞嗞”放电声最大时,该处即为故障点。使用该方法一定要注意安全,在试验设备端和电缆末端应设专人看守现场。试验中所用的电压较高,所以不能直接用手触摸电缆外皮或冒烟小洞,以免触电、灼伤。

**四、课程总结**

本课程主要介绍了电力电缆线路试验安全措施,包括:①电缆耐压试验前拆除接地线的工作许可;②电缆耐压试验时电缆两端的安全措施设置要求;③电缆耐压试验时的安全技术措施;④电缆耐压试验的人员防护要求。

# 16　一般安全措施

## 案例 1:违规使用测量工具,设备放电致人死亡

### 一、事故案例

2013 年 10 月 25 日,××供电公司配电工区检修三班准备进行 10kV 变压器更换工作,由于运行时间较长,变压器周围环境发生变化,故进行更换作业前需对设备高度进行重新测量,工作负责人李×安排作业人员刘×、纪××两人负责进行设备高度测量作业。11 时,由于使用的绝缘梯子损坏还没有进行维修,故刘×与纪××找了一个金属梯子代替,到达工作地点核对完设备后由刘×登上梯子,用普通皮卷尺绑在绝缘杆上开始带电测量。因皮卷尺内有金属丝,造成放电致使刘×死亡。

### 二、案例分析

案例中,作业人员刘×未按照要求使用梯子,临近带电设备处使用金属梯子,用内部含有金属丝的普通皮卷尺绑在绝缘杆上进行带电测量,造成放电致使刘×死亡,违反《国家电网公司电力安全工作规程　线路部分》中 16.1.6 与 16.1.4 的规定。

### 三、安规讲解

16.1　一般注意事项。

16.1.1　所有升降口、大小孔洞、楼梯和平台,应装设不低于 1050mm 高的栏杆和不低于 100mm 高的护板。如在检修期间需将栏杆拆除时,应装设临时遮栏,并在检修结束时将栏杆立即装回。临时遮栏应由上、下两道横杆及栏杆柱组成。上杆离地高度为 1050～1200mm,下杆离地高度为 500～600mm,并在栏杆下边设置严密固定的、高度不低于 180mm 的挡脚板。原有高度在 1000mm 的栏杆可不做改动。

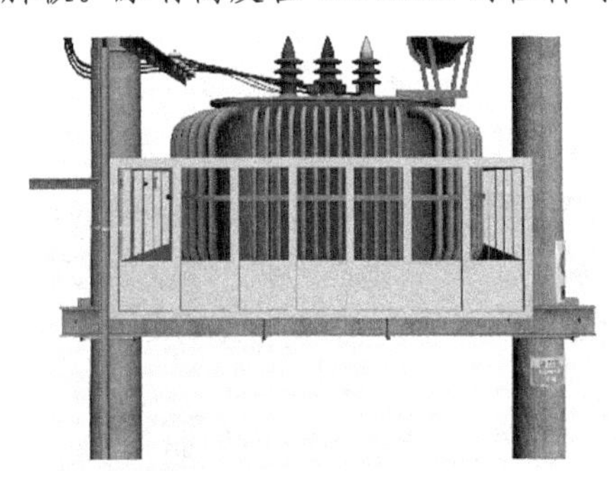

【解读】为了防止人员从升降口、大小孔洞、楼梯和平台上掉落伤害,规定上述部位要装设栏杆。规定栏杆高度 1050mm,这是按成人人体重心高度加上一定安全裕度制定的,这个高度可以有效防止作业人员从栏杆上翻落下去。《高处作业分级》(GB 3608－2008)中还规定,对于特殊高处作业(指高度超过 30m 的高处作业)场所的栏杆,可以适当加高,以增加作业人员的安全感,但增加后的高度不超过 1200mm。实验表明,高度超过 1200mm 在安全感觉上没有明显变化。栏杆下部装设不低于 100mm 高的护板是为了防止工具、零件从作业处掉落砸伤下面的人员。安全分析表明,栏杆下部护板不完整引起物件掉落伤人的事故是较多的,因此,要加强对栏杆护板的检查和维护,使其经常保持完好状态。检修、维护等工作需要拆除栏杆才能作业时,应在相关的部位加设临时遮栏,在工作结束时应将拆除的栏杆恢复原状,并会同运行值班人员到现场检查验收合格后方可办理工作终结手续。原有栏杆高度是 1000mm 的,符合成年人的重心高度,考虑经济性和安全性,可以不做改动。

16.1.2　电缆线路,在进入电缆工井、控制柜、开关柜等处的电缆孔洞,应用防火材料严密封闭。

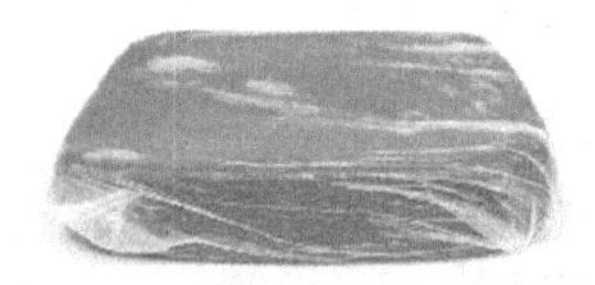

· 防火泥

【解读】电缆的绝缘材料和防护层含有大量碳氢化合物,容易燃烧。电气故障的电弧或周围发生火灾,都会点燃电缆。据试验分析,电缆一旦着火,就会以极快的速度燃烧,当烧至电缆孔洞时,如果楼板、墙壁上的电缆孔洞与电缆之间的缝隙已经用防火材料做严密封堵,电缆燃烧的火势就会熄灭,否则火势会继续蔓延,将火灾扩大到要害部位,造成巨大损失。因此,规定穿过墙壁、楼板的电缆孔洞必须用防火材料严密封堵。对电缆周围留下的较小缝隙,可以用有机耐火堵料充填做严密封堵。封堵泥是一种用于堵没电缆穿越楼板或夹墙孔洞周围空隙的填充物。腻子型封堵泥的特点是常温时始终柔软并有黏附力,在温火焰时呈硬化状态。封堵泥既可以对缝隙进行严密充填,又不易被引燃。没有经过火烧的封堵泥仍保持可塑的软泥状态,更换电缆时可以继续使用;经过火烧硬化的封堵泥不得再次使用。电缆孔洞不能用水泥等坚硬的材料封堵,否则在进行更换工作时会因为粘连造成电缆损坏。预埋穿管中的电缆与内壁之间的缝隙也应做严密封堵;扩建、更改预留或新打开的电缆孔洞,在未穿电缆之前,亦应做严密封堵。否则在发生电缆火灾事故时,一方面穿管中的电缆将继续燃烧;另一方面穿管等塑料类制品燃烧后产生的有毒气体将通过孔洞、缝隙蔓延扩散,威胁人员安全。

16.1.3　特种设备[锅炉、压力容器(含气瓶)、压力管道、电梯、起重机械、场(厂)内专用机动车辆]，在使用前应经特种设备检验检测机构检验合格，取得合格证并制定安全使用规定和定期检验维护制度。同时，在投入使用前或者投入使用后30日内，使用单位应当向直辖市或者设有区的市级特种设备安全监督管理部门登记。

**【解读】**《特种设备安全监察条例》第一章第二条规定："特种设备是指涉及生命安全、危险性较大的锅炉、压力容器（含气瓶，下同）、压力管道、电梯、起重机械、客运索道、大型游乐设施和场（厂）内专用机动车辆"。特种设备使用中对人身、设备的风险较大，要进行重点防护。在使用前应经特种设备检验检测机构检验合格，取得合格证并制定安全使用规定和定期检验维护制度，保证人员操作正确，设备工况符合要求。《特种设备安全监察条例》第二十五条规定："特种设备在投入使用前或者投入使用后30日内，特种设备使用单位应当向直辖市或者设区的市的特种设备安全监督管理部门登记。"

16.1.4　在带电设备周围禁止使用钢卷尺、皮卷尺和线尺（夹有金属丝者）进行测量工作。

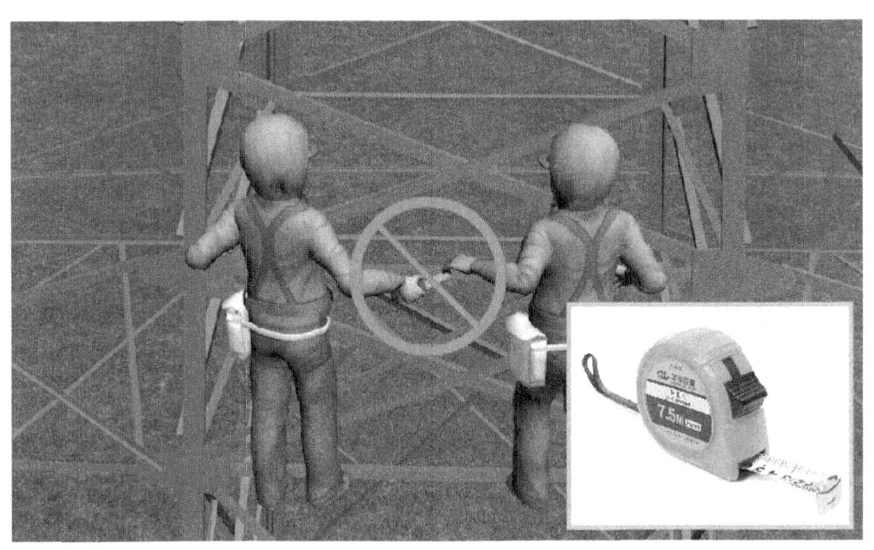

**【解读】**钢卷尺、皮卷尺(中间有强度很高的细金属丝)和夹有金属丝的线尺都是非绝缘物,使用时难以控制。如果在带电设备周围进行测量工作,移动尺子或遇到风吹时,极易碰到带电部分造成人身伤害及设备事故,故严禁在带电设备周围用此类测量工具进行工作。

16.1.5 在户外变电站和高压室内搬动梯子、管子等长物,应两人放倒搬运,并与带电部分保持足够的安全距离。

**【解读】**变电站设备区和高压室内是带电设备较密集的场所,搬运工作存在一定的误碰危险。单人搬动梯子、管子、弹性长物和带有引线的绝缘杆等设备时,容易因被搬运长物前后受力不平衡而失去控制,误触带电设备;也容易因被搬运长物的弹性起伏而难以保持与带电设备的安全距离,造成人身伤害和设备损坏。因此要放倒并两人搬运,并禁止肩扛,便于控制被搬运物体平衡,保持与带电设备的距离,必要时工作中还应设专人监护。

16.1.6 在变、配电站(开关站)的带电区域内或临近带电线路处,禁止使用金属梯子。

**【解读】**在变、配电站的带电区域内或临近带电线路处,带电设备及线路很多,设备情况也很复杂。在搬运、挪动金属梯子的过程中,由于工作中不慎极易发生误碰带电设备情况,造成人身触电,故在此类区域内工作禁止使用金属梯子。

**四、课程总结**

本课程主要介绍了线路作业一般安全措施的一般注意事项,包括:①升降口、大小孔洞、楼梯以及平台的防护栏杆、遮拦的设置标准;②电缆线路孔洞的封堵要求;③特种设备的检测、登记、使用管理规定;④带电设备周围进行测量工作的注意事项;⑤带电区域内搬运、使用梯子时的注意事项。

# 案例2:杆塔设备休息平台维护检查不到位,导致人员高空坠落

**一、事故案例**

2010年8月12日,××检修公司输电运检中心线路运检一班对所属500kV××线路进行停电检修,工作负责人赵××,工作班成员为王××、李××等8人。在交代完安全措施后,赵××进行人员的分工,其中安排李××进行35号塔的鸟窝清除工作,王××负责安全监护。王××和李××赶到作业现场核对杆塔号无误后,李××即登塔进行作业,爬到50m处时,李××使用双手抓住脚钉准备进行转位,由于脚钉锈蚀松动,导致李××从50m处掉落,经抢救无效死亡。

**二、案例分析**

案例中,作业人员李××违章作业,没有按照规定攀登杆塔,双手同时抓住同一脚钉,由于脚钉锈蚀松动,导致其从50m处掉落死亡,违反《国家电网公司电力安全工作规程　线路部分》中16.2.2的规定。

**三、安规讲解**

16.2　设备的维护。

16.2.1　机器的转动部分应装有防护罩或其他防护设备(如栅栏),露出的轴端应设有护盖,以防绞卷衣服。禁止在机器转动时,从联轴器(靠背轮)和齿轮上取下防护罩或其他防护设备。

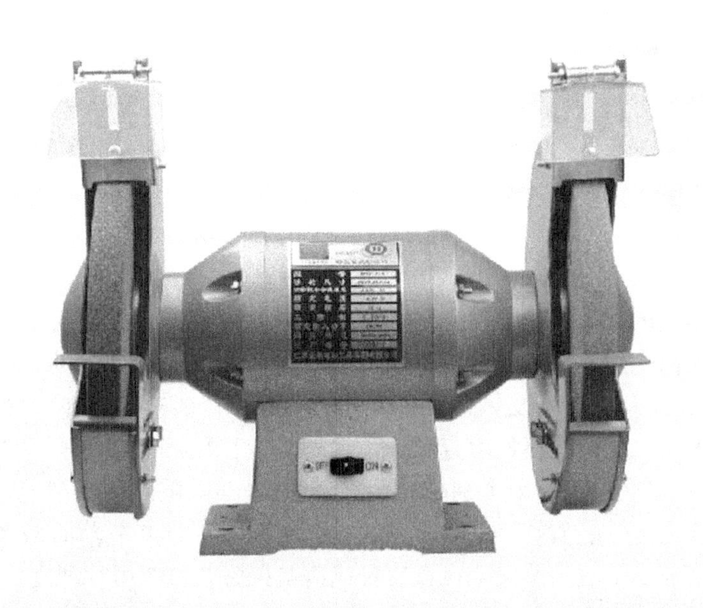


**【解读】**机械设备的转动部分(如轴端、齿轮、靠背轮、砂轮机)和冲、剪、压、切的旋转传动部位必须装有护盖、防护罩或防护栅栏,以防运行中触及转动部分,绞卷手指和衣服。不能安装机械护罩的机器都要使用围栏围住。禁止在机器转动时,从联轴器和齿轮上取下防护

罩或其他防护设备,防止转动中的联轴器或齿轮将人员衣服等绞住或转动物飞出造成人身伤害。电力生产现场,高速转动的机械和旋转传动设备随处可见,这些生产设备在设计时已经考虑了安全防护措施,但现场仍有不少转动机械未加防护罩。大多是设备检修后,检修人员未将转动部分拆掉的护盖、防护罩或防护栅栏装回。另外,一些设备因故障或需要频繁加油,每次检修都要拆开防护罩,于是作业人员把防护罩放在一边成了习以为常的事情,给人员和设备都造成安全隐患。为此,《国家电网公司电力安全工作规程　线路部分》提出了运转中设备的安全要求。

16.2.2　杆塔等的固定爬梯,应牢固可靠。高百米以上的爬梯,中间应设有休息的平台,并应定期进行检查和维护。上爬梯应逐档检查爬梯是否牢固,上下爬梯应抓牢,两手不准抓一个梯阶。垂直爬梯宜设置人员上下作业的防坠安全自锁装置或速差自控器,并制定相应的使用管理规定。

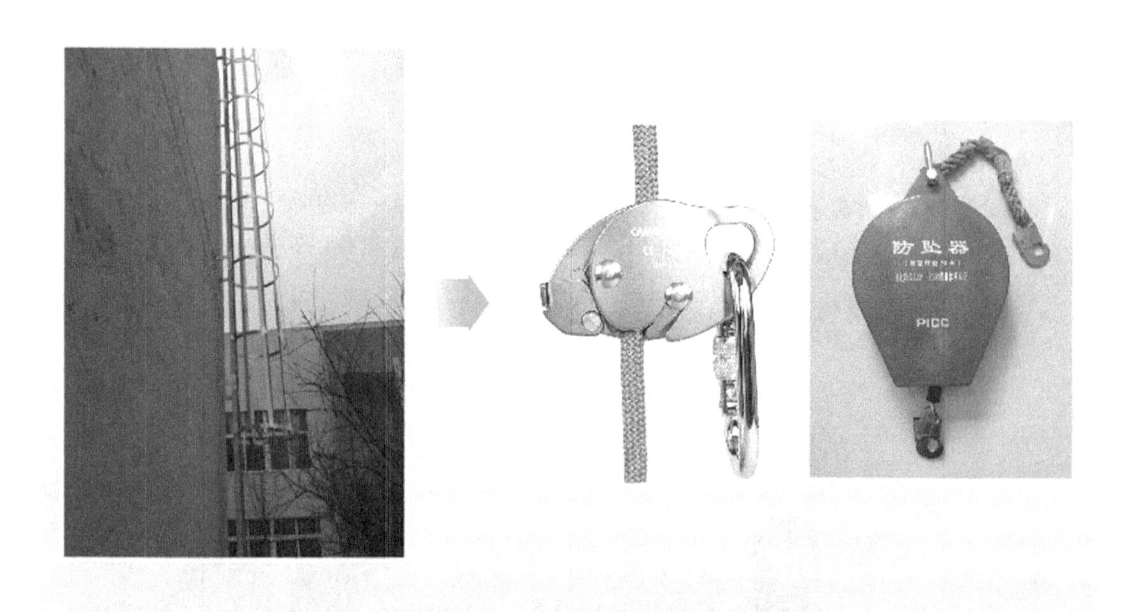


【解读】杆塔等的固定爬梯,是为方便人员上下攀爬,爬梯应牢固可靠,防止松脱造成人员坠落。梯阶距离合适(一般为400～500mm),便于人员上下攀爬。百米以上的爬梯,中间应设休息平台,供工作人员恢复体力。应定期对爬梯进行螺栓紧固、防腐处理等维护,使爬梯完好可用。使用爬梯前应逐档检查爬梯是否牢固。上下爬梯时应抓牢并不准两手同时抓一个梯阶,防止在攀爬过程中因个别梯阶存在锈蚀、松动等缺陷而断裂,致使人员受伤。垂直爬梯的防坠安全自锁装置或速差自控器,能在人员发生意外坠落时减缓下落的冲击力。工作人员在上塔前应了解防坠安全自锁装置或速差自控器的使用管理规定,熟知使用方法,使安全自锁装置或速差自控器起到保护作用。

**四、课程总结**

本课程主要介绍了设备的维护,包括:①带有转动部分的设备的安全防护规定及使用时的安全注意事项;②杆塔等的固定爬梯设置及维护标准、使用规定。

## 案例3：水泵手持水枪绝缘破损且无漏电保护器，漏电致人死亡

**一、事故案例**

2012年6月15日，××检修公司线路工区检修班司机李××从作业现场回到公司，由于作业现场灰尘较多导致车辆表面较脏，所以李××决定在公司内部的洗车地点进行洗车。下午14时30分，李××将车开到洗车房，准备洗车时李××发现水泵的手持水枪绝缘层破损，但李××认为小心些使用没有问题，遂开始冲洗车辆。当李××冲刷车辆后半部时，因水泵电机漏电，造成李××触电死亡。后经查看发现水泵电机没有加装漏电保护器。

**二、案例分析**

案例中，因作业人员李××使用不合格的水泵水枪，导致触电身亡。李××违规操作，使用绝缘破损的手持电动工具，违反《国家电网公司电力安全工作规程　线路部分》中16.3.2的规定；电气设备管理不规范，水泵电机未加装漏电保护器，没有进行定期的检查，违反《国家电网公司电力安全工作规程　线路部分》中16.3.5的规定。

**三、安规讲解**

16.3　一般电气安全注意事项。

16.3.1　所有电气设备的金属外壳均应有良好的接地装置。使用中不准将接地装置拆除或对其进行任何工作。

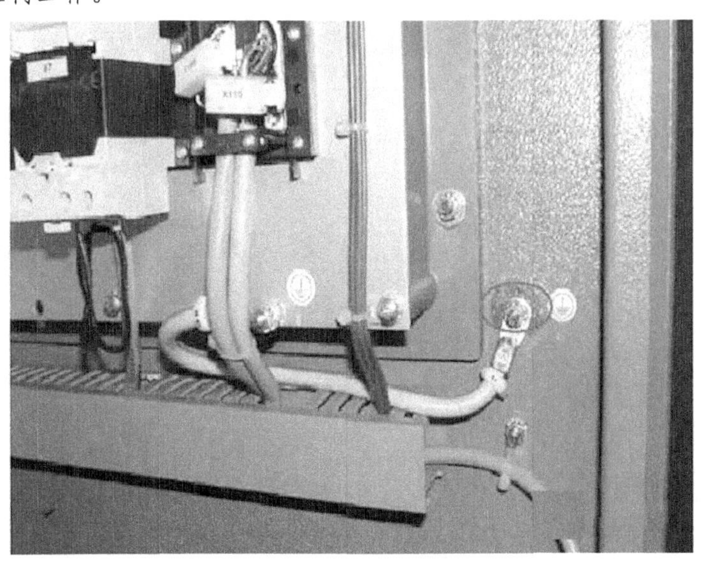

**【解读】**运行中的电气设备金属外壳会产生感应电荷，或因电气部分绝缘老化、不良或损坏时，也会使电气设备的金属外壳带电。如果金属外壳没有良好的接地装置，人员触及金属外壳时，就会造成触电伤害。因此，所有电气设备的金属外壳均应装设良好的接地装置，并在使用中不准将接地装置拆除或对其进行任何工作。

16.3.2　手持电动工器具如有绝缘损坏、电源线护套破裂、保护线脱落、插头插座裂开或有损于安全的机械损伤等故障时，应立即进行修理，在未修复前，不准继续使用。

**【解读】**手持电动工器具如有绝缘损坏、电源线护套破裂、保护线脱落、插头插座裂开,可能会发生漏电或者短路从而造成作业人员触电、工具设备损坏。若存在机械损伤则容易在使用中出现机械故障,引发人身伤害。每次使用手持电动工器具前,应对其进行外观及绝缘性能的安全检查,对于绝缘性能不满足要求或存在漏电可能的不准使用。使用时还应按照有关规定接好漏电保护器,以防止漏电时造成作业人员触电伤害。如果手持工具存在故障,不得使用,应立即找专业人员进行修理,避免使用中造成人员伤害。

16.3.3 遇有电气设备着火时,应立即将有关设备的电源切断。然后进行救火。消防器材的配备、使用、维护,消防通道的配置等应遵守 DL 5027 的规定。

**【解读】**遇到电气设备着火时,应立即切断相关设备的一、二次电源,可有效防止火灾事故进一步扩大、人员触电伤亡及设备损坏事故,然后才可以进行救火,并通知消防部门和相关领导。切断电源时应注意以下几点:①用主开关(油断路器、空气断路器)切断电源,不能随便用隔离开关断开电源,防止带负荷拉隔离开关产生弧光短路,引起人身伤亡及火灾事故扩大。②火灾时,闸刀开关由于受潮或烟熏,其绝缘强度降低,因此在切断电源时最好用绝缘工具操作,操作速度要快。③断开有磁力开关启动的电气设备时,应先断开磁力开关,再断开隔离开关,防止带负荷拉隔离开关产生弧光短路伤人。④需剪断 250V 以上低压导线

时，一次只能剪一根，并要穿绝缘鞋，戴绝缘手套。消防器材的配备、使用、维护，消防通道的配置应符合《电力设备典型消防规程》(DL 5027—2015))的要求。消防器材和设施应选用经国家公安部门批准的定点厂家生产的合格产品，并按周期进行检查维护、测试，时刻保持完好状态。消防设施不得挪作他用。

16.3.4 工作场所的照明，应该保证足够的亮度，夜间作业应有充足的照明。

**【解读】**良好的、合理的照明和采光，对保护工作人员的健康、使工作人员有一个良好的工作环境、保障操作的准确性有着直接的关系。为避免因光线不足，造成人员误碰、误伤、误操作，应保证工作场所有足够亮度的照明，夜间作业应有充足的照明。照明系统的设计应符合《火力发电厂和变电所照明设计技术规定》和《建筑照明设计标准》的规定。为能够提供良好的照明，且避免人员意外触及损坏照明设备及引起人身触电，考虑到平均人身高度，照明灯具的悬挂高度应不低于 2.5m，低于 2.5m 时应设保护罩。

16.3.5 检修动力电源箱的支路开关都应加装剩余电流动作保护器(漏电保护器)，并应定期检查和试验。

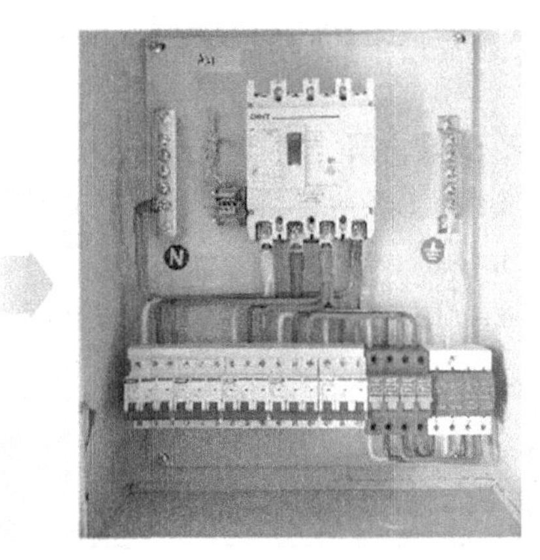

**【解读】**检修电源箱是低压配电设备的一种，用来给检修使用的电气设备提供常规动力电源。由于检修人员工作中经常使用检修动力电源箱，为保护使用人员的安全，防止使用过程中人身触电，要求检修动力电源箱的支路开关必须加装剩余电流动作保护器。剩余电流动作保护器脱扣电流小、判断准确、动作快，是防止人身触电、电气火灾及电气设备损坏的一种有效防护装置。使用中应定期检查并进行跳闸试验，即按动试验按钮，以检查剩余电流动作保护器动作是否可靠。每当雷击或其他原因使剩余电流动作保护器动作后，也应做检查及进行跳闸试验。

**四、课程总结**

本课程主要介绍了一般电气安全注意事项，包括：①电气设备金属外壳的接地装置要求；②手持电动工器具的使用规定；③电气设备灭火的注意事项；④工作场所的照明要求；⑤剩余电流动作保护器的设置、使用、管理规定。

# 案例4:违章指挥使用不合格的器具导致人员重伤

**一、事故案例**

2015年11月15日,××供电公司输电运检室检修二班在公司厂房内对杆塔塔材进行切割研磨作业,现场由工作负责人张××负责,工作班成员赵××、孙××等10人进行切割作业。作业前,赵××、孙××发现所用砂轮机没有防护罩,遂向工作负责人进行了汇报,张××认为只要小心作业,不会发生危险,要求两人继续作业,孙××拒绝作业,但是赵××听从工作负责人的指令开始作业。在对塔材进行研磨时,由于切割压力较大导致砂轮突然破裂,导致未带防护眼镜的赵××脸部重伤。

**二、案例分析**

案例中,工作负责人违章指挥,使用没有防护罩的砂轮机进行作业,作业人员赵××未拒绝,且作业中未按照要求佩戴防护器具,研磨时,由于切割压力较大导致砂轮突然破裂,导致赵××脸部重伤,违反《国家电网公司电力安全工作规程　线路部分》中16.4.1.8的规定。

**三、安规讲解**

16.4　工具的使用。

16.4.1　一般工具。

16.4.1.1　使用工具前应进行检查,机具应按其出厂说明书和铭牌的规定使用,不准使用已变形、已破损或有故障的机具。

**【解读】**工具在使用之前进行检查试验,是现场安全把关,确保工具合格、良好的有效方法。机具的使用必须严格遵守设备说明书和铭牌的要求,避免错误操作导致设备损坏、人身伤害。变形、破损或有故障的机具在使用中容易出现意外,伤及人身,因而不得使用。

16.4.1.2　大锤和手锤的锤头应完整,其表面应光滑微凸,不准有歪斜、缺口、凹入及裂纹等情形。大锤及手锤的柄应用整根的硬木制成,不准用大木料劈开制作,也不能用其他材料替代,应装得十分牢固,并将头部用楔栓固定。锤把上不可有油污。禁止戴手套或单手抡大锤,周围不准有人靠近。狭窄区域使用大锤应注意周围环境,避免反击力伤人。

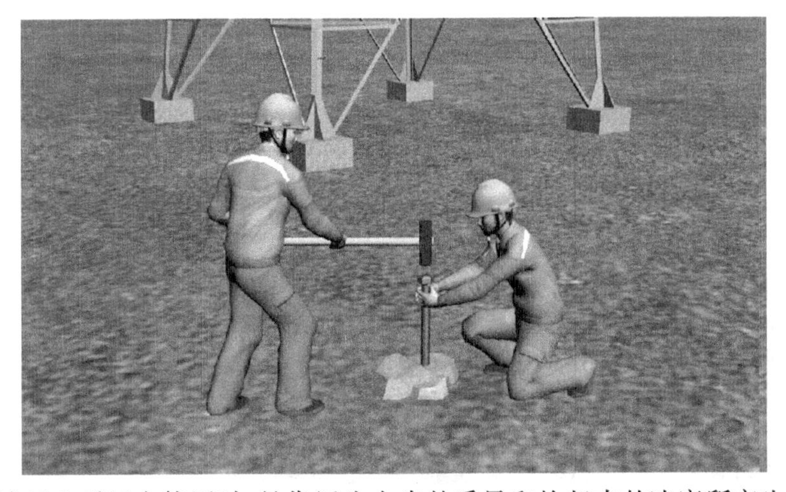

【解读】大锤和手锤在使用时，是靠锤头自身的质量和抡起来的速度所产生的冲击力进行作业的。由于速度很快，产生的冲击力很大，如果锤头有歪斜、缺口、裂纹或者锤头凹入等缺陷，在打击硬质（如钢钎等）受力物体时，冲击力可能使锤头滑脱或使存在缺陷的部分碎裂飞出，伤及作业人员。木材的强度不像钢材那样具有各向同性，而是具有各向异性。顺木纹的木材具有较高的抗弯曲强度，而斜木纹特别是横木纹木材的抗弯曲强度就很小。如果将大木料劈开以后制作大锤或手锤的手柄，劈开部分木材内部的木纹就不可能都是顺木纹的，也可能有斜木纹的，甚至某些部位可能有横木纹的。因此，用其制作手柄时，强度很不可靠，在使用中经受很大的冲击力时，手柄可能会折断，使锤头飞出造成作业人员或周围人员受到伤害。锤把本身比较光滑，如沾有油污，使用中会更加光滑，易从手中滑脱，造成人员伤害。大锤的重量比较大，锤把也长，戴手套或者单手抡大锤时，大锤的锤把也容易从手中脱出去，造成人员伤害。在狭窄区域，使用大锤应注意周围环境，避免锤的反击力伤害自己或周围人员。

16.4.1.3 用凿子凿坚硬或脆性物体时（如生铁、生铜、水泥等），应戴防护眼镜，必要时装设安全遮栏，以防碎片打伤旁人。凿子被锤击部分有伤痕不平整、沾有油污等，不准使用。

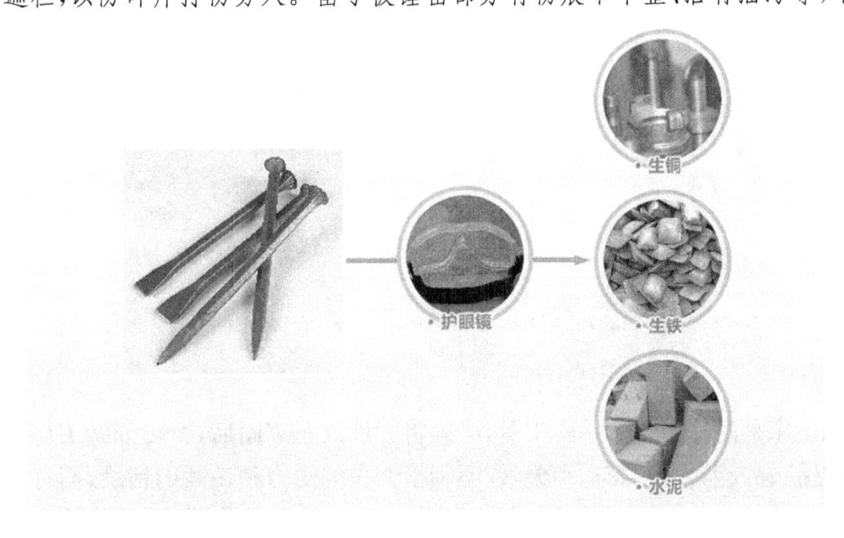

**【解读】**使用凿子凿击硬或脆性物体时,容易造成凿击物体碎片飞溅,为了保护眼睛,作业人员应戴防护眼镜。若因凿击工作产生的飞溅碎片对周围人员的人身安全造成了威胁,则要采取相应的安全措施,如设置遮栏或挡板。为了防止使用时出现打滑等意外,凿子被锤击部分如出现不平整、有油污等情况时不准使用。

16.4.1.4 锉刀、手锯、木钻、螺丝刀等的手柄应安装牢固,没有手柄的不准使用。

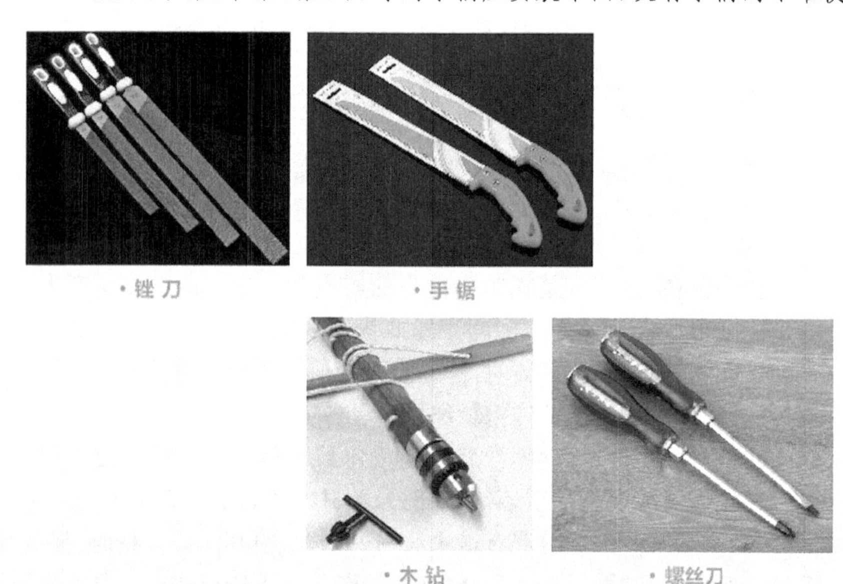

·锉刀 ·手锯 ·木钻 ·螺丝刀

**【解读】**锉刀、手锯、木钻、螺丝刀等工具要安装手柄,并要安装牢固。为了防止使用时手柄脱落造成人员意外伤害,手柄松动时,应及时加固处理。没有安装手柄的应禁止使用。

16.4.1.5 使用钻床时,应将工件设置牢固后,方可开始工作。清除钻孔内金属碎屑时,应先停止钻头的转动。禁止用手直接清除铁屑。使用钻床时不准戴手套。

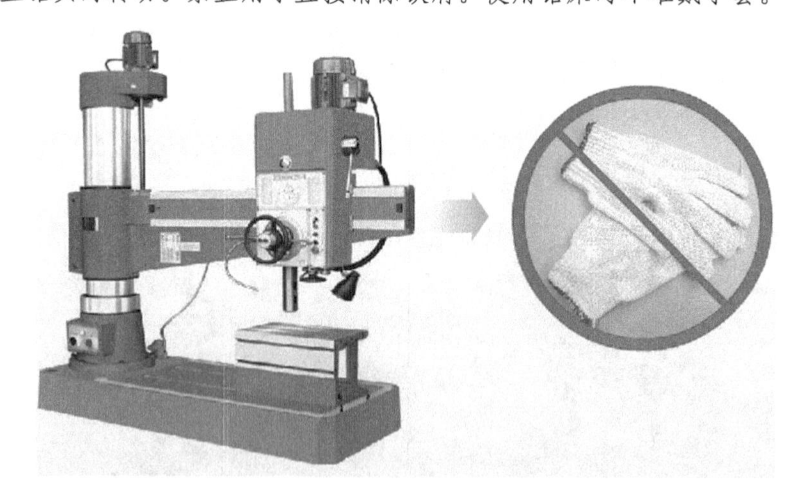

**【解读】**钻床是高速旋转的钻孔工具,必须将工件设置牢固后,方可开始工作。否则接触时工件会因钻头的旋转发生震动和偏转,不利于钻头的受力和钻孔的精度,而有可能发生工件飞出伤人的情况。若在钻头转动的情况下清理钻孔内金属碎屑,手部易被钻头绞伤。钻下来的铁屑很锋利，直接用手去清理，很容易把手割伤。钻头上有螺纹刀刃，戴手套使用钻床，手套可能被转动中的钻头绞住而造成人身伤害。

16.4.1.6 使用锯床时，工件应夹牢，长的工件两头应垫牢，并防止工件锯断时伤人。

**【解读】**使用锯床作业前应先将工件夹牢，长的工件两头应垫牢，防止工件滑脱砸落伤人，也可避免锯片（锯条）受力不均，破碎伤人。使用锯床作业时应做好针对工件锯断时坠落伤人的防控措施。

16.4.1.7 使用射钉枪、压接枪等爆发性工具时，除严格遵守说明书的规定外，还应遵守爆破的有关规定。

• 射钉枪

• 压接枪

**【解读】**射钉枪、压接枪等爆发性工具，具有很强的破坏性和危险性，使用中要注意安全，确保不伤及人身。对此类爆发性工件的管理和使用必须严格按照说明书执行，另外，还必须遵守《手持式电动工具的管理、使用、检查和维修安全技术规程》（GB/T 3787—2017）和《爆破安全规程》（GB 6722—2014）等爆破的相关规定。

应经常调节防护罩的可调护板，使可调护板和砂轮间的距离不大于 1.6mm。

应随时调节工件托架以补偿砂轮的磨损，使工件托架和砂轮间的距离不大于 2mm。

使用砂轮研磨时，应戴防护眼镜或装设防护玻璃。用砂轮磨工具时应使火星向下。禁止用砂轮的侧面研磨。

无齿锯应符合上述各项规定。使用时操作人员应站在锯片的侧面，锯片应缓慢地靠近被锯物件，不准用力过猛。

16.4.1.8 砂轮应进行定期检查。砂轮应无裂纹及其他不良情况。砂轮应装有用钢板制成的防护罩,其强度应保证当砂轮碎裂时挡住碎块。防护罩至少要把砂轮的上半部罩住。禁止使用没有防护罩的砂轮(特殊工作需要的手提式小型砂轮除外)。砂轮机的安全罩应完整。

**【解读】**本条规定是根据《金属切削机床 安全防护通用技术条件》(GB/T 9061—2006)的要求,结合砂轮机产品的结构特征,并参照《可移式电动工具的安全》(GB 13960.5—2008):"第二部分:台式砂轮机的专用要求"制定的。砂轮使用前,应认真检查各部件是否松动,轮片有无残缺裂纹。砂轮机的安全罩应合格、完整,防止磨削工件时产生的碎屑及砂轮碎片飞出伤人。可调护板和砂轮间的距离不大于1.6mm,能有效地防止磨削时飞出的砂粒、火花、磨屑物、粉尘等对人体的伤害。砂轮在打磨过程中,自身会出现磨损,从而加大砂轮与工件托架之间的距离。距离过大时,防护罩起不到保护的功能,所以要随时调节。砂轮机的托架与砂轮间的距离一般应保持2mm以内,否则容易发生磨削件被扎入的现象,甚至会造成砂轮破裂,飞出伤人等事故。使用砂轮研磨时,应戴防护眼镜或装设防护玻璃,防止碎屑溅入眼睛造成伤害。用砂轮磨工具时应使火星向下,避免火星上扬飞出伤人、引起火灾。不准用砂轮的侧面研磨,否则极易导致砂轮破裂,伤及人身。无齿锯的情况类同于砂轮,使用时应符合上述各项规定。无齿锯工作时人员站在侧边也是为了防止碎屑进入眼睛。锯片应缓慢地靠近被锯物件,不准用力过猛,否则有可能造成设备损坏、人身伤害等。

**四、课程总结**

本课程主要介绍了线路检修作业中所使用的一般工具的使用规定,包括使用前的检查,按照出厂说明书和铭牌的规定使用,不准使用不合格的机具,大锤和手锤,凿子,锉刀、手锯、木钻、螺丝刀等带有手柄的工具,钻床,锯床,射钉枪、压接枪等爆发性工具,砂轮等使用时的安全注意事项以及防护要求。

## 案例5：使用长期未使用的电气工具前未检测，无保护措施触电致死

### 一、事故案例

2012年10月6日，××供电公司输电运检室检修四班对班组停电检修所用塔材进行焊接，工作地点为工区所属厂房内，作业由工作负责人赵××负责，由高××、李××等4人进行塔材设备的焊接作业。作业前工具管理人员已经提醒工作负责人焊机已经将近一年没有使用，但是赵××认为不会出现问题，直接下令开始作业，使用前也未对其绝缘电阻进行检测，当作业人员李××徒手合上电源、手扶焊机时，被击倒在地，送医院抢救无效后死亡。经检测，由于故障，该电焊机带电部分与外壳之间绝缘破坏且金属外壳的接地未连接。

### 二、案例分析

案例中，作业人员李××违规操作，使用带有金属外壳的焊机时，未按要求佩戴绝缘手套，使用长期未使用的电气工具，未提前进行绝缘电阻测量，外观检测不认真，未发现电焊机的接地没有进行良好连接的缺陷，违反《国家电网公司电力安全工作规程　线路部分》中16.4.2.2、16.4.2.7和16.4.2.4的规定。

### 三、安规讲解

16.4.2　电气工具和用具。

16.4.2.1　电气工具和用具应由专人保管，每6个月应由电气试验单位进行定期检查；使用前应检查电线是否完好，有无接地线；不合格的禁止使用；使用时应按有关规定接好剩余电流动作保护器(漏电保护器)和接地线；使用中发生故障，应立即修复。

**【解读】**电气工具和用具的维护和管理，应设专人管理，电气工具的出入库要建立专用台账，并做好领用记录。应至少每6个月由电气试验单位对电气工具进行一次检查，以便能够

及时发现缺陷、及时维修。工作人员使用前,应检查电气工具电线是否完好,有无接地线,还应按照有关规定连接好剩余电流动作保护器,以防止使用中造成人员触电伤害。规程还规定电气工具以及剩余电流动作保护器、接地线等发生故障,要立即停止使用,待专业人员修理后再继续使用。

16.4.2.2　使用金属外壳的电气工具时应戴绝缘手套。

**【解读】**使用金属外壳的电气工具,可能因设备原因或使用不当造成绝缘损坏、外壳带电,造成人身触电,故使用时应戴绝缘手套。

16.4.2.3　使用电气工具时,禁止提着电气工具的导线或转动部分。在梯子上使用电气工具,应做好防止感电坠落的安全措施。在使用电气工具工作中,因故离开工作场所或暂时停止工作以及遇到临时停电时,应立即切断电源。

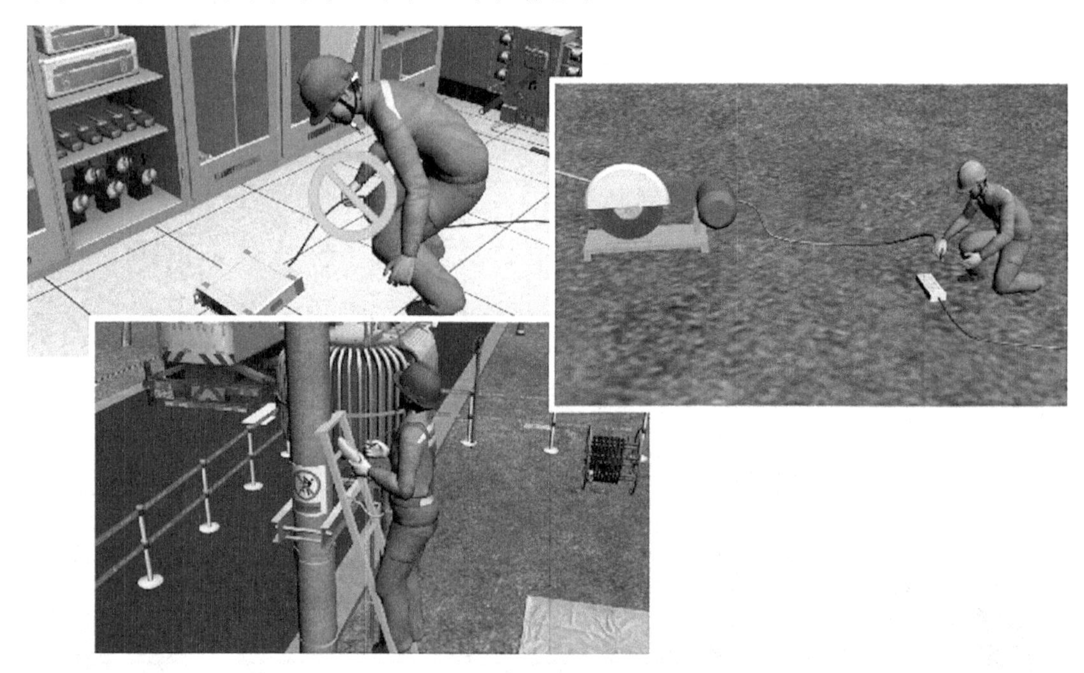

**【解读】**电气工具的导线机械强度是有限的,尤其是导线与工具的连接部分,更容易受到外力损伤。如果提着电气工具的导线,将会使电源导线及与工具连接处的荷重加大,可能导致导线及其连接处受到损伤破坏绝缘,引起电气工具使用时漏电造成作业人员触电。如果用手提着电气工具的转动部分,电气工具一旦突然转动起来,将造成使用人员意外人身伤害。在梯子上使用电气工具时,因靠近带电设备而存在感应电,致使作业人员有感电坠落的风险,故应采取防止作业人员感电坠落的安全措施。在使用电气工具时,如果作业人员需要离开工作场所或暂时停止工作,应该将电气工具的工作电源切断,以防止他人误动引起工具突然转动对人员造成伤害。工作中临时停电时,也应将电气工具的操作开关关闭并切断工作电源,以防止送电后电气工具突然转动,对作业人员造成伤害。

16.4.2.4　电动的工具、机具应接地或接零良好。

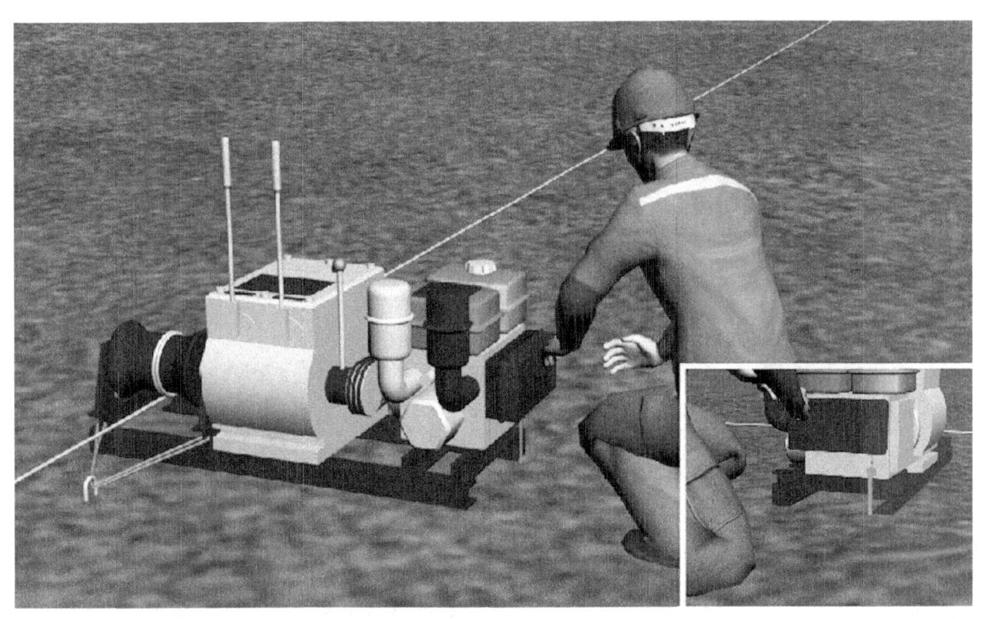

**【解读】**为防止电气设备因金属外壳意外带电时造成人员触电伤害，将与电气设备带电部分相绝缘的金属外壳或架构同接地体之间做良好的连接，称为保护性接地。保护接零的作用是当电气工具的带电部分意外与其金属外壳接触时，如果人员触及工具金属外壳，则此时通过外壳形成该相对零线的接地短路，保护装置动作将立即切断电源，而且由于零线是接地的，在保护装置动作前，已降低了带电外壳的对地电压，从而消除了触电的危险。综上所述，为防止人身因电气设备绝缘损坏而发生触电，电动的工具、机具应接地或接零良好。

16.4.2.5　电气工具和用具的电线不准接触热体，不要放在湿地上，并避免载重车辆和重物压在电线上。

**【解读】**电线绝缘部分经受的温度超过许可的温度值，绝缘物质会因烧伤而失去绝缘性

能。电线放在潮湿的地方,易因绝缘受潮导致绝缘性能降低。载重车辆和重物压在电线上会导致导线损伤、绝缘破损。以上情况均可能引发接地、短路故障、人员触电等事故,因此应予禁止。

16.4.2.6 移动式电动机械和手持电动工具的单相电源线应使用三芯软橡胶电缆;三相电源线在三相四线制系统中应使用四芯软橡胶电缆,在三相五线制系统中宜使用五芯软橡胶电缆。连接电动机械及电动工具的电气回路应单独设开关或插座,并装设剩余电流动作保护器(漏电保护器),金属外壳应接地;电动工具应做到"一机一闸一保护"。

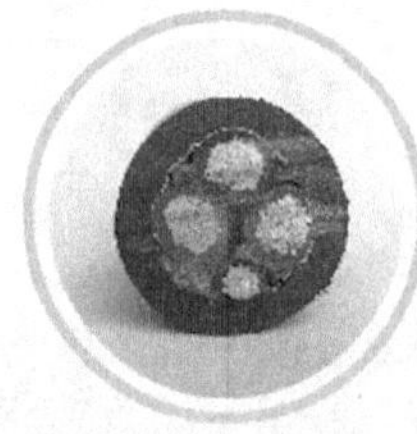


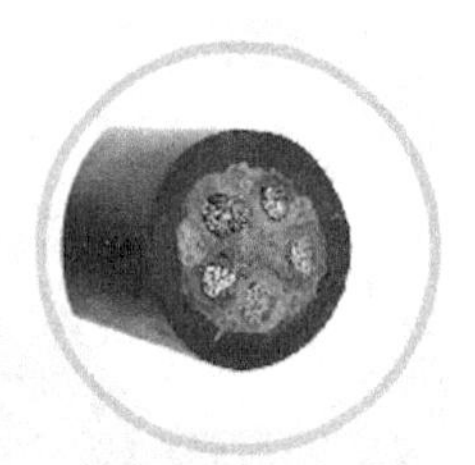


**【解读】**移动式电动机和手持电动工具因需要经常移动,所以需要选用软质橡胶电缆,防止折损,漏电伤人,电缆芯数应和使用要求相一致,确保备有相应的地线或零线。三相四线制为三根相线加零线;三相五线制为三根相线加一根零线、一根地线。三相五线制比三相四线制多一根保护地线,用于安全要求较高、设备要求统一接地的场所。每台电动机械及电动工具都要有单独的保护装置,保护装置包括开关和剩余电流动作保护器(剩余电流动作保护器应连接在电动工具的金属外壳上),这就是"一机一闸一保护"。

16.4.2.7 长期停用或新领用的电动工具应用500V的绝缘电阻表测量其绝缘电阻,如带电部件与外壳之间的绝缘电阻值达不到2MΩ,应进行维修处理。对正常使用的电动工具也应对绝缘电阻进行定期测量、检查。

**【解读】**如果电动工具的带电部件与外壳之间的绝缘电阻值过小,使用中可能出现较大

的泄漏电流，将威胁使用人员的安全。根据《手持式电动工具的管理、使用、检查和维修安全技术规程》(GB/T 3787—2017)的规定，对于电动工具绝缘电阻的测量，应选用500V绝缘电阻表，测量带电部件与外壳之间的绝缘电阻，如果电阻值达不到2MΩ，应进行维修处理。长期停用或新领用的电动工具由于不能准确地确定其绝缘性能，故使用前要进行绝缘电阻检测，如果达不到要求则不能使用。对正常使用的电动工具，也应定期对其绝缘电阻进行测量、检查，以便及时发现隐患予以修复。

16.4.2.8 电动工具的电气部分经维修后，应进行绝缘电阻测量及绝缘耐压试验，试验电压参见GB 3787—2006《手持式电动工具的管理、使用、检查和维修安全技术规程》中的相关规定。试验时间为1min。

**【解读】**电动工具的电气部分经过维修后，绝缘性能可能发生变化，为了确保绝缘强度合格，应进行绝缘电阻测量及绝缘耐压试验。为了考验电气设备绝缘的可靠性，按照规定电压标准(有时也根据设备具体的运行情况确定试验电压)和时间进行的试验就称之为耐压试验。绝缘耐压试验对发现设备绝缘内部的集中性缺陷很有效。但同时在试验过程中也有可能使设备绝缘损坏，或者使原来已经存在的潜伏性缺陷有所发展(而不是击穿)，造成绝缘有一定程度的损伤。因此，耐压试验是一种破坏性试验。根据《电气装置安装工程电气设备交接试验标准》(GB 50150—2016)规定，电动工具的耐压时间为1min，电压选用额定工作电压。试验一方面是为了使有弱点的绝缘得以暴露(特别是绝缘发生热击穿需要一定的时间)；另一方面又不使耐压时间过长，以免引起不应有的击穿。一般来说，只要设备经过1min的工频耐压试验，不发生闪络、击穿或损坏现象，则认为它们的绝缘合格。另外，工频耐压试验操作、调试都比较方便，是检验电气设备耐电强度的基本试验。

16.4.2.9 在一般作业场所(包括金属构架上)，应使用Ⅱ类电动工具(带绝缘外壳的工具)。在潮湿或含有酸类的场地上以及在金属容器内应使用24V及以下电动工具，否则应使用带绝缘外壳的工具，并装设额定动作电流不大于10mA，一般型(无延时)的剩余电流动作保护器(漏电保护器)，且应设专人不间断地监护。剩余电流动作保护器(漏电保护器)、电源连接器和控制箱等应放在容器外面。电动工具的开关应设在监护人伸手可及的地方。

**【解读】**按照《特低电压(ELV)限值》(GB/T 3805—2008)规定，潮湿或含有酸类的场地上以及在金属容器内安全电压值为24V。在潮湿或含有酸类的场地上以及在金属容器内应使用24V及以下电动工具。否则，应使用带绝缘外壳的工具，并装设额定动作电流不大于10mA，一般型(无延时)的剩余电流动作保护器，当漏电情况出现，剩余电流达到10mA时，剩余电流动作保护器切断电源，以保障人身安全。同时还应设专人不间断监护，防止意外发生。监护人应在电源开关附近，遇到紧急情况及时拉开开关，断开电源，防止事态扩大。剩余电流动作保护器、电源连接器和控制箱等应放在容器外面，这样是为了防止剩余电流动作保护器、电源连接器和控测箱等设备放在金属容器里面，一旦这些设备故障漏电，特别是剩余电流动作保护器电源侧的设备故障漏电，将会使金属容器带电，造成作业人员触电伤害。

**四、课程总结**

本课程主要介绍了电气工具和用具的保管、使用、试验等规定，包括：①电气工具和用具的保管及使用前的检查；②电气工具使用前的人身防护措施；③电动工具的接地和剩余电流保护器设置要求;④电动工具的测量、检查以及试验要求标准;⑤电动工具使用场所的分类要求及使用时的安全注意事项。

## 案例6:违规使用潜水泵,导致人员触电死亡

### 一、事故案例

2008年8月13日,××供电公司输电运检室检修三班巡视人员陈××在进行线路巡视时发现由于最近长时间下雨,110kV××线路××号杆塔基础由于所处低洼地带积水严重,导致杆塔周围土层泡水塌陷,工区要求班组立即使用潜水泵进行排水作业,作业由王××担任工作负责人,作业班组人员包括张××、周××等5人。领取潜水泵后,工作负责人王××未组织人员对潜水泵进行常规检查即开始现场作业,潜水泵启动一段时间突然停止运转,工作负责人王××便要求作业人员张××进行查看。在查看时潜水泵再次启动,张××被漏电的潜水泵电击,经抢救无效死亡。

### 二、案例分析

案例中,作业前工作负责人王××未对潜水泵的电气防护装置进行检查,潜水泵停止运转后,王××违章指挥作业人员张××对正在运行的潜水泵进行检查,导致张××被电击死亡,违反《国家电网公司电力安全工作规程　线路部分》中16.4.3.2及16.4.3.1-d)的规定。

### 三、安规讲解

16.4.3　潜水泵。

16.4.3.1　潜水泵应重点检查下列项目且应符合要求:

a)外壳不准有裂缝、破损。

b)电源开关动作应正常、灵活。

c)机械防护装置应完好。

d)电气保护装置应良好。

e)校对电源的相位,通电检查空载运转,防止反转。

**【解读】**潜水泵的外壳如果出现裂缝、破损,使用时,水会由裂缝、破损处流入潜水泵内

部，造成设备损坏；为确保潜水泵出现异常的时候能够及时关闭，在使用前要检查电源开关是否动作正常、灵活。潜水泵在水底工作时，产生的水流易卷起沙石等异物撞击泵体，所以机械防护装置必须满足要求；良好的电气保护装置能够在潜水泵出现短路、漏电等故障时及时自动切断电源，有效防止可能引发的人身、设备伤害。另外，还应核对电源相位，通电检查电机的空载旋转方向。某些类型的潜水泵正转和反转时皆可出水，但反转时出水量小、电流大，其反转会损坏电机绕组，甚至造成意外人身伤害。

16.4.3.2　潜水泵工作时，泵的周围30m以内水面禁止有人进入。

【解读】本条规定是为了避免潜水泵漏电引起人身触电，引用自《建筑机械使用安全技术规程》(JGJ 33－2012)中13.18.3的规定。

**四、课程总结**

本课程主要介绍了潜水泵的使用规定，包括：①潜水泵的重点检查项目以及相应的要求，包括外观、电源开关、机械防护、电气保护、电源的相位；②潜水泵使用时的安全注意事项。

## 案例7：大风天气未配备消防器材开展露天作业造成经济损失

**一、事故案例**

2003年10月12日，××检修公司输电运检中心运检六班组织开展500kV××线路××号杆塔塔号牌更换作业，工作负责人为王××，作业人员为张××等15人。通过前期现场勘察作业人员发现由于运行时间较长，塔号牌部分支架连接松动，班组决定使用电焊机进行焊接作业，班组提前办理了动火工作票。在做好现场安全措施后，作业人员张××开始作业，王××进行安全监护。由于现场风速较大，吹落的高温火种飘落至杆塔周边堆放的木材,等作业人员从附近村庄找到灭火器赶来抢救时,木材已经全部燃烧完毕,经济损失达数十万元。

**二、案例分析**

案例中,现场安全措施不到位,没有及时清理周边易燃物或采取有效措施,作业现场没有配备消防器材,违反《国家电网公司电力安全工作规程　线路部分》中 16.5.3 的规定;现场违章作业,在大风的天气下开展露天动火作业,违反《国家电网公司电力安全工作规程　线路部分》中 16.5.4 的规定。

**三、安规讲解**

16.5　焊接、切割。

16.5.1　不准在带有压力(液体压力或气体压力)的设备上或带电的设备上进行焊接。在特殊情况下需在带压和带电的设备上进行焊接时,应采取安全措施,并经本单位批准。对承重构架进行焊接,应经过有关技术部门的许可。

**【解读】**如果在带有压力的设备上进行焊接,在焊接过程中高温会融化一部分外壳,导致设备外壳焊接部位的承压能力下降或压力释放、外壳爆裂,危及人身安全。在带电设备上进行焊接时,高温会破坏带电设备的绝缘层,可能导致触电事故,影响设备运行。遇有特殊情况必须要在带压或带电设备上进行焊接时,必须要采取完善的安全措施,并经单位分管生产的领导(总工程师)批准才可进行。对承重构架进行焊接作业会降低构架的承重能力,因此在焊接前,须经过有关技术部门的许可方可进行。

16.5.2　禁止在油漆未干的结构或其他物体上进行焊接。

**【解读】**在油漆未干的结构或其他物体上进行焊接时，未干的油漆中含有大量挥发性的可燃物质，可能会迅速燃烧并发展为火灾。特别是对于承受应力较大的结构，在温度急剧升高的情况下，材质的强度将会显著降低，使结构发生变形，失去稳定甚至垮塌。

16.5.3　在重点防火部位和存放易燃易爆场所附近及存有易燃物品的容器上使用电、气焊时，应严格执行动火工作的有关规定，按有关规定填用动火工作票，备有必要的消防器材。

**【解读】**重点防火部位和存放易燃易爆物品的场所都对防火工作有严格的要求。焊接过程中产生的大量火花和灼热的金属溶液，存在飞溅到易燃易爆物品上的可能；或者在易燃物品容器上的焊接作业致使其内部易燃物品受热，都有导致火灾和爆炸的可能。因而在这些地方使用电、气焊存在较大的危险性，应严格执行动火工作的有关规定，履行动火票制度，采取有效的安全措施，达到防火防爆的目的。作业现场应配备足够的、符合作业环境的消防器材。

16.5.4 在风力超过5级及下雨雪时,不可露天进行焊接或切割工作。如必须进行时,应采取防风、防雨雪的措施。

**【解读】**采取防风措施,是为了防止电弧或火焰吹偏。采取防雨雪措施,是为了防止焊缝冷却速度加快而产生冷裂纹。

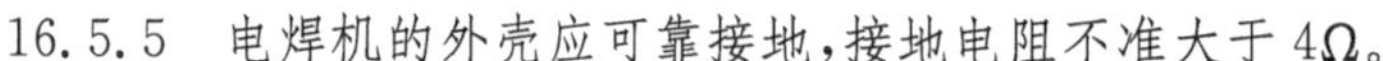
16.5.5 电焊机的外壳应可靠接地,接地电阻不准大于4Ω。

**【解读】**电焊机的外壳如果没有良好地接地,在电焊机导电部分的绝缘损坏发生漏电时,电焊机的外壳上将带有产生漏电部分的工作电压。当有人误触电焊机的外壳时,就会造成触电伤害。因此,电焊机(电动发电机或电焊变压器)的外壳以及工作台,必须有良好的接地,以防止在电焊机发生漏电情况时,发生人员误触电焊机外壳造成触电伤害事故。电焊机接地电阻不得大于4Ω,遵守《电力设备接地设计技术规程》(SDJ 8—79)“低压电力设备接地装置的接地电阻，不宜超过 4Ω”的规定。接地装置可广泛应用自然接地极，如与大地有可靠连接的建筑物的金属结构。如果自然接地极电阻超过 4Ω，通常用电阻不大于 4Ω 的铜棒或无缝钢管打入地面 1m 以下作为人工接地极。接地的导线应有良好的导电性，其截面积不得小于 12mm$^2$，接地线应用螺丝压接。几台设备的接地线不准串联接入接地极。此外，电焊机的电源应有独立的熔断器或剩余电流动作保护器，以便能可靠及时地切断设备的泄漏电流，保证作业人员安全。

**四、课程总结**

本课程主要介绍了焊接、切割作业的相关规定，包括：①焊接、切割作业使用场所的规定；②重点防火部位使用电、气焊时应采取的安全措施；③电焊机的技术标准要求。

## 案例 8：违规运送气焊气瓶导致爆炸伤人

**一、事故案例**

2011 年 11 月 25 日，××供电公司输电运检室检修七班进行 110kV 杆塔接地线焊接，经过现场勘察，班组决定使用气焊进行作业。工作负责人高××安排作业人员赵××、李××与司机张××负责将气瓶运送至作业现场。由于作业地点距离公司较远，当装好氧气瓶后，赵××提出将乙炔瓶一同进行运输，这样比较节省时间，李××当场同意。两人将气瓶随意放置在车厢后，没有进行固定，就开车赶往作业地点。由于路面比较颠簸，导致气瓶内气体泄漏，在经过一处较大坑洼处时，气瓶磕碰引发的火星导致混合气体发生爆炸，导致三人不同程度受伤。

**二、案例分析**

案例中，作业人员未尽到职责，运输时未按照要求摆放、固定气瓶，违反《国家电网公司电力安全工作规程　线路部分》中 16.5.8 的规定；运送气瓶不安全，将氧气瓶与乙炔瓶同一车厢内同时运送，违反《国家电网公司电力安全工作规程　线路部分》中 16.5.9 的规定。

**三、安规讲解**

16.5.6　气瓶的存储应符合国家有关规定。

【解读】气瓶的存储应符合《气瓶安全监察规定》(国家质监总局令第166号)等国家有关规定,要求如下:①应置于专用仓库储存,气瓶仓库应符合《建筑设计防火规范》(GB 50016—2014)的有关规定。②仓库内不得有地沟、暗道,严禁明火和其他热源,仓库内应通风、干燥、避免阳光直射。③盛装易起聚合反应或分解反应气体的气瓶,必须根据气体的性质控制仓库内的最高温度、规定储存期限,并应避开放射线源。④空瓶与实瓶应分开放置,并有明显标志,毒性气体气瓶和瓶内气体相互接触能引起燃烧、爆炸、产生毒物的气瓶,应分室存放,并在附近设置防毒用具或灭火器材。⑤气瓶放置应整齐,并戴好瓶帽。立放时,要妥善固定;横放时,头部朝同一方向。

16.5.7 气瓶搬运应使用专门的抬架或手推车。

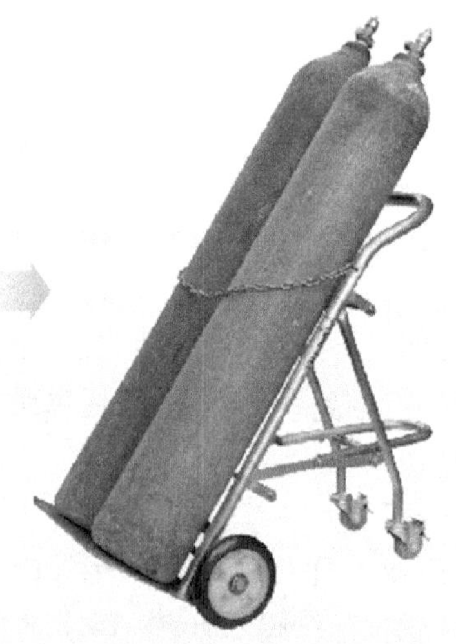

【解读】气瓶内气体的压力很高。气瓶的强度虽有安全裕度,但在搬运、装卸过程中,如果发生剧烈的碰撞、冲击时,容易发生爆炸。尤其在冬天,瓶体容易因撞击而发生脆性爆炸。因此,在运输气瓶时,必须对气瓶采取固定措施,防止运输过程中在车辆上发生滚动、碰撞。搬运气瓶时应使用专门的抬架或手推车,不得直接用肩膀扛运或用手搬运,并且要轻装轻卸。

16.5.8 用汽车运输气瓶时,气瓶不准顺车厢纵向放置,应横向放置并可靠固定。气瓶押运人员应坐在司机驾驶室内,不准坐在车厢内。

**【解读】**用汽车运输气瓶时，为防止气瓶在运输途中由于汽车速度变化而滚动、损伤瓶阀，致使气体外泄，甚至发生爆炸，要求气瓶不准顺车厢纵向放置，应横向放置并可靠固定，避免气瓶在汽车行驶中滚动、撞击。押运人员应坐在驾驶室内，不准坐在车厢内，避免因气瓶滚动、漏气甚至爆炸等造成伤害。

16.5.9　禁止把氧气瓶及乙炔气瓶放在一起运送，也不准与易燃物品或装有可燃气体的容器一起运送。

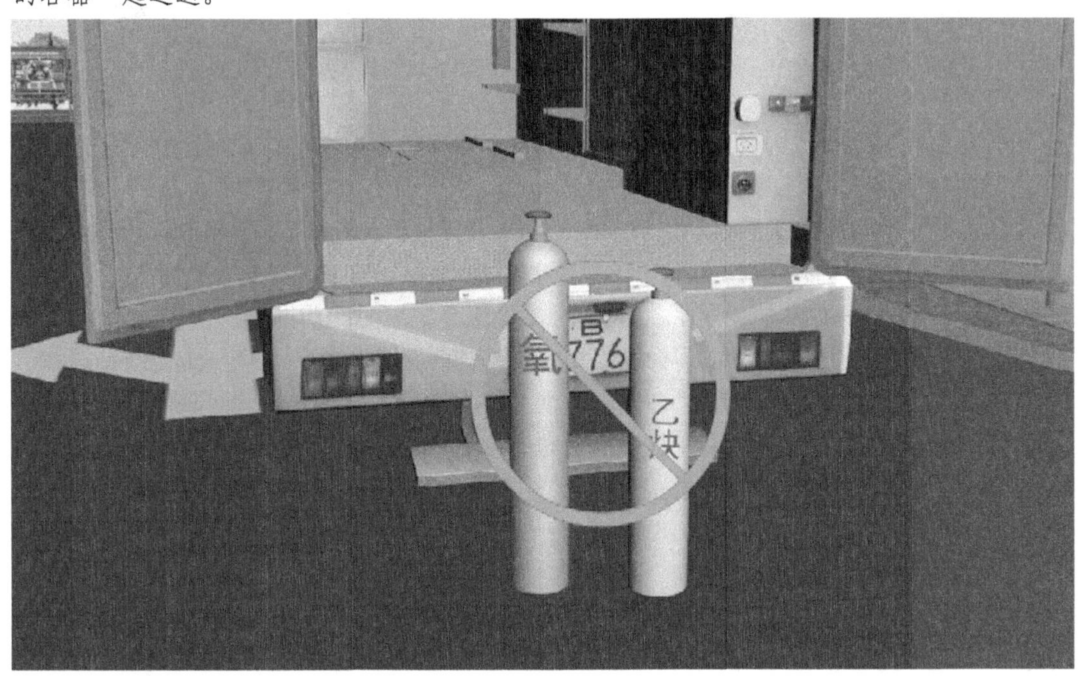


**【解读】**氧气是强助燃物质，接触到易燃、可燃物质时将产生强烈的氧化作用，特别是与易燃物质或可燃气体接触、混合时，易发生燃烧、爆炸。把氧气瓶和乙炔气瓶以及其他易燃物品、装有可燃气体的容器等一起运送，由于颠簸、振动等影响，可能使气瓶、容器等发生泄

漏,漏出来的氧气与易燃物品或可燃气体接触、混合,易发生燃烧、爆炸事故。因此,严禁把氧气瓶与乙炔气瓶放在一起运送,也不准把氧气瓶与易燃物品或装有可燃气体的容器一起运送,以防止在运送过程中发生燃烧、爆炸事故。

16.5.10　氧气瓶内的压力降到0.2MPa(兆帕),不准再使用。用过的气瓶上应写明“空瓶”。

**【解读】**正常的大气压力约为0.1MPa,氧气瓶压力要保留0.2MPa及以上是为了使气瓶保持正压,预防可燃气体倒流入气瓶,而且在充气时便于化验瓶内气体成分。在用过的气瓶上标注“空瓶”标记加以区分,防止错用。

16.5.11　使用中的氧气瓶和乙炔气瓶应垂直放置并固定起来,氧气瓶和乙炔气瓶的距离不准小于5m,气瓶的放置地点不准靠近热源,应距明火10m以外。

**【解读】**若氧气瓶或乙炔瓶水平放置使用,则气流会把瓶内的锈蚀粉末或填充液体、固体带入减压器,使减压器受伤、堵塞,所以使用时需要垂直放置,并加以固定,防止倾倒造成气体泄漏、燃烧或爆炸等意外。为防止氧气瓶、乙炔瓶气体泄漏发生意外燃烧或爆炸,应将两者的距离保持在5m以外。如果在气瓶附近进行锻造、焊接等明火工作,或者吸烟,可能会引起气瓶泄漏的可燃性气体发生燃烧或爆炸,并引起连锁反应,造成严重后果。故气瓶应远离明火10m以外,确保安全。

**四、课程总结**

本课程主要介绍了线路作业中气焊作业的相关规定,包括:①气瓶存储、搬运时的相关规定;②氧气瓶与乙炔瓶使用时的安全注意事项;③氧气瓶使用结束的标准及相应处置要求。

## 案例9:抢修电缆仅办理动火工作票,未办理事故抢修单致5人死亡

**一、事故案例**

2008年10月12日,××供电公司电缆运检室检修六班对所属10kV××电缆进行抢修作业。因为现场需要动火,该班组施工前仅办理了一张二级动火工作票,没有办理相应的工作票,到达现场后发现该电缆为充油电缆,需在电缆注油设备附近进行动火。工作负责人孙×认为重新办理一级动火工作票太麻烦,小心一些不会出现问题,所以做好现场安全措施后,宣布开始作业。由于注油电缆的注油设备存在残余油液,在动火作业时引发剧烈燃烧爆炸,造成包括工作负责人孙×在内的5人死亡。

**二、案例分析**

案例中,工作负责人没有正确组织工作,没有按照规定办理相应的动火工作票,违反《国家电网公司电力安全工作规程　线路部分》中16.6.2的规定;现场作业没有办理相应的工作票,使用动火工作票代替检修工作票,无票作业,违反《国家电网公司电力安全工作规程　线路部分》中16.6.5的规定。

**三、安规讲解**

16.6　动火工作。

16.6.1　在防火重点部位或场所以及禁止明火区动火作业,应填用动火工作票。其方式有下列两种:

a)填用线路一级动火工作票(见《国家电网公司电力安全工作规程　线路部分》附录O)。

b)填用线路二级动火工作票(见《国家电网公司电力安全工作规程　线路部分》(附录P)。

本规程所指动火作业,是指直接或间接产生明火的作业,包括熔化焊接、切割、喷枪、喷灯、钻孔、打磨、锤击、破碎、切削等。

【解读】动火工作票是电力企业严格执行动火管理制度的一个重要体现,是禁火区动火的书面依据。办理动火工作票的过程能使动火工作涉及人员明确各自的责任,以便做到层层负责、人人把关,共同对动火安全负责。办理动火工作票的过程又是具体落实动火安全措施的过程。在禁火区动火前办理动火工作票,是重要的、必要的,可以有效地防止火灾、爆炸事故的发生,确保人身和生产安全。防火重点部位是指火灾危险性大、发生火灾损失大、伤亡大、影响大(简称"四大")的部位和场所。一般来讲,凡是生产、使用、储存可燃气体、可燃液体、助燃气体、氧化剂和易燃固体的设备、容器、管道及周围 10m 范围内,称禁火区。如果在该区域使用喷灯、电钻、砂轮等器械作业,产生的火焰、火花和炽热铁屑,飞溅或掉落到易燃易爆物品上,就会引起燃烧、爆炸。因此,在防火重点部位或场所以及禁止明火区动火的作业,应填用相应动火工作票,并严格执行动火管理制度。

16.6.2 在一级动火区动火作业,应填用一级动火工作票。

一级动火区,是指火灾危险性很大,发生火灾时后果很严重的部位或场所。

【解读】一级动火工作票适用于一级动火区。属于一级动火区的主要部位或场所有:油区和油库围墙内;油管道及与油系统相连接的设备,油箱(除此之外的部位列为二级动火区域);危险品仓库及汽车加油站、液化气站内;变压器等注油设备、蓄电池室(铅酸);其他需要纳入一级动火管理的部位。在上述动火范围进行动火工作,如果控制不力,将会产生严重的后果,应按照动火制度使用一级动火工作票,工作中加强监护,严格控制工作流程。

16.6.3 在二级动火区动火作业,应填用二级动火工作票。

二级动火区,是指一级动火区以外的所有防火重点部位或场所以及禁止明火区。

【解读】二级动火工作票适用于二级动火区。属于二级动火区的主要部位或场所有:油管道支架及支架上的其他管道;动火地点有可能火花飞溅落至易燃易爆物体附近;电缆沟道(竖井)隧道内、电缆夹层;调度室、控制室、通信机房、电子设备间、计算机房、档案室;其他需要纳入二级动火管理的部位或场所。在上述动火范围进行动火工作,如果控制不力,也会产生较为严重的后果，应按照动火制度使用二级动火工作票，工作中亦应加强监护，严格控制工作流程。

16.6.4 各单位可参照(见《国家电网公司电力安全工作规程 线路部分》附录Q和现场情况划分一级和二级动火区，制定出需要执行一级和二级动火工作票的工作项目一览表，并经本单位批准后执行。

**【解读】**《国家电网公司电力安全工作规程 线路部分》附录中只将部分典型动火区进行了总体划分，各单位可根据现场实际情况，参照规程中动火区划分原则，对动火区域等级进行详细划分，并经本单位分管生产领导或技术负责人(总工程师)批准后形成书面标准，增强动火区分类的可操作性。

16.6.5 动火工作票不准代替设备停复役手续或检修工作票、工作任务单和事故紧急抢修单，并应在动火工作票上注明检修工作票、工作任务单和事故紧急抢修单的编号。

**【解读】**动火工作票不是孤立存在的，而是当某项检修工作内容涉及动火工作时才开具相应动火票，并针对工作中防火、防爆进行危险因素分析并制定相应的安全防范措施，满足动火工作中防火、防爆的需求。因此，动火工作票不能代替设备停送电手续或检修工作票、工作任务单和事故应急抢修单。应在动火工作票上标注对应检修工作票、工作任务单和事故抢修单的编号，便于核对查找，避免错误执行。

**四、课程总结**

本课程主要介绍了动火工作的相关规定，包括：①动火作业的含义以及采取的方式；②动火作业的等级划分及具体包括内容；③动火工作票与工作票等之间的关联性。

## 案例10：违规填写签发工作票致使操作人员误操作死亡

**一、事故案例**

2007年7月20日，××供电公司输电运检室检修六班对10kV 135线路1号杆进行动火作业。由于工作负责人临时有事，所以工作负责人打电话通知工作票签发人张××临时代替担任现场工作负责人。在交代完安全注意事项后，张××宣布开始作业。由于动火工作票填写潦草，操作人员李××误把10kV 135线路1号杆中的“5”看成“6”，遂在相邻的10kV 136线路1号杆上进行动火作业，当作业人员李××到断路器附近准备作业时，由于手部碰触到了带电设备，导致李××触电死亡。

**二、案例分析**

案例中，动火工作票填写不清楚，导致作业人员误上带电杆塔，违反《国家电网公司电力安全工作规程 线路部分》中16.6.6.1的规定；工作票执行管理混乱，工作负责人由工作票签发人兼任。违反《国家电网公司电力安全工作规程 线路部分》中16.6.6.4的规定。

**三、安规讲解**

16.6.6 动火工作票的填写与签发。

16.6.6.1 动火工作票应使用黑色或蓝色的钢(水)笔或圆珠笔填写与签发，内容应正确，填写应清楚，不准任意涂改。如有个别错、漏字需要修改，应使用规范的符号，字迹应清楚。用计算机生成或打印的动火工作票应使用统一的票面格式,由工作票签发人审核无误,手工或电子签名后方可执行。

动火工作票一般至少一式三份,一份由工作负责人收执、一份由动火执行人收执、一份保存在安监部门(或具有消防管理职责的部门,指线路一级动火工作票)或动火部门(指线路二级动火工作票)。若动火工作与运行有关,即需要运维人员对设备系统采取隔离、冲洗等防火安全措施者,还应多一份交运维人员收执。

**【解读】**如果动火工作票填写得不清楚或任意涂改,在执行过程中由于识别或理解错误将可能造成执行中的防火措施不完善等,危及工作中人身、设备安全。因此,动火工作票应使用黑色或蓝色的钢(水)笔或圆珠笔填写与签发,填写与签发必须正确、清楚,不得任意涂改,以保持严肃性。对个别一般的错漏字可以进行修改,但应使用规范符号,字迹应清楚,防止模糊不清造成工作票不能正确执行。用计算机生成或打印的动火工作票应使用统一的票面格式,由工作票签发人审核无误,手工或电子签名后方可执行。动火工作票在办理工作许可手续以后,至少填写一式三份,发给动火作业相关的各方妥善保存:第一份由工作负责人收执,保存在工作地点,作为工作负责人向工作班成员交代动火工作的安全注意事项、检查现场安全措施落实情况的书面凭证;第二份由动火执行人收执,作为了解动火设备、地点,动火作业内容,掌握安全措施方法的依据;第三份送交安监部门或动火部门,便于了解动火工作内容及作业中采取的安全措施、消防措施。若动火工作与运行有关,需要运行值班人员对设备采取隔离、冲洗等防火安全措施时,还应多填写一份动火工作票交予运行人员执存,便于运行人员掌握工作内容、设置安全措施。未完成的动火工作票应随检修工作票按值移交。

16.6.6.2　线路一级动火工作票由申请动火的工区动火工作票签发人签发,工区安监负责人、消防管理负责人审核,工区分管生产的领导或技术负责人(总工程师)批准,必要时还应报当地地方公安消防部门批准。

线路二级动火工作票由申请工区动火工作票签发人签发,工区安监人员、消防人员审核,动火工区分管生产的领导或技术负责人(总工程师)批准。

**【解读】**本条规定明确了动火工作票的签发、审核、批准工作,应由具有相应资格的部门、人员担任。由于动火工作的危险性、重要性,动火工作票需相应的监管部门对其工作内容、安全措施依次审核,并经本部门(车间、分公司、工区)分管生产的领导或技术负责人(总工程师)批准,方可执行。相对于线路二级动火工作票,线路一级动火工作票要求的安全级别更高,对特别危险区域、重点要害部门和影响较大的场所的动火工作票,不仅需要本部门安监负责人、消防管理负责人审核,还需当地公安消防部门批准,方可进行作业。

16.6.6.3　动火工作票经批准后,由工作负责人送交运维许可人。

**【解读】**动火工作对安全措施要求十分严谨,出于确保安全考虑,强调动火工作票批准后应由工作负责人送交运行许可人。运行许可人应认真审核动火工作票内容,若有疑问,要向工作负责人询问清楚;还要检查所列安全措施是否正确完备,必要时要进行补充完善。

16.6.6.4　动火工作票签发人不准兼任该项工作的工作负责人。动火工作票由动火工作负责人填写。

动火工作票的审批人、消防监护人不准签发动火工作票。

**【解读】**动火工作票签发人、工作负责人、工作审批人和消防监护人,具有不同的安全职责,可有效地对作业安全进行全方位监督,层层把关,共同保证动火工作的必要性、动火工作票内容的正确性及所列安全措施是否完善,保证作业人员的安全。工作票签发人对工作负责人填写的工作票有复核把关作用。如果工作票签发人兼任工作负责人,将失去工作票签发人应有的监督把关作用。动火工作票审批人负责工作的安全性和必要性,负责审查工作票上所列的安全措施是否正确完备、是否符合现场条件。如果动火工作票审批人签发工作票,就失去了安全把关的作用。消防监护人负责动火作业现场的消防设施、消防安全措施的监督,无法对工作整体的必要性、安全性及所做安全措施的正确完备完全掌控,所以不准签发动火工作票。动火工作票应由动火工作负责人填写。因为动火工作负责人负责组织开展现场的动火作业,需要掌握现场环境情况,制定完备的安全措施,正确安全地组织动火工作,所以由动火工作负责人填写动火工作票最能保证动火工作票的正确性和安全措施的完备性。

16.6.6.5　动火单位到生产区域内动火时,动火工作票由设备运维管理单位(或工区)签发和审批,也可由动火单位和设备运维管理单位(或工区)实行"双签发"。

**【解读】**设备运维管理单位是设备安全稳定运行的安全责任主体,肩负着设备安全运维的职责。所以动火工作票必须经设备运维管理单位审核合格后批准。设备运维管理单位对动火工作区域的设备情况、动火作业的危险因素及如何采取有效的安全措施和消防设施最为熟悉。因此,一般由设备运维管理单位签发动火工作票,并由运行值班人员布置安全措施后,办理许可工作手续。非本单位到生产区域内动火时,可以实行"双签发"模式,即由设备运维管理单位工作票签发人和动火单位的签发人共同签发,各负其责。设备运维管理单位仅对工作必要性、工作是否安全、所填安全措施是否正确完备负责;动火单位对工作班人员(含动火工作负责人和动火执行人)指派是否合适、精神状态是否良好等情况以及动火作业中的安全负责。若动火单位为国家电网公司系统的下属单位,具备签发动火工作票的能力,可以签发动火工作票。

**四、课程总结**

本课程主要介绍了动火工作票填写与签发的相关要求,包括:①动火工作票的填写及收执要求;②动火工作票签发、审核、批准的相关规定;③动火工作票签发人与负责人及审批人、监护人的设置规定;④动火工作票"双签发"的相关要求。

## 案例 11:超期作业,操作不规范导致重大经济损失

**一、事故案例**

2012 年 9 月 12 日,××供电公司电缆运检室检修二班对所属 10kV××电缆线路进行停电检修作业,由于电缆检修现场需要进行动火作业,班组办理了一级动火工作票。检修过程中,由于动火执行人员王××临时有事离开,工作负责人张×决定动火作业中断。第二天由于接替王××的动火执行人没有及时到位,工作负责人张×在未办理新的动火工作票的情况下,指挥班组人员李×进行动火操作(李×未取得相应资质),由于作业人员李×操作不

到位,导致电缆设备损伤,经济损失达到数千万元。

**二、案例分析**

案例中,超期作业,动火工作票超过有效期限,未重新办理,违反《国家电网公司电力安全工作规程　线路部分》中16.6.7的规定;使用不具备作业资格的人员进行动火作业,违反《国家电网公司电力安全工作规程　线路部分》中16.6.8的规定;工作负责人违章指挥,未尽到自身的安全职责,违反《国家电网公司电力安全工作规程　线路部分》中16.6.9的规定。

**三、安规讲解**

16.6.7　动火工作票的有效期。

线路一级动火工作票应提前办理。

线路一级动火工作票的有效期为24h,线路二级动火工作票的有效期为120h。动火作业超过有效期限,应重新办理动火工作票。

**【解读】**线路一级动火工作票的办理需要经过多个部门逐级审批,且所做的安全措施较复杂,需要时间来周密制定,故需要提前办理,以免影响正常的计划作业。为避免因时间过长现场环境发生变化,以至于原制定的安全措施不能满足变化后的现场工作需要,动火工作票必须有一定的有效时间,超过有效期限的必须重新办理。线路一级和二级动火工作票的有效期根据其工作的重要性和危险性而不同。

16.6.8　动火工作票所列人员的基本条件:

线路一、二级动火工作票签发人应是经本单位(动火单位或设备运维管理单位)考试合格并经本单位批准且公布的有关部门负责人、技术负责人或经本单位批准的其他人员。

动火工作负责人应是具备检修工作负责人资格并经工区考试合格的人员。

动火执行人应具备有关部门颁发的合格证。

**【解读】**动火工作票签发人需要对动火工作的必要性和安全性、动火工作票上所填安全措施是否正确完备负责,责任重大,要求由经本单位考试合格并经本单位分管生产的领导或总工程师批准并书面公布的有关部门负责人、技术负责人或有关班组班长、技术员来担任。动火工作负责人是执行动火工作任务的组织领导者和工作安全的监护人,因此,应由具有一定动火技术水平并经考试合格的人员担任。动火执行人是动火工作的直接参与者,稍有不慎,就有可能酿成大祸。故动火执行人应经安全技术培训并取得合格证,由具有动火作业能力的人员担任。

16.6.9　动火工作票所列人员的安全责任。

16.6.9.1　动火工作票各级审批人员和签发人:

a)工作的必要性。

b)工作的安全性。

c)工作票上所填安全措施是否正确完备。

**【解读】**动火工作票各级审批人员和签发人的三项安全责任是环环相扣的。首先要明确工作任务,动火作业风险较大,现场的情况复杂,因此对工作的必要性要认真考虑,审核是否需要采用动火的方法进行作业。当认为作业有必要动火时,应分析作业的危险点及采取的安全防范措施，确保动火作业的安全进行。工作票签发人还要检查动火工作票上所填安全措施是否正确完备。

16.6.9.2　动火工作负责人：

a)正确安全地组织动火工作。

b)负责检修应做的安全措施并使其完善。

c)向有关人员布置动火工作，交代防火安全措施和进行安全教育。

d)始终监督现场动火工作。

e)负责办理动火工作票开工和终结。

f)动火工作间断、终结时检查现场有无残留火种。

**【解读】**动火工作负责人是动火工作实施的组织者，负责安全地完成动火工作任务。动火工作负责人应履行以下职责：办理工作票的相关事务。负责全面组织协调工作的完成并对工作的安全、质量、进度负责。同时作为工作的监护者，负责检查动火现场安全措施正确完备，动火用具安全可靠，向动火执行人员交代危险点、安全防范措施、注意事项及监护执行人员作业等。在动火工作间断、终结时检查现场有无残留火种，避免作业人员撤离现场后造成意外火灾。

16.6.9.3　运维许可人：

a)工作票所列安全措施是否正确完备，是否符合现场条件。

b)动火设备与运行设备是否确已隔绝。

c)向工作负责人现场交代运维所做的安全措施。

**【解读】**运行许可人主要是对动火工作票、动火现场的安全措施负责。因为运行许可人熟悉动火范围的设备情况、工作环境，了解如何保护现场设备不受动火工作影响，避免火灾事故的发生，所以运行许可人负责审查动火工作票所列的安全措施是否正确完备，是否符合现场条件。运行许可人审查及布置现场安全措施后，由动火工作负责人和运行许可人双方检查确认合格后方能进行动火工作。

16.6.9.4　消防监护人：

a)负责动火现场配备必要的、足够的消防设施。

b)负责检查现场消防安全措施的完善和正确。

c)测定或指定专人测定动火部位(现场)可燃气体、易燃液体的可燃蒸汽含量是否合格。

d)始终监视现场动火作业的动态，发现失火及时扑救。

e)动火工作间断、终结时检查现场有无残留火种。

**【解读】**动火工作需要严格的消防措施来确保作业的安全，避免、阻止火灾的发生，对于消防的专业性要求较高。因而需要设专人监护，负责检查现场的消防措施，确保完善和正确；负责对与消防有关的可燃物监测；监视整个动火作业过程，如遇起火及时扑救；并确保非工作时间无残留火种。在动火工作中进行专职消防监护的人员就是消防监护人。

16.6.9.5　动火执行人：

a)动火前应收到经审核批准且允许动火的动火工作票。

b)按本工种规定的防火安全要求做好安全措施。

c)全面了解动火工作任务和要求,并在规定的范围内执行动火。

d)动火工作间断、终结时清理现场并检查有无残留火种。

**【解读】**动火执行人是动火作业的直接操作者,其作业是否正确规范、采取安全措施是否准确全面,直接关系着动火作业的安全。所以对动火工作执行人应经审批合格才能参与工作。动火工作执行人应掌握动火工作的内容、地点、危险点、防范措施、注意事项及突发事件的处理方法。作业时只能在规定的范围内执行动火,做好防火安全措施,严格执行动火工作流程。动火工作间断、终结时应及时清理现场并确保现场无残留火种。

**四、课程总结**

本课程主要介绍了动火工作票的相关要求,包括动火工作票的有效期限、动火工作票所列人员的基本条件以及各自的安全责任。

## 案例 12:焊接现场无消防监护,焊接后未清理残留火种引发火情

**一、事故案例**

2007 年 6 月 14 日,××供电公司输电运检室检修一班对所属 110kV××线路进行接地引下线焊接。作业班组办理了二级动火工作票,工作负责人张××带领李××、王××开展现场作业。在交代完安全注意事项并做好安全措施后,由于现场风速达到 5 级,张××决定先带领王××对相邻杆塔的接地线进行检查,要求李××等他们回来后再开展作业。李××为节省时间,在无人监护的情况下,独自开展接地线的焊接。焊接完成后,李××未认真清理现场残留火种,即开始整理工具装车,等工作负责人张××回来后发现残留火种由于刮风飘落,引燃了杆塔周边的草丛。

**二、案例分析**

案例中,作业人员李××在没有监护人的情况下开展动火作业,违反《国家电网公司电力安全工作规程　线路部分》中 16.6.10.5 的规定;作业人员李××未清理现场即离开,没有清理现场残留火种,违反《国家电网公司电力安全工作规程　线路部分》中 16.6.10.7 的规定;作业人员李××违章作业,在风力达到 5 级的作业现场开展露天动火作业,违反《国家电网公司电力安全工作规程　线路部分》中 16.6.10.8-c)的规定。

**三、安规讲解**

16.6.10　动火作业安全防火要求。

16.6.10.1　有条件拆下的构件,如油管、阀门等应拆下来移至安全场所。

**【解读】**由于动火工作存在较大的危险性，如能将作业构件（油管、阀门等）拆下来移至安全的场所进行动火作业，都应拆下移至安全区域内进行作业，防止意外火灾而导致的事故扩大，以减小因动火作业而造成灾害的风险，确保设备及人身安全。

16.6.10.2 可以采用不动火的方法代替而同样能够达到效果时，尽量采用替代的方法处理。

**【解读】**因为动火工作存在较大的危险性，所以在能够采用不动火方法检修同样能达预期效果时，应尽量采用代替的方法解决，避免动火工作中产生意外，造成火灾等事故。

16.6.10.3 尽可能地把动火时间和范围压缩到最低限度。

**【解读】**动火时间越长、范围越大，发生危险的可能性越大，对现场的掌控难度也越大，所以应该尽量压缩动火时间和范围，降低动火作业的危险性。

16.6.10.4 凡盛有或盛过易燃易爆等化学危险物品的容器、设备、管道等生产、储存装置，在动火作业前应将其与生产系统彻底隔离，并进行清洗置换，检测可燃气体、易燃液体的可燃蒸汽含量合格后，方可动火作业。

**【解读】**易燃易爆物品蒸发产生的气体在空气中的爆炸极限比较低，即使残余的少量易燃易爆物品所产生的气体，也足以形成可燃性的气体团，在遇明火时迅速燃烧造成爆炸。而且，有些易燃易爆物品还会被吸附在设备、管道内部表面的积垢中，或者渗进外表面的保温材料内，在动火过程中受温差、压力变化的影响陆续散发出来，引起燃烧爆炸事故。因此，对盛有或盛过易燃易爆物品的容器、设备、管道等生产、储存装置，在动火作业前应先将其与生产系统彻底隔离；用水蒸气吹洗这些设备，或者用热碱水冲洗置换后，将其盖口打开充分通风；作业前要测试可燃物的含量在安全范围内，才准许进行动火作业，以免贸然作业，引起容器内可燃气体燃烧爆炸伤及作业人员和设备。

16.6.10.5 动火作业应有专人监护，动火作业前应清除动火现场及周围的易燃物品，或采取其他有效的安全防火措施，配备足够适用的消防器材。

**【解读】**动火作业危险性较大,工作中需要注意的危险因素较多,所以需要指定专人始终在现场进行全方位监护。为尽可能减小动火作业的危险性,动火作业前应清除动火现场及周围的易燃物品,从根本上消除火灾隐患。如果不能移除危险品,那就需要采取其他有效的防火措施。还必须配备足够的、适合现场使用的消防器材,以防万一失火时能够及时扑救,避免火灾事故的发生。

16.6.10.6　动火作业现场的通排风要良好,以保证泄漏的气体能顺畅排走。

**【解读】**在厂房内动火作业现场,应敞开设备,泄压通风,开启全部人孔阀门,在有易燃易爆气体或有毒气体的室内应加强通风,直到作业现场可燃物含量控制在安全范围以内后才允许动火作业。由于动火作业过程中仍存在周围易燃易爆物散发可燃气体的可能,而且动火作业中容易产生有毒气体和烟尘,因此要采取局部抽风,确保动火作业现场不会因可燃气体浓度较高而造成火灾,或有毒气体伤人事件。

16.6.10.7　动火作业间断或终结后,应清理现场,确认无残留火种后,方可离开。

**【解读】**作业中断或终结,人员离开工作现场后,现场失去了消防监护,残留火种有可能引起火灾。动火工作负责人、动火执行人、消防监护人应共同认真清理现场,以便及时发现并处理残留火种,消除火灾事故隐患。

16.6.10.8　下列情况禁止动火:

a)压力容器或管道未泄压前。

b)存放易燃易爆物品的容器未清理干净前或未进行有效置换前。

c)风力达5级以上的露天作业。

d)喷漆现场。

e)遇有火险异常情况未查明原因和消除前。

**【解读】**对于以下情况动火十分危险,极易发生爆炸及火灾事故,应禁止动火工作。①压力容器或管道未泄压前,动火工作可能降低压力容器的机械强度,或使内部物体受热膨胀,因而存在发生容器爆裂伤人的危险。②存放易燃易爆物品的容器未清理干净前,残留或附着在容器中的易燃易爆物存在动火时燃烧爆炸的危险。③风力达5级以上的露天作业,不易对动火作业中可能产生的飞溅火花进行安全防控,而引发火灾。④喷漆现场,油漆挥发的可燃性气体与空气混合后遇到明火易引发燃烧,继而引起火灾。⑤遇有火险异常情况未查明原因和消除前,仍有引发火灾的可能,不可盲目进行动火作业,以免引发火灾。

**四、课程总结**

本课程主要介绍了动火作业的安全防火要求,包括:①减少动火作业危险性的方法;②动火作业对人员监护、周边场地设置要求;③动火作业间断、终结时作业要求;④禁止进行动火作业的情况说明。

## 案例13:动火作业未进行测定,火星引起设备爆炸人员死亡

**一、事故案例**

2009年11月12日,××供电公司电缆运检室电缆检修班按照作业计划对所属某电缆

线路进行焊接作业，由于作业现场位于临近油气仓库，班组按规定办理了一级动火工作票。动火作业当天，工作负责人王×为赶工期，认为只要按照工作布置好安全措施即可，在没有进行可燃气体测量且没有进行明火试验的情况下，宣布开始动火作业。由于现场油气浓度超过标准值，在动火操作的一瞬间引起爆炸，造成包括工作负责人在内的5人死亡、3人受伤、设备损伤的严重事故。事后调查发现，作业时电缆运检室未派相应管理人员到现场进行监护。

**二、案例分析**

案例中，工作负责人违章指挥，开展一级动火作业未按照要求进行可燃气体测量和明火试验，违反《国家电网公司电力安全工作规程　线路部分》中16.6.11.1的规定；现场安全管理不到位，进行动火作业未按照相应安全管理要求进行现场安全监护，违反《国家电网公司电力安全工作规程　线路部分》中16.6.11.2的规定。

**三、安规讲解**

16.6.11　动火的现场监护。

16.6.11.1　一级动火在首次动火时，各级审批人和动火工作票签发人均应到现场检查防火安全措施是否正确完备，测定可燃气体、易燃液体的可燃蒸汽含量是否合格，并在监护下做明火试验，确无问题后方可动火。

二级动火时，工区分管生产的领导或技术负责人（总工程师）可不到现场。

**【解读】**一级动火工作对安全、消防要求的级别很高。在首次动火时，为保证安全措施确实符合现场实际情况，需要各级审批人和动火工作票签发人全部到场，共同检查防火措施是否正确完备，检测现场可燃物含量是否在安全范围内，在安全监护下做明火试验以验证动火作业不会引发火灾。只有在能确保安全作业的前提下才可以动火。二级动火作业时，危险性较小，采取的安全措施、消防措施相对简单，本部门分管生产的领导或技术负责人可不到现场，但消防监护人应始终在作业现场进行监护。

16.6.11.2　一级动火时，工区分管生产的领导或技术负责人（总工程师）、消防（专职）人员应始终在现场监护。

**【解读】**一级动火时，对安全措施、消防措施要求很高。动火部门分管生产的领导或技术负责人需要始终在现场监护，一旦发生意外可以迅速决策，及时采取相关的安全、技术应急措施，避免事态扩大伤及人身和设备。专职消防人员也应始终在动火工作现场，负责检查动火前现场配备的消防设施是否必要、足够；检查现场消防安全措施是否完善和正确；动火作业中应始终监护现场动火作业的动态，发现异常及时处理；动火工作间断、终结时应带领作业人员检查现场有无残留火种，确保安全。

16.6.11.3　二级动火时，工区应指定人员，并和消防（专职）人员或指定的义务消防员始终在现场监护。

**【解读】**二级动火作业时，危险性较小，采取的安全措施、消防措施相对简单，动火部门分管生产的领导或技术负责人可不必始终在现场监护。动火部门应指定专责监护人配合专职消防人员或义务消防员，监护动火工作的安全进行，作业终结前不得离开现场，在突发火情时能够迅速采取必要的灭火措施，保证现场的作业安全。

16.6.11.4 一、二级动火工作在次日动火前应重新检查防火安全措施,并测定可燃气体、易燃液体的可燃蒸汽含量,合格方可重新动火。

**【解读】**动火工作的次日,安全措施、作业环境可能发生变化,如可燃物的含量可能与前一天开工时不同,因此要对防火安全措施重新检查,并指定人员使用可燃气体检测仪检测可燃气体、易燃液体的可燃气体含量,确保作业环境符合动火工作的要求,方可重新动火作业。

16.6.11.5 一级动火工作的过程中,应每隔2~4h测定一次现场可燃气体、易燃液体的可燃气体含量是否合格,当发现不合格或异常升高时应立即停止动火,在未查明原因或排除险情前不准动火。

动火执行人、监护人同时离开作业现场,间断时间超过30min,继续动火前,动火执行人、监护人应重新确认安全条件。一级动火作业,间断时间超过2.0h,继续动火前,应重新测定可燃气体、易燃液体的可燃气体含量,合格后方可重新动火。

**【解读】**因为一级动火工作区均为易燃易爆物体集中区域,虽然动火前采取了安全措施,确保当时空气中可燃气体含量在合格范围以内,但随着时间增加,空气中的可燃气体含量仍有上升的可能,一旦其含量浓度达到临界值,就会遇火燃烧,所以在一级动火过程中,应由专人每隔2~4h检测一次现场可燃气体含量。一旦发现超标或异常升高应立即停止动火,并立即查明造成异常的原因,及时排除隐患,确保作业安全。若未查证原因或排除险情,禁止动火。

16.6.12 动火工作完毕后,动火执行人、消防监护人、动火工作负责人和运维许可人应检查现场有无残留火种,是否清洁等。确认无问题后,在动火工作票上填明动火工作结束时间,经四方签名后(若动火工作与运维无关,则三方签名即可),盖上“已终结”印章,动火工作方告终结。

**【解读】**动火工作结束后必须履行动火作业工作票终结手续。动火作业完成后,该动火作业涉及的相关人员履行各自职责,集中到现场检查,确认现场无残留火种等火灾隐患,且满足安全生产运行相关要求,并履行动火工作票终结手续,方告动火工作结束。

16.6.13 动火工作终结后,工作负责人、动火执行人的动火工作票应交给动火工作票签发人,签发人将其中的一份交工区。

**【解读】**动火工作终结后,工作负责人、动火执行人的动火工作票应交给动火工作票签发人,签发人将其中的一份交工区。

16.6.14 动火工作票至少应保存1年。

**【解读】**为了加强动火工作票的管理,便于对已执行动火工作票进行检查,对动火工作票的执行合格率进行统计考核,并对动火工作票执行中存在的问题和人员执行动火工作票的水平进行总结、分析并采取改进措施,动火工作票应保存1年。

**四、课程总结**

本课程主要介绍了动火作业的相关要求,包括动火作业过程中需要到现场进行监护的人员、现场动火前以及动火间断时的注意事项和动火工作票的终结、保管。

# 参考文献

[1]国家电网公司.国家电网公司电力安全工作规程　线路部分(Q / GDW 1799.2—2013)[S].北京:中国电力出版社,2014.

[2]国家电网公司.电力安全工作规程习题集(线路部分)[S].北京:中国电力出版社,2016.

[3]国家电网公司安全监察质量.《国家电网公司电力安全工作规程线路部分》条文解读[S].北京:中国电力出版社,2015.

[4]北京华电万通科技有限公司.读案例 学安规 反违章:《电力安全工作规程》案例警示教材(线路、配电部分)[S].北京:中国电力出版社,2017.